[配套资源使用说明]

▶▶ 观看二维码教学视频的操作方法

本套丛书提供书中实例操作的二维码教学视频，读者可以使用手机微信中的"扫一扫"功能，扫描本书前言中的"扫一扫，看视频"二维码图标，即可打开本书对应的同步教学视频界面。

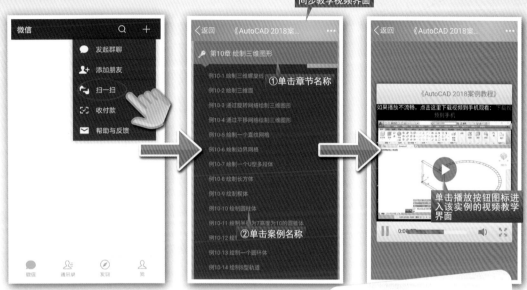

①单击章节名称
②单击案例名称
同步教学视频界面
单击播放按钮图标进入该实例的视频教学界面

▶▶ 推送配套资源到邮箱的操作方法

本套丛书提供扫码推送配套资源到邮箱的功能，读者可以使用手机微信中的"扫一扫"功能，扫描本书前言中的"扫码推送配套资源到邮箱"二维码图标，即可快速下载图书配套的相关资源文件。

此处显示本书配套的资源文件
单击该链接
输入邮箱后单击"发送"按钮即可推送资源文件至邮箱

U0387668

[配套资源使用说明]

▶▶ 电脑端资源使用方法

本套丛书配套的素材文件、电子课件、扩展教学视频以及云视频教学平台等资源，可通过在电脑端的浏览器中下载后使用。读者可以登录本丛书的信息支持网站（http://www.tupwk.com.cn/teaching）下载图书对应的相关资源。

读者下载配套资源压缩包后，可在电脑中对该文件解压缩，然后双击名为 Play 的可执行文件进行播放。

▶▶ 扩展教学视频&素材文件

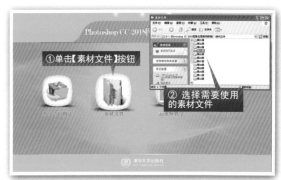

▶▶ 云视频教学平台

▶ 编排管理规章制度文档

▶ 差旅费报销单

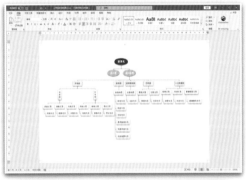

▶ 公司组织结构图

▶ 季度销售业绩统计表

▶ 客户订单管理登记表

▶ 劳动合同书

▶ 批量制作录取通知书

▶ 企业员工手册

▶ 散文集

▶ 商业计划书

▶ 作文集

▶ 新员工入职登记表

▶ 团建活动宣传册

▶ 制作图片超链接文档

▶ 聚会邀请函

▶ 产品宣传海报

计算机应用案例教程系列

Word 2021
文档处理案例教程

沈大为 ◎编著

清華大学出版社

北　京

内 容 简 介

本书以通俗易懂的语言、翔实生动的案例全面介绍使用 Word 2021 进行文档制作的操作方法和技巧。全书共分 12 章，内容涵盖了 Word 2021 入门，Word 文本的输入和编辑，设置文本和段落格式，Word 中的图文混排，Word 中的表格与图表，设置页面版式，文档的其他排版功能，编排 Word 长文档，使用宏、域和公式，Word 的交互与发布，文档的保护、转换和打印，综合案例等。

书中同步的案例操作教学视频可供读者随时扫码观看。本书还提供与内容相关的扩展教学视频和云视频教学平台等资源的 PC 端下载地址，方便读者扩展学习。本书具有很强的实用性和可操作性，是一本适用于高等院校及各类社会培训机构的优秀教材，也是广大初、中级计算机用户的首选参考书。

本书对应的电子课件、实例源文件和配套资源可以到 http://www.tupwk.com.cn/teaching 网站下载，也可以扫描前言中的二维码推送配套资源到邮箱。扫描前言中的视频二维码可以直接观看教学视频。

图书在版编目 (CIP) 数据

Word 2021 文档处理案例教程 / 沈大为编著, -- 北京：清华大学出版社, 2024.4

计算机应用案例教程系列

ISBN 978-7-302-65869-6

I. ①W… II. ①沈… III. ①文字处理系统一教材

IV. ①TP391.12

中国国家版本馆 CIP 数据核字 (2024) 第 063832 号

责任编辑：胡辰浩
封面设计：高娟妮
版式设计：妙思品位
责任校对：孔祥亮
责任印制：宋 林

出版发行：清华大学出版社
　　网　　址：https://www.tup.com.cn，https://www.wqxuetang.com
　　地　　址：北京清华大学学研大厦 A 座　　邮　　编：100084
　　社 总 机：010-83470000　　邮　　购：010-62786544
　　投稿与读者服务：010-62776969，c-service@tup.tsinghua.edu.cn
　　质 量 反 馈：010-62772015，zhiliang@tup.tsinghua.edu.cn
印 装 者：三河市天利华印刷装订有限公司
经　　销：全国新华书店
开　　本：185mm×260mm　　印　　张：18.75　　插　　页：2　　字　　数：480 千字
版　　次：2024 年 6 月第 1 版　　印　　次：2024 年 6 月第 1 次印刷
定　　价：69.00 元

产品编号：093089-01

前言

熟练使用计算机已经成为当今社会不同年龄段的人群必须掌握的一种技能。为了使读者在短时间内轻松掌握计算机各方面应用的基本知识，并快速解决生活和工作中遇到的各种问题，清华大学出版社组织了一批教学精英和业内专家特别为计算机学习用户量身定制了这套"计算机应用案例教程系列"丛书。

二维码教学视频和配套资源

▶ **选题新颖，结构合理，内容精炼实用，为计算机教学量身打造**

本套丛书注重理论知识与实践操作的紧密结合，同时贯彻"理论+实例+实战"三阶段教学模式，在内容选择、结构安排上更加符合读者的认知规律，从而达到老师易教、学生易学的效果。丛书采用双栏紧排的格式，合理安排图片与文字的占用空间，在有限的篇幅内为读者提供更多的计算机知识和实战案例。丛书完全以高等院校及各类社会培训机构的教学需要为出发点，紧密结合学科的教学特点，由浅入深地安排章节内容，循序渐进地完成各种复杂知识的讲解，使学生能够一学就会、即学即用。

▶ **教学视频，一扫就看，配套资源丰富，全方位扩展知识能力**

本套丛书提供书中案例操作的二维码教学视频，读者使用手机扫描下方的二维码，即可观看本书对应的同步教学视频。此外，本书配套的素材文件、与本书内容相关的扩展教学视频以及云视频教学平台等资源，可通过在 PC 端的浏览器中下载后使用。用户也可以扫描下方的二维码推送配套资源到邮箱。

(1) 本书配套资源和扩展教学视频文件的下载地址如下。

　　　http://www.tupwk.com.cn/teaching

(2) 本书同步教学视频和配套资源的二维码如下。

扫一扫，看视频

扫码推送配套资源到邮箱

▶ **在线服务，疑难解答，贴心周到，方便老师定制教学课件**

便捷的教材专用通道(QQ：22800898)为老师量身定制实用的教学课件。老师也可以登录本丛书的信息支持网站(http://www.tupwk.com.cn/teaching)下载图书对应的电子课件。

本书内容介绍

《Word 2021 文档处理案例教程》是这套丛书中的一本，该书从读者的学习兴趣和实际需求出发，合理安排知识结构，由浅入深、循序渐进，通过图文并茂的方式讲解使用 Word 2021 制作文档的基础知识和操作方法。全书共分 12 章，主要内容如下。

第 1 章：介绍 Word 工作界面，以及 Word 与 ChatGPT 和 Python 进行交互的方法。

第 2 章：介绍文档中文本输入和编辑的常用操作技巧。

第 3 章：介绍设置文本和段落格式的各种方法与技巧。

第 4 章：介绍在文档中将图片、图形和文本等元素相融合的排版方法。

第 5 章：介绍在文档中使用表格和图表呈现数据，以及进行格式设置和美化的方法。

第 6 章：介绍在文档中设置页面版式的常用方法与技巧。

第 7 章：介绍在文档中如何套用模板和样式，以及应用 Word 中的排版工具制作文档的技巧。

第 8 章：介绍使用 Word 编排长文档的方法与技巧。

第 9 章：介绍通过使用 Word 中的宏、域和公式，提高文档制作效率的技巧。

第 10 章：介绍在文档中使用超链接与其他应用程序进行交互，以及发布文档的方法。

第 11 章：介绍对文档进行保护、将文档转换为多种格式及打印文档的方法。

第 12 章：通过案例操作使读者熟练掌握 Word 的常用操作方法与技巧。

读者定位和售后服务

本套丛书为所有从事计算机教学的老师和自学人员而编写，是一套适用于高等院校及各类社会培训机构的优秀教材，也可作为初、中级计算机用户的首选参考书。

如果您在阅读图书或使用计算机的过程中有疑惑或需要帮助，可以登录本丛书的信息支持网站(http://www.tupwk.com.cn/teaching)联系我们，本丛书的作者或技术人员会提供相应的技术支持。

由于作者水平有限，本书难免有不足之处，欢迎广大读者批评指正。我们的邮箱是 992116@qq.com，电话是 010-62796045。

"计算机应用案例教程系列"丛书编委会
2023 年 12 月

目录

第1章

Word 2021 入门

　　Microsoft Office 是美国 Microsoft 公司开发的一套办公软件套装，该软件被广泛应用于办公领域。Word 2021 是 Office 2021 套件中的一个组件，是目前较为常用的文档处理软件之一。同时，ChatGPT 和 Python 能够帮助用户处理办公中所遇到的问题。本章将讲解 Word 2021 的基础功能，以及 Word 与 ChatGPT、Python 相结合的使用方法。

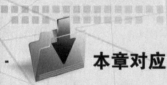

本章对应视频 --------------------------

1.1 Word 2021 概述

Word 2021 是一款文字处理软件，其功能非常强大。在 Word 2021 中，用户可以输入和编排文字，插入图形、图像、声音、超链接等，专业人员还可以制作用于印刷的版式复杂的文档。要使用 Word 2021 进行文档处理，不仅需要熟悉 Word 2021 的主要功能，还要了解 Word 与 ChatGPT 的结合。

1.1.1 Word 2021 的主要功能

与以往的版本对比，Word 2021 在功能和性能上有了更多的改进，其强大的功能可以使用户获得更加人性化且智能化的操作体验。使用 Word 2021 来处理文件，能大大提高企业办公自动化的效率。

Word 2021 主要有以下几种功能。

▶ 文字处理功能：Word 2021 是一款功能强大的文字处理软件，利用它可以输入文字，并可为文字设置不同的字体样式和大小。

▶ 表格制作功能：Word 2021 不仅能处理文字，还能制作各种表格，使文字内容更加清晰，如图 1-1 所示。

图 1-1

▶ 文档组织功能：在 Word 2021 中可以建立任意长度的文档，还能对长文档进行各种编辑管理。

▶ 图形图像处理功能：在 Word 2021 中可以插入图形图像，例如文本框、艺术字、图片和图表等，制作出图文并茂的文档，如图 1-2 所示。

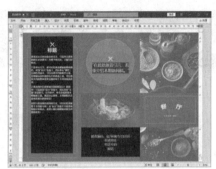

图 1-2

▶ 页面设置及打印功能：在 Word 2021 中可以设置出各种大小不一的版式，以满足不同用户的需求。使用打印功能可轻松地将电子文本打印到纸上。打印界面如图 1-3 所示。

图 1-3

相比以前的 Word 版本，Word 2021 还多了一些新的功能。

▶ 共同创作：用户和同事开启此功能即可共同处理同一份文件。当用户和同事共同创作时，可以在几秒钟内快速看到彼此的变更，并在每次打开文档时快速了解更改的内容。单击功能区左上角的【共享】按钮，即可在下方弹出【共享】窗格，如图 1-4 所示。若使用的是旧版 Word，或者用户不是订阅者，仍然可以在其他人使用文件的同时编辑文件，但无法进行即时共同处理。

图 1-4

▶ 新的色彩主题：Word 2021 增加了新的色彩主题，深色模式也提供深色画布，但文件色彩仍是亮白色。在【选项】对话框中可以设置主题，如图 1-5 所示。

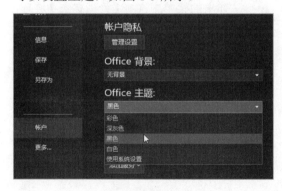

图 1-5

▶ 变更后自动保存：在快速访问工具栏中将【自动保存】按钮设置为"开"，如图 1-6 所示，即可在文档内容发生改变时进行自动保存。需要注意的是，用户要先将文档另存为.docx 文件格式，并将文档保存到 OneDrive 或 SharePoint 文件夹，才能够使用该功能。

图 1-6

▶ 库存媒体的新增功能：Word 2021 中的图像集持续更新着大量的图像、图标等，以方便用户在工作中轻松选取需要的图标，如图 1-7 所示。

图 1-7

▶ 使用 Microsoft 搜索：不熟悉 Word 的用户在遇到解决不了的问题时，可以在搜索框中输入想要解答的关键字。单击【Microsoft 搜索】文本框，或按 Alt+Q 快捷键，然后在输入内容之前，Search 会重新调用最近使用的命令，并根据用户似乎要执行的操作来给出建议的操作，如图 1-8 所示。

图 1-8

1.1.2 Word 与 ChatGPT 的结合

ChatGPT 是由 OpenAI 团队研发的一个人工智能聊天机器人程序，可实现与用户进行即时交互，为用户提供各种服务，并且可以根据不同国家，回复不同的语言。

ChatGPT 采用 Transformer 结构，使用大规模的语料库进行预训练，能够将自然语言中的语义和上下文考虑在内，从而生成更加准确和流畅的回答。其强大的信息整合和对话能力深受广大用户的喜爱，如图 1-9 所示。

图 1-9

Word 与 ChatGPT 的文字生成功能有天然的互补性。用户可以像使用搜索引擎一样使用 ChatGPT，还能提高用户工作时的效率和准确性。总的来说，ChatGPT 旨在通过提高人工智能的可用性和有效性来帮助人类，如图 1-10 所示。

图 1-10

打开浏览器，单击【设置及其他】按钮，从弹出的下拉列表中选择【扩展】选项，如图 1-11 所示。

图 1-11

从弹出的菜单中选择【管理扩展】选项，如图 1-12 所示。

图 1-12

从弹出的网页中，在【搜索所有附加内容】文本框中输入 WETAB，按 Enter 键进行搜索，然后在搜索结果中单击【获取 Microsoft Edge 扩展】按钮，如图 1-13 所示。

图 1-13

在【搜索所有扩展】文本框中输入 WETAB，按 Enter 键进行搜索，找到相应的结果，单击【获取】按钮，如图 1-14 所示。

图 1-14

再次打开【扩展】页面，单击【WeTab-免费 ChatGPT 新标签页】右侧的按钮，如图 1-15 所示，将其激活。

图 1-15

在浏览器中单击【新建标签页】按钮，如图 1-16 所示，打开一个新的标签页。

图 1-16

此时，即可打开 WeTab 新标签页，若需使用 ChatGTP 进行对话，单击【Chat AI】按钮，如图 1-17 所示。

图 1-17

1.2　Word 2021 的工作界面

Word 2021 的工作界面在 Word 2019 版本的基础上，进行了一些优化。它将所有的操作命令都集成到功能区中不同的选项卡下，各选项卡又分成若干组，用户在功能区中可方便地使用 Word 的各种功能。

启动 Word 2021 后，桌面上就会出现 Word 2021 的工作界面。该界面主要由标题栏、快速访问工具栏、功能区、文档编辑区和状态栏等组成，如图 1-18 所示。

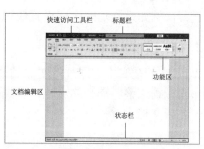

图 1-18

▶ 标题栏：标题栏位于窗口的顶端，用于显示当前正在运行的程序名及文件名等信息。标题栏最右端有 3 个按钮，分别为最小化按钮、最大化(还原)按钮和关闭按钮。此外，这三个按钮左侧还有一个【功能区显示选项】按钮，单击该按钮可以选择显示或隐藏功能区。在该按钮左侧有搜索框，以及用来登录 Microsoft 账号的按钮，如图 1-19 所示。

图 1-19

▶ 快速访问工具栏：用户可以单击自定义快速访问工具栏按钮，在弹出的下拉菜单中单击未打钩的选项，为其在快速访问工具栏中创建一个图标按钮。在默认状态下，快速访问工具栏中包含 3 个快捷按钮，分别为【保存】按钮、【撤销】按钮和【恢复】按钮，如图 1-20 所示。

图 1-20

▶ 功能区：在 Word 2021 中，功能区是完成文本格式操作的主要区域。在默认状态下，功能区主要包含【文件】【开始】【插入】【设计】【布局】【引用】【邮件】【审阅】【视图】【帮助】10 个基本选项卡中的工具按钮。

▶ 文档编辑区：文档编辑区是用户输入和编排文档内容的区域。打开 Word 时，编辑区是空白的，只有一个闪烁的光标(即插入点)，用于定位即将输入文字的位置。当文档编辑区中不能显示文档的所有内容时，其右侧或底部将自动出现滚动条，通过拖动滚动条可显示其他内容。默认情况下，文档编辑区不显示标尺和制表符。打开【视图】选项卡，在功能区的【显示】组中选中【标尺】复选框，即可在文档编辑区中显示标尺和制表符。标尺常用于对齐文档中的文本、图形、表格或者其他元素。制表符用于选择不同的制表位，如左对齐式制表位、首行缩进、左缩进和右缩进等。

▶ 状态栏：状态栏位于 Word 窗口的底部，显示了当前文档的信息，如当前显示的文档是第几页、第几节和当前文档的字数等。在状态栏中还可以显示一些特定命令的工作状态。状态栏中间有视图按钮，用于切换文档的视图方式。另外，通过拖动右侧的【显示比例】中的滑块，可以直观地改变文档编辑区的大小，如图 1-21 所示。

图 1-21

1.3　Word 文档基础操作

Word 2021 具有统一风格的界面，但为了方便用户操作，可以对软件的工作环境进行自定义设置，例如设置功能区和设置快速访问工具栏等。

1.3.1　新建文档

Word 文档是文本、图片等对象的载体，要制作出一篇工整、漂亮的文档，首先必须创建一个新文档。

1. 新建空白文档

空白文档是指文档中没有任何内容的文档。选择【文件】选项卡，在打开的界面中选择【新建】选项，打开【新建】选项区域，然后在该选项区域中单击【空白文档】选项即可创建一个空白文档，如图 1-22 所示。

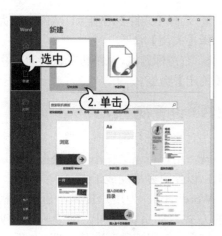

图 1-22

2. 使用模板创建文档

模板是 Word 预先设置好内容格式的文档。Word 2021 中为用户提供了多种具有统一规格、统一框架的文档模板，如传真、信函和简历等。

【例 1-1】在 Word 2021 中利用模板创建一个"花店宣传册"文档。 ▶️视频

step 1 启动 Word 2021，选择【文件】选项卡，在打开的界面中选择【新建】选项，在【搜索联机模板】文本框中输入文本"宣传册"，如图 1-23 所示。

图 1-23

step 2 按 Enter 键，在打开的界面中选择【花店宣传册】模板，如图 1-24 所示。

图 1-24

step 3 打开【花店宣传册】对话框，单击【创建】按钮，如图 1-25 所示。

图 1-25

step 4 此时，Word 2021 将通过网络下载模板，并创建如图 1-26 所示的文档。

图 1-26

1.3.2 打开和关闭文档

打开文档是 Word 的一项基本操作，对于任何文档来说都需要先将其打开，然后才能对其进行编辑。编辑完成后，可将文档关闭。

1. 打开文档

找到文档所在的位置后，双击 Word 文档，或者右击 Word 文档，从弹出的快捷菜单中选择【打开】命令，可直接打开该文档。

用户还可以在一个已打开的文档中打开另外一个文档。选择【文件】选项卡，在打开的界面中选择【打开】命令，然后选择【浏览】选项，如图 1-27 所示。

图 1-27

打开【打开】对话框，选中需要打开的 Word 文档，并单击【打开】按钮，即可将其打开，如图 1-28 所示。

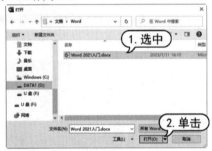

图 1-28

2. 关闭文档

当用户不需要再使用文档时，应将其关闭。如果文档经过了修改，但没有保存，那么在进行关闭文档操作时，将会自动弹出信息提示框提示用户进行保存。其中，常用的关闭文档的方法如下。

➤ 单击标题栏右侧的【关闭】按钮❌。

➤ 按 Alt+F4 快捷键。

➤ 选择【文件】选项卡，从弹出的界面中选择【关闭】命令。

➤ 右击标题栏，从弹出的快捷菜单中选择【关闭】命令。

1.3.3 设置视图模式

在对文档进行编辑时，由于编辑的着重点不同，用户可以选择不同的视图方式进行编辑，以便更好地完成工作。

Word 2021 为用户提供了五种文档显示的方式，即页面视图、阅读视图、Web 版式视图、大纲视图和草稿视图，如图 1-29 所示。

图 1-29

➤ 页面视图：页面视图是 Word 默认的视图模式，该视图中显示的效果和打印的效果完全一致。在页面视图中可看到页眉、页脚、水印和图形等各种对象在页面中的实际打印位置，便于用户对页面中的各种元素进行编辑，如图 1-30 所示。

图 1-30

在页面视图模式中，页与页之间具有一定的分界区域，双击该区域，即可将页与页相连显示。

▶ 阅读视图：为了方便用户阅读文章，Word 设置了【阅读视图】模式，该视图模式比较适合阅读比较长的文档，如果文字较多，它会自动分成多屏以方便用户阅读。在该视图模式中，可对文字进行勾画和批注，如图 1-31 所示。

图 1-31

▶ Web 版式视图：Web 版式视图是这几种视图方式中唯一一个按照窗口的大小来显示文本的视图，使用这种视图模式查看文档时，无须拖动水平滚动条就可以查看整行文字，如图 1-32 所示。

图 1-32

▶ 大纲视图：对于一个具有多重标题的文档来说，用户可以使用大纲视图来查看该文档。这是因为大纲视图是按照文档中标题的层次来显示文档的，用户可将文档折叠起来只看主标题，也可展开文档查看全部内容，如图 1-33 所示。

图 1-33

▶ 草稿视图：草稿视图是 Word 中最简化的视图模式，在该视图中不显示页边距、页眉和页脚、背景、图形图像以及没有设置为"嵌入型"环绕方式的图片。因此这种视图模式仅适合编辑内容和格式都比较简单的文档，如图 1-34 所示。

图 1-34

1.3.4 定制个性化功能区

　　Word 2021 的功能区将所有选项功能巧妙地集中在一起，以便用户查找与使用。用户可以根据需要，在功能区中添加新选项卡和新组，并增加新组中的按钮。

【例 1-2】在 Word 2021 中添加新选项卡、新组和新按钮。 🔴 视频

step ① 启动 Word 2021，在功能区选择【文件】选项卡，在打开的界面中选择【选项】命令，如图 1-35 所示。

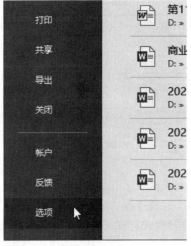

图 1-35

step ② 打开【Word 选项】对话框，选择【自定义功能区】选项卡，单击【新建选项卡】按钮，如图 1-36 所示。

图 1-36

step ③ 此时，在【自定义功能区】选项组的【主选项卡】列表框中显示【新建选项卡(自定义)】和【新建组(自定义)】选项，选择【新建选项卡(自定义)】选项，然后单击【重命名】按钮，如图 1-37 所示。

图 1-37

step ④ 打开【重命名】对话框，在【显示名称】文本框中输入"自定义选项卡"，然后单击【确定】按钮，如图 1-38 所示。

图 1-38

step ⑤ 在【自定义功能区】选项组的【主选项卡】列表框中选中【新建组(自定义)】选项，单击【重命名】按钮，如图 1-39 所示。

step ⑥ 打开【重命名】对话框，在【显示名称】文本框中输入"自定义新建组"，然后单击【确定】按钮，如图 1-40 所示。

图 1-39

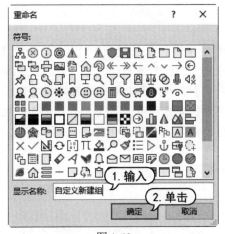

图 1-40

step 7 返回【Word 选项】对话框，在【主选项卡】列表框中显示重命名后的选项卡和组，在【从下列位置选择命令】下拉列表中选择【不在功能区中的命令】选项，如图 1-41 所示。

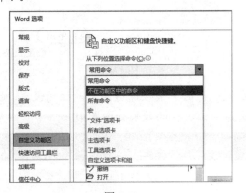

图 1-41

step 8 从下方的列表框中选择【管理样式】选项，单击【添加】按钮，即可将其添加到新建的【自定义新建组】组中，然后单击【确定】按钮，完成自定义设置，如图 1-42 所示。

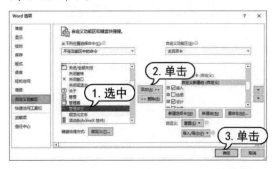

图 1-42

step 9 返回 Word 2021 工作界面，此时显示【自定义选项卡】选项卡，打开该选项卡，即可看到【自定义新建组】组中的【管理样式】按钮，如图 1-43 所示。

图 1-43

1.3.5　设置快速访问工具栏

快速访问工具栏中包含一组独立于当前所显示选项卡的命令，是一个可自定义的工具栏。用户可以快速地自定义常用的命令按钮，单击【自定义快速访问工具栏】下拉按钮 ，从弹出的如图 1-44 所示的下拉菜单中选择一种命令，即可将按钮添加到快速访问工具栏中。

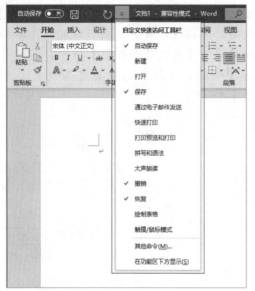

图 1-44

【例 1-3】在 Word 2021 中设置快速访问工具栏。
🔘 视频

step ① 启动 Word 2021，在快速访问工具栏
中单击【自定义快速访问工具栏】下拉按钮
▼，在弹出的菜单中选择【通过电子邮件发
送】命令，如图 1-45 所示，将其添加到快速
访问工具栏中。

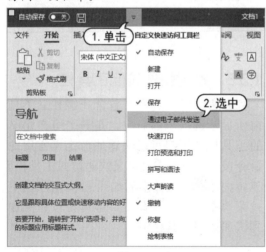

图 1-45

step ② 在快速访问工具栏中单击【自定义快
速访问工具栏】下拉按钮▼，在弹出的菜单
中选择【其他命令】命令，如图 1-46 所示。

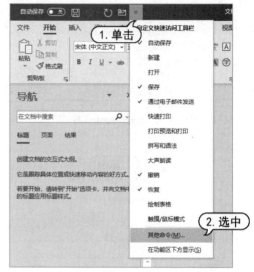

图 1-46

step ③ 打开【Word 选项】对话框，打开【快
速访问工具栏】选项卡，在【从下列位置选
择命令】下拉列表中选择【常用命令】选项，
从下方的列表框中选择【插入图片】选项，
然后单击【添加】按钮，将其添加到【自定
义快速访问工具栏】列表框中，然后单击【确
定】按钮，如图 1-47 所示。

图 1-47

step ④ 此时完成快速访问工具栏的设置，快
速访问工具栏的效果如图 1-48 所示。

图 1-48

1.3.6　Word 中的宏

在 Word 中，可以使用 VBA(Visual Basic for Applications)语言编写宏。VBA 基于 Microsoft 的 Visual Basic 语言，专门用于编写和执行宏。

宏可以自动执行一系列常见的操作，如插入特定格式的文本、应用样式、插入图像或表格等。宏可用于批量处理文档，如对多个文档同时执行相同的操作、转换文档格式、批量替换文本等。这对于处理大量文档或具有相似操作的文档集合非常有用。宏可以包含各种操作，用户可以根据个人的需求和工作流程，实现更高级、更个性化的自动化操作。

按 Alt+F11 快捷键，打开 VBA 编辑器，编写想要执行的宏代码，然后单击【运行子过程/用户窗体】按钮▶，即可运行代码，如图 1-49 所示。

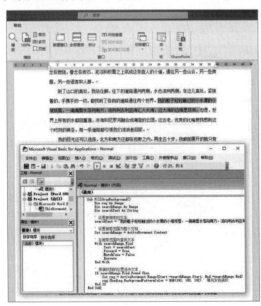

图 1-49

需要注意的是，宏可能会对文档的内容和结构产生影响，因此在执行宏之前，务必要确保理解宏的作用以及它可能对文档产生的影响。此外，为了安全起见，在使用宏时，应该注意只运行来自可信来源的宏，以避免潜在的安全风险，如图 1-50 所示。

图 1-50

1.3.7　保存文档

用户正在编辑某个文档时，如果出现了电脑突然死机、停电等非正常关闭的情况，文档中的信息就会丢失。因此，做好文档的保存工作十分重要。

在 Word 2021 中，保存文档有以下几种情况。

▶ 保存新建的文档：如果要对新建的文档进行保存，可选择【文件】选项卡，在打开的界面中选择【另存为】命令，或单击快速访问工具栏上的【保存】按钮圖，打开【另存为】界面，选择【浏览】选项，如图 1-51 所示。在打开的【另存为】对话框中设置文档的保存路径、名称及保存格式，然后单击【保存】按钮，如图 1-52 所示。成功保存后文档的文件名发生了更改，如图 1-53 所示。

图 1-51

图 1-52

图 1-53

▶ 保存已保存过的文档：要对已保存过的文档进行保存，可选择【文件】选项卡，在打开的界面中选择【保存】命令，或单击快速访问工具栏上的【保存】按钮回，就可以按照文档原有的路径、名称及格式进行保存。

▶ 另存为其他文档：如果文档已保存过，但在进行了一些编辑操作后，需要将其保存下来，并且希望仍能保存以前的文档，这时就需要对文档进行另存为操作。要将当前文档另存为其他文档，可以按 F12 键打开【另存为】对话框，在其中设置文档的保存路径、名称及保存格式，然后单击【保存】按钮。

保存文档时需要选择文件保存的位置及保存类型。用户可以在 Word 2021 中设置文件默认的保存类型及保存位置。

【例 1-4】设置 Word 2021 保存选项。🔘 视频

step 1 启动 Word 2021，选择【文件】选项卡，在打开的界面中选择【选项】命令。打开【Word 选项】对话框，在左侧选择【保存】选项，在右侧【保存文档】区域单击【将文件保存为此格式】后的下拉按钮，选择【Word 文档(*.docx)】选项，如图 1-54 所示。

图 1-54

step 2　单击【默认本地文件位置】文本框后方的【浏览】按钮，如图 1-55 所示。

图 1-55

step 3　打开【修改位置】对话框，选择文档要默认保存的文件夹位置，然后单击【确定】按钮，如图 1-56 所示。

图 1-56

step 4　返回【Word 选项】对话框，单击【确定】按钮完成设置。

1.4　在 Word 中嵌入 ChatGPT

在将 ChatGPT 嵌入 Microsoft Word 中后，ChatGPT 可根据用户提供的一小段文字，在文档中自动补全文章，帮助用户更有效地处理文档。

【例 1-5】在 Word 中嵌入 ChatGPT。　视频

step 1　选择【文件】选项卡，在打开的界面中选择【新建】选项，打开【新建】选项区域，然后在该选项区域中单击【空白文档】选项即可创建一个空白文档，如图 1-57 所示。

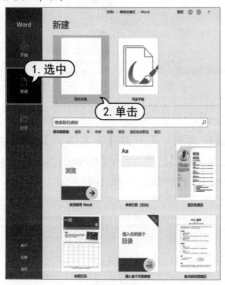

图 1-57

step 2　选择【开发工具】选项卡，单击【宏】按钮，如图 1-58 所示。

图 1-58

step 3　打开【宏】对话框，在【宏名】文本框中输入 ChatGPT，然后单击【创建】按钮，如图 1-59 所示。

图 1-59

15

step 4 在弹出的【Normal-NewMacros(代码)】窗口中输入代码，如图 1-60 所示，然后单击【关闭】按钮 ×，关闭界面。

图 1-60

step 5 在功能区任意位置右击，从弹出的快捷菜单中选择【自定义功能区】命令，如图 1-61 所示。

图 1-61

step 6 打开【Word 选项】对话框，打开【自定义功能区】选项卡，单击【新建组】按钮，然后单击【重命名】按钮，如图 1-62 所示，新建一个名为【ChatGPT】的组。

图 1-62

step 7 在【主选项卡】列表框中显示重命名后的选项卡和组，在【从下列位置选择命令】下拉列表中选择【宏】选项，如图 1-63 所示。

图 1-63

step 8 从下方的列表框中选择【Normal. NewMacros. ChatGPT】选项，单击【添加】按钮，即可将其添加到新建的【ChatGPT】组中，然后单击【确定】按钮，如图 1-64 所示，完成自定义设置。

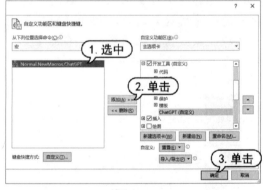

图 1-64

step 9 此时，即可在【开发工具】选项卡的【ChatGPT】组中，显示【Normal.NewMacros. ChatGPT】按钮，如图 1-65 所示。

图 1-65

step⑩ 单击快速访问工具栏上的【保存】按钮图，打开【另存为】界面，选择【浏览】选项，在打开的【另存为】对话框中单击【保存类型】下拉按钮，在弹出的下拉列表中选择【启用宏的 Word 模板(*.dotm)】选项，如图 1-66 所示。

图 1-66

step⑪ 选择【文件】选项卡，在打开的界面中选择【选项】命令，打开【Word 选项】对话框，在左侧选择【加载项】选项，在右侧单击【管理】下拉按钮，从弹出的下拉列表中选择【Word 加载项】选项，然后单击【转到】按钮，如图 1-67 所示。

图 1-67

step⑫ 打开【模板和加载项】对话框，单击【添加】按钮，然后单击【确定】按钮，如图 1-68 所示。

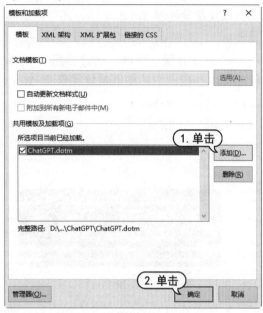

图 1-68

step⑬ 设置完成后，选择文档中的一段话，然后选择【开发工具】选项卡，在【ChatGPT】组中单击【Normal.NewMacros.ChatGPT】按钮，如图 1-69 所示，稍等片刻后，即可在文档中显示内容。

图 1-69

1.5 Word 与 Python 的交互

在 Python 中与 Word 进行交互，用户不仅可以使用 Python 新建、读取、修改、保存 Word 文档以及批量处理 Word 文档，还可以编辑文档中的文本、样式、段落、表格、图片等各种元素。

▶ 新建并保存文档。通过编写 Python 程序可以在指定文件夹中新建并保存 Word 文档，如图 1-70 所示。

图 1-70

▶ 创建新的 Word 文档并添加内容。通过编写 Python 程序，不仅可以创建新的文档，还能通过输入代码编写文档中的内容。

▶ 读取 Word 文档。Python 可以实现对 docx 类型的文档中数据的读取，并根据关键字提取相应的内容。

▶ 编辑已存在的文档。通过编写 Python 程序，可以编辑文档中的文本、样式、段落、表格、图片等元素，如图 1-71 所示。

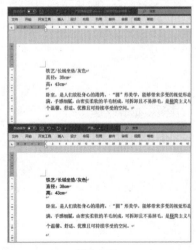

图 1-71

▶ 批量处理 Word 文档。Python 提供了多个用于自动操作 Word 文件的库，如 Pandas、Openpyxl 和 Xlwings。通过编写 Python 程序，可以进行批量创建、打开、重命名、合并/拆分和删除 Word 文件等操作。

▶ 批量替换 Word 文档中的内容。Python 程序可以同时对多个 Word 文件中的内容进行替换。

▶ 读取 Word 文档中的表格并进行比较。Python 程序可以通过读取两个 Word 文档中的表格，自动对比两个文档中的数据。

▶ 批量处理 Word 中的表格数据。可以利用 Python 程序批量读取 Word 表格数据，根据需要提取、修改该表格数据或将其导出为 Excel 表格。能够有效地缩减处理数据的过程，减少手动提取数据时出现的失误，提高用户工作效率。

▶ 批量读取 Word 中的表格数据，将数据计算汇总后存入 Excel。使用 Python 程序读取到 Word 文档的表格，首先根据表格内容进行处理，然后将处理好的表格数据最终汇总后写入 Excel 中并保存。

▶ 获取数据并生成分析报告。Python 程序可以自动获取数据，并分析数据得到可视化图表，最终生成分析报告。

▶ 处理 Word 文档并发送邮件。通过编写 Python 程序，可以处理分析 Word 数据，并将结果通过电子邮件发送给指定的邮件地址，让其他用户能够方便地看到数据分析的结果。

1.6　案例演练

本节将通过"Word 2021 的基本设置"和"制作新员工入职通知书"等案例，帮助用户巩固并掌握本章所学的知识。

1.6.1　Word 2021 的基本设置

【例 1-6】在 Word 2021 中进行页面、显示、校对、保存和输入法等基本设置。 📀视频

step 1 启动 Word 2021，新建一个空白页，选择【布局】选项卡，单击【纸张大小】下拉按钮，在弹出的下拉列表中选择【A4】选项，如图 1-72 所示。

图 1-72

step 2 选择【页边距】选项，在弹出的下拉列表中选择【自定义页边距】选项，如图 1-73 所示。

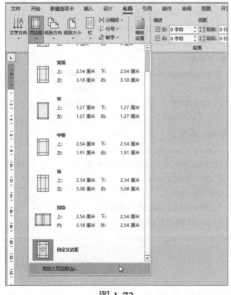

图 1-73

step 3 打开【页面设置】对话框，设置【上】和【下】微调框数值为【2.5 厘米】，【左】和【右】微调框数值为【3 厘米】，然后单击【确定】按钮，如图 1-74 所示。

图 1-74

step 4 选择【视图】选项卡，在【显示】组中选中【标尺】复选框，如图 1-75 所示，或按 R 键激活此命令，即可在工作区的顶部和左侧显示标尺。

图 1-75

Word 2021文档处理案例教程

step 5 在【显示】组中选中【导航窗格】复选框，如图 1-76 所示。

图 1-76

step 6 此时，即可在文档左侧显示【导航】窗格，如图 1-77 所示。

图 1-77

step 7 选择【文件】选项卡，在显示的界面中选择【选项】选项，在打开的【Word 选项】对话框中选择【显示】选项，用户可以在【始终在屏幕上显示这些格式标记】选项区域中设置显示辅助文档编辑的格式标记，如图 1-78 所示，这些标记不会在打印文档时被打印在纸上。

图 1-78

step 8 在【Word 选项】对话框中选择【校对】选项，在显示的选项区域中单击【自动更正选项】按钮，如图 1-79 所示。

图 1-79

step 9 打开【自动更正】对话框，选择【键入时自动套用格式】选项卡，取消【自动编号列表】复选框的选中状态，然后单击【确定】按钮，如图 1-80 所示。取消【自动编号列表】功能，在编辑 Word 文档时关闭该功能有助于提高文档的输入效率。

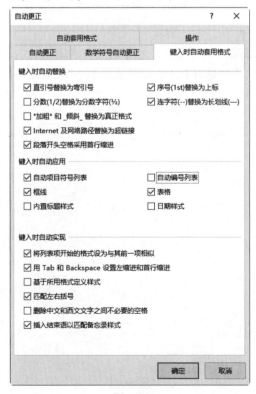

图 1-80

step ⑩ 在【Word 选项】对话框中选择【保存】选项，在【保存文档】选项区域的【保存自动恢复信息时间间隔】文本框中输入"5"，然后单击【确定】按钮，如图 1-81 所示。

图 1-81

step ⑪ 按 Win+I 快捷键，打开【设置】窗口，选择【时间和语言】|【语言】选项，单击【键盘】选项，如图 1-82 所示。

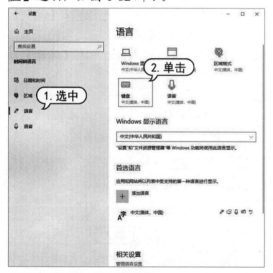

图 1-82

step ⑫ 打开【键盘】窗口，单击【替代默认输入法】下拉按钮，从弹出的下拉列表中选择一种输入法，如图 1-83 所示。

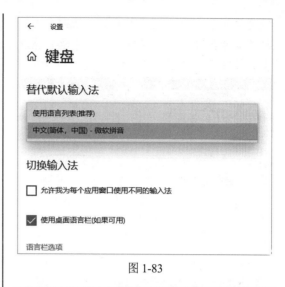

图 1-83

1.6.2　制作新员工入职通知书

【例 1-7】将 Word 2021 与 ChatGPT 结合，制作一份"新员工入职通知书"文档。 ● 视频

step ① 选择【文件】选项卡，在打开的界面中选择【新建】选项，单击【空白文档】选项，如图 1-84 所示，即可创建一个空白文档。

图 1-84

step ② 将光标定位在第一行，输入标题文本"新员工入职通知书"，选择标题文本，然后选择【开始】选项卡，在【字体】组中选择【字体】下拉按钮，从弹出的下拉列表中选

择【黑体】选项，在【字号】下拉列表中选择【二号】选项，在【段落】组中单击【居中】按钮，如图 1-85 所示。

图 1-85

step 3 打开 ChatGPT 界面，在文本框中输入文本"新员工入职通知内容"，如图 1-86 所示。

图 1-86

step 4 按 Enter 键发送内容，稍等片刻后 ChatGPT 将会根据提问给出相应的回复，如图 1-87 所示。

图 1-87

step 5 选择对话框中的内容，按 Ctrl+C 快捷键进行复制，回到 Word 文档中按 Enter 键进行换行，再按 Ctrl+V 快捷键进行粘贴，

并根据实际情况修改和优化文档中的内容，如图 1-88 所示。

图 1-88

step 6 单击快速访问工具栏上的【保存】按钮，打开【另存为】界面，选择【浏览】选项，在打开的对话框中设置文档的保存路径、名称及保存格式，然后单击【保存】按钮，如图 1-89 所示。

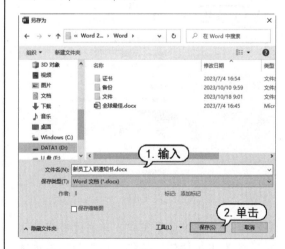

图 1-89

step ⑦ 按 F1 键，打开帮助窗口，在【搜索帮助】文本框中输入文本"如何备份文档"，然后按 Enter 键进行搜索，如图 1-90 所示。

图 1-90

step ⑧ 单击需要查看的标题链接，即可打开页面查看其详细内容，如图 1-91 所示。

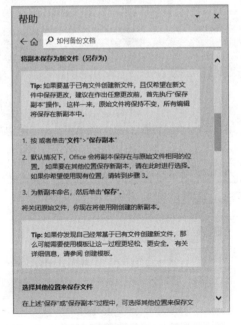

图 1-91

step ⑨ 选择【文件】选项卡，在打开的界面中选择【另存为】选项，选择【浏览】选项，打开【另存为】对话框，在其中设置文档的保存路径、名称及保存格式，然后单击【保存】按钮，如图 1-92 所示，即可备份文档。

图 1-92

1.6.3　批量删除 Word 文档

【例 1-8】安装 Python 和 PyCharm，并使用 Python 批量处理 Word 文档。 ◎视频

step ① 首先通过 Python 官方网站下载并安装 Python 解释器。打开 Edge 浏览器访问 Python 官方网站，选择下载 Windows 版的 Python 安装文件，安装完成的界面如图 1-93 所示。

图 1-93

step ② 然后安装常用的 Python 工具——PyCharm。访问 PyCharm 官方网站下载安装文件，然后运行该文件安装 PyCharm，如图 1-94 所示。

图 1-94

step 3 完成安装后，双击打开 PyCharm 软件，对新建项目进行设置，如图 1-95 所示。

图 1-95

step 4 在本地电脑硬盘创建一个用于存放代码的目录，打开 D:\Word 文件夹，在空白处右击鼠标，从弹出的快捷菜单中选择【新建】|【文本文档】命令，创建一个名为"删除文档.py"的文件，如图 1-96 所示。

名称	修改日期	类型
文件	2023/7/12 15:09	文件夹
项目	2023/7/12 15:20	文件夹
笔记.txt	2023/7/12 15:09	文本文档
海报 - 副本.doc	2023/7/12 15:08	Microsoft
海报.doc	2023/7/12 15:08	Microsoft
活动宣传册 - 副本.doc	2023/7/12 15:08	Microsoft
活动宣传册.doc	2023/7/12 15:08	Microsoft
删除文档.py	2023/7/12 15:17	JetBrains P
团建 - 副本.doc	2023/7/12 15:08	Microsoft
团建.doc	2023/7/12 15:08	Microsoft

图 1-96

step 5 打开 ChatGPT 后输入【编写一个 Python 程序，将 D:\Word 中所有的副本.doc 文档删除】。按 Enter 键发送内容，稍等片刻后 ChatGPT 将会根据提问给出相应的回复，如图 1-97 所示，然后选择对话框中的代码，按 Ctrl+C 快捷键复制代码。

图 1-97

step 6 右击"删除文档.py"的文件，从弹出的快捷菜单中选择【打开方式】|PyCharm 命令，将复制的代码粘贴至处于编辑状态的【删除文档.py】文件中，如图 1-98 所示。

图 1-98

step 7 关闭 PyCharm 软件，在 D:\Word 文件夹的地址栏中输入 cmd，如图 1-99 所示。

图 1-99

step 8 按 Enter 键，打开命令行窗口，输入命令: python 删除文档.py，如图 1-100 所示。

图 1-100

step 9 稍等片刻后，D:\Word 文件夹中将自动删除"海报-副本.doc""活动宣传册-副本.doc""团建-副本.doc" 3 个 Word 文件，结果如图 1-101 所示。

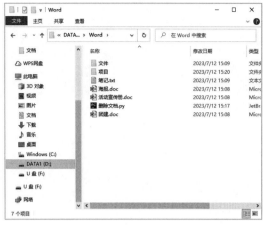

图 1-101

第2章

Word 文本的输几和编辑

通过在 Word 中输入文本内容，并利用编辑功能对其进行调整和优化，用户能够轻松地组织和格式化各类文档中的文本内容。本章将结合案例，主要介绍输入和编辑文本、查找与替换文本、拼写与语法检查等操作。

本章对应视频 -

2.1 输入文本内容

在 Word 2021 中，建立文档的目的是输入文本内容。本节将介绍中英文文本、特殊符号、日期和时间的输入方法。

2.1.1 中英文输入

一般情况下，系统会自带一些基本的输入法，用户也可以添加和安装其他输入法，这些输入法都是通用的。

选择中文输入法可以通过单击任务栏上的输入法指示图标来完成，这种方法比较直接。在 Windows 桌面的任务栏中，单击代表输入法的图标，在弹出的输入法列表中单击要使用的输入法即可，如图 2-1 所示。

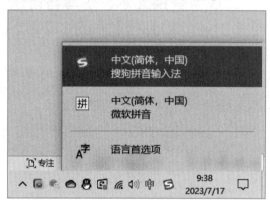

图 2-1

选择一种中文输入法后，即可在插入点处开始输入中文文本了。

用户可以通过按 Shift 键切换中英文状态，当输入英文时，需要注意以下几点。

▶按 Caps Lock 键可输入英文大写字母，再次按该键则可输入英文小写字母。

▶ 按 Shift 键的同时按双字符键将输入上档字符；按 Shift 键的同时按字母键将输入英文大写字母。

▶ 按 Enter 键，插入点自动移到下一行行首。

▶ 按空格键，在插入点的左侧插入一个空格符号。

当新建一个文档后，在文档的开始位置

将出现一个闪烁的光标，称之为"插入点"。在 Word 文档中输入的文本，都将在插入点处出现。定位了插入点的位置后，选择一种输入法，即可开始输入文本。

> **知识点滴**
>
> 按 Insert 键可进入改写状态，在一段文本中间添加文字时，会自动覆盖后面的文字。再按一次 Insert 键即可退出该模式。

2.1.2 输入符号

在 Word 2021 中可以通过键盘输入常用中文或英文的基本符号，例如，中文标点符号句号、逗号、括号、冒号、引号和连字符等，还可以在 Word 中选择【插入】选项卡，在【符号】组中单击【符号】下拉按钮，在弹出的下拉列表中选择常用符号，如图 2-2 所示。

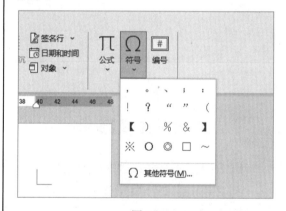

图 2-2

选择【其他符号】选项，用户可以打开【符号】对话框，在【符号】选项卡和【特殊字符】选项卡中查找想要插入的符号，如图 2-3 所示。

具体的符号类型和外观可能因所选的字体、字形或语言设置而不同。

图 2-3

如果需要为某个符号设置快捷键,可以在【符号】对话框中选中该符号后,单击【快捷键】按钮,打开【自定义键盘】对话框,在【请按新快捷键】文本框中输入快捷键后,单击【指定】按钮,再单击【关闭】按钮,如图 2-4 所示。

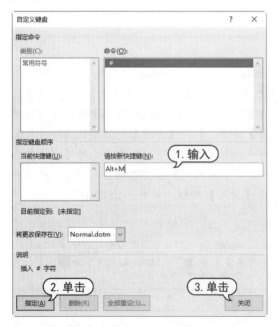

图 2-4

在【插入】选项卡中有一个【编号】按钮,此功能可以插入各种类型的数字编号,如甲乙丙、壹贰叁、子丑寅等。只需

在【编号】文本框中输入"213",在【编号类型】列表框中选择【壹,贰,叁...】选项,如图 2-5 所示。

图 2-5

单击【确定】按钮即可在文件中看到结果,如图 2-6 所示。

图 2-6

2.1.3 输入日期和时间

在 Word 2021 中输入日期格式的文本,即可自动显示当前日期,按 Enter 键即可完成当前日期的输入。用户还可以根据需要通过【日期和时间】对话框快速插入当前日期和时间,能够轻松地为文档添加时间信息。

通过输入当前日期和时间,读者可以清楚地了解文档的时效性。对于交付报告、合同或其他具有时间约束的文档,输入日期和时间可以向读者传达重要的时间信息。

选择【插入】选项卡,在【文本】组中单击【日期和时间】按钮,打开【日期和时间】对话框,如图 2-7 所示。

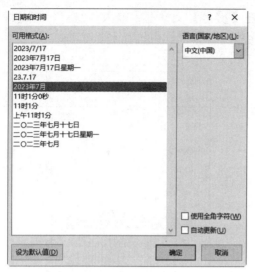

图 2-7

在【日期和时间】对话框中，各选项的功能如下。

▶【可用格式】列表框：用来选择日期和时间的显示格式。

▶【语言(国家/地区)】下拉列表：用来选择日期和时间应用的语言，如中文或英文。

▶【使用全角字符】复选框：选中该复选框可以用全角方式显示插入的日期和时间。

▶【自动更新】复选框：选中该复选框，日期和时间将会根据当前的系统时间进行更新。

▶【设为默认值】按钮：单击该按钮可将当前设置的日期和时间格式保存为默认的格式。

用户还可以使用快捷键来输入日期和时间。

按 Alt+Shift+D 快捷键，将插入当前日期；按 Alt+Shift+T 快捷键，将插入当前时间。

2.1.4 制作生日派对邀请函

【例 2-1】新建一个名为"生日派对邀请函"的文档，在其中输入文本内容、符号、日期和时间。
视频+素材 (素材文件\第 02 章\例 2-1)

step 1 启动 Word 2021，新建一个名为"生日派对邀请函"的文档。将光标定位在第一行，并输入文字"生日派对邀请函"，如图 2-8 所示。

图 2-8

step 2 按 Enter 键，将插入点跳转至下一行的行首，继续输入多段正文文本，如图 2-9 所示。

图 2-9

step 3 将插入点定位到文本"日期:"开头处，选择【插入】选项卡，在【符号】组中单击【符号】下拉按钮，从弹出的菜单中选择【其他符号】命令，打开【符号】对话框的【符号】选项卡，在【字体】下拉列表中选择【宋体】选项，在下面的列表框中选择星形符号，然后单击【插入】按钮，如图 2-10 所示。

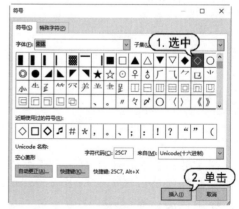

图 2-10

step 4　在需要添加符号的文本开头处按 F4 键激活【重复上一步操作】命令，即可继续添加符号，如图 2-11 所示。

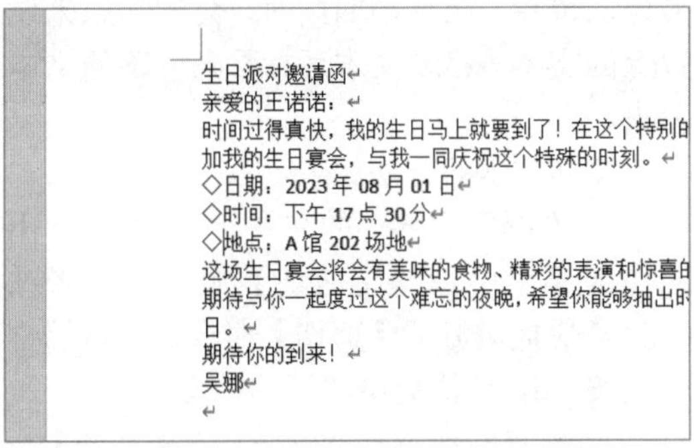
生日派对邀请函
亲爱的王诺诺：
时间过得真快，我的生日马上就要到了！在这个特别的
加我的生日宴会，与我一同庆祝这个特殊的时刻。
◇日期：2023 年 08 月 01 日
◇时间：下午 17 点 30 分
◇地点：A 馆 202 场地
这场生日宴会将会有美味的食物、精彩的表演和惊喜的
期待与你一起度过这个难忘的夜晚，希望你能够抽出时
日。
期待你的到来！
吴娜

图 2-11

step 5　将光标定位到文档最后一行，按 Ctrl+Shift+D 快捷键激活【插入当前日期】命令，即可在光标处插入当天的日期，如图 2-12 所示。

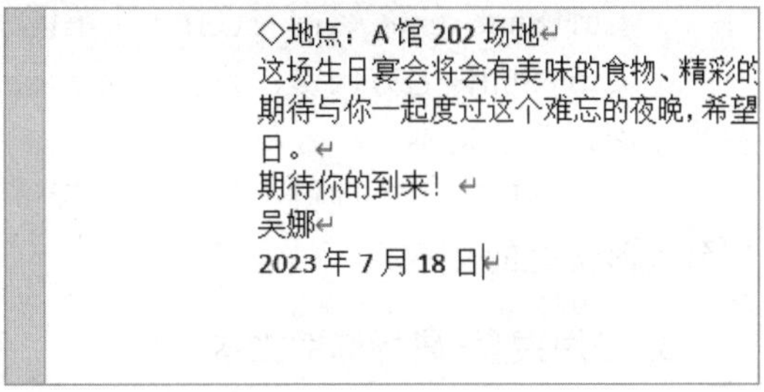
◇地点：A 馆 202 场地
这场生日宴会将会有美味的食物、精彩的
期待与你一起度过这个难忘的夜晚，希望
日。
期待你的到来！
吴娜
2023 年 7 月 18 日

图 2-12

2.2　编辑文本

在输入文本内容的过程中，通常需要对文本进行选取、复制、移动、删除、查找和替换等操作。熟练地掌握这些操作，可以节省大量的时间，提高文档编辑工作的效率。

2.2.1　选择文本

在Word 2021 中进行文本编辑操作之前，必须选取或选定要操作的文本。选择文本既可以使用鼠标，也可以使用键盘，还可以结合鼠标和键盘进行选择。

1. 使用鼠标选择文本

使用鼠标选择文本是最基本、最常用的方法，操作起来十分方便。

- 拖动选择：将鼠标指针定位在起始位置，按住鼠标左键不放，向目的位置拖动鼠标以选择文本。
- 单击选择：将鼠标光标移到要选定行的左侧空白处，当鼠标光标变成形状时，单击鼠标选择该行文本内容。
- 双击选择：将鼠标光标移到文本编辑区左侧，当鼠标光标变成形状时，双击鼠标左键，即可选择该段的文本内容；将鼠标光标定位到词组中间或左侧，双击鼠标可选择该单字或词。
- 三击选择：将鼠标光标定位到要选择的段落，三击鼠标可选中该段的所有文本；将鼠标光标移到文档左侧空白处，当光标变成形状时，三击鼠标可选中整篇文档。

2. 使用键盘选择文本

使用键盘选择文本时，需先将插入点移到要选择的文本的开始位置，然后按键盘上相应的快捷键即可。相关快捷键及其作用如下。

- Shift+左箭头：选择光标左侧的一个字符。
- Shift+右箭头：选择光标右侧的一个字符。
- Shift+上箭头：选择光标位置至上一行相同位置之间的文本。
- Shift+下箭头：选择光标位置至下一行相同位置之间的文本。
- Shift+Home：选择从光标位置到行的开头的文本。
- Shift+End：选择从光标位置到行的结尾的文本。
- Ctrl+Shift+Home：选择从光标位置到文档开头的文本。

Word 2021 文档处理案例教程

- Ctrl+Shift+End：选择从光标位置到文档结尾的文本。
- Ctrl+A：选择整个文档中的所有文本。
- Ctrl+Shift+左箭头：向左选择一个单词。
- Ctrl+Shift+右箭头：向右选择一个单词。
- Ctrl+Shift+上方向键：选择从光标位置到段落开头的文本。
- Ctrl+Shift+下方向键：选择从光标位置到段落结尾的文本。

3. 使用键盘+鼠标选取文本

使用鼠标和键盘结合的方式，不仅可以选择连续的文本，还可以选择不连续的文本。

- 选择连续的较长文本：将插入点定位到要选择区域的开始位置，按住 Shift 键不放，再移动光标至要选择区域的结尾处，单击鼠标左键即可选择该区域的所有文本内容。
- 选取不连续的文本：选取任意一段文本，按住 Ctrl 键，再拖动鼠标选取其他文本，即可同时选取多段不连续的文本。
- 选取整篇文档：按住 Ctrl 键不放，将光标移到文本编辑区左侧空白处，当光标变成 形状时，单击鼠标左键即可选取整篇文档。
- 选取矩形文本：将插入点定位到开始位置，按住 Alt 键并拖动鼠标，即可选取矩形文本。

2.2.2 剪切、移动和复制文本

剪切、移动和复制文本操作使得在 Word 文档中编辑和移动文本变得更加方便和高效。无论是调整文档结构，还是复用信息内容，这些操作都将为用户提高编辑效率。

1. 剪切文本

剪切文本是指将已选择的文本从原始位置移除，并将其存储到剪贴板中以供后续粘贴到其他位置使用。剪切文本操作能够提高编辑文档的灵活性和效率，为用户在重新组织和重排文本操作时带来便利。

2. 移动文本

移动文本是指将当前位置的文本移到另外的位置，在移动的同时，会删除原来位置上的文本。移动文本后，原来位置的文本消失。

移动文本的方法如下。

- 选择需要移动的文本，右击并从弹出的快捷菜单中选择【剪切】命令，或者按 Ctrl+X 快捷键激活【剪切】命令，在目标位置处按 Ctrl+V 快捷键即可移动文本。
- 选择需要移动的文本，在【开始】选项卡的【剪贴板】组中，单击【剪切】按钮，在目标位置处，单击【粘贴】按钮。
- 选择需要移动的文本，按 F2 键，在目标位置处，按 Enter 键即可移动文本。
- 选择需要移动的文本，按下鼠标右键不放，此时鼠标光标变为 形状，将其拖动至目标位置，松开鼠标后弹出一个快捷菜单，在其中选择【移动到此位置】命令。
- 选择需要移动的文本后，按下鼠标左键不放，此时鼠标光标变为 形状，并出现一条虚线，移动鼠标光标，当虚线移到目标位置时，释放鼠标即可将选取的文本移到该处。

3. 复制文本

复制文本操作可以更加高效和便捷地编辑和管理文本，保留原始文本的同时可以重复使用文本内容，避免不必要的重复操作。

复制文本的方法如下。

- 选取需要复制的文本，右击并从弹出的快捷菜单中选择【复制】命令，或者按 Ctrl+C 快捷键激活【复制】命令，把插入点移到目标位置，再按 Ctrl+V 快捷键粘贴文本。
- 选择需要复制的文本，在【开始】选项卡的【剪贴板】组中，单击【复制】按钮，将插入点移到目标位置处，单击【粘贴】按钮。

➤ 选择需要复制的文本，按 Shift+F2 快捷键，在目标位置处，按 Enter 键即可。

➤ 选取需要复制的文本，按下鼠标右键不放，此时鼠标光标变为 形状，将其拖动至目标位置，松开鼠标会弹出一个快捷菜单，在其中选择【复制到此位置】命令。

➤ 选择需要复制的文本，然后将鼠标指针定位在选中的文本上，按住 Ctrl 键不放，移动鼠标指针到所需要的位置后，松开鼠标即可复制文本。

2.2.3　删除和撤销文本

通过删除文本可以修正错误、清除格式或删除不需要的内容。而撤销文本则是在编辑过程中回退到先前的状态，纠正错误或恢复之前的操作，以提高用户对文档的控制和编辑的准确性。

删除文本的操作方法如下。

➤ 按 Backspace 键，删除光标左侧的文本；按 Delete 键，删除光标右侧的文本。

➤ 选择文本，按 Backspace 键或 Delete 键均可删除所选文本。

编辑文档时，Word 2021 会自动记录最近执行的操作，因此当操作错误时，可以通过撤销功能将错误操作撤销。如果误撤销了某些操作，还可以使用恢复操作将其恢复。

常用的撤销操作主要有以下两种。

➤ 在快速访问工具栏中单击【撤销】按钮，撤销上一次的操作。单击【撤销】按钮右侧的下拉按钮，可以在弹出的列表中选择要撤销的操作。

➤ 多次按 Ctrl+Z 快捷键，可以撤销多个操作。

恢复操作用来还原撤销操作，恢复至撤销以前的文档。

常用的恢复操作主要有以下两种。

➤ 在快速访问工具栏中单击【恢复】按钮，恢复操作。

➤ 按 Ctrl+Y 快捷键，恢复最近的撤销操作，这是 Ctrl+Z 快捷键的逆操作。

2.2.4　查找和替换文本

使用查找和替换功能可以节省用户在篇幅较长的文档中查找和修改文本的时间和精力。用户可以根据具体的需求，进行准确的查找或替换操作，快速定位和修改文档中的文本内容。

1. 使用查找和替换功能

用户可以指定要查找的文本，然后输入要替换为的新文本。Word 将逐个定位并批量替换每个匹配项，从而快速更改文档中的多个文本，减少手动修改文本的工作量。

➤ 在【开始】选项卡的【编辑】组中单击【查找】按钮，打开导航窗格。在【导航】文本框中输入需要查找的文本。

➤ 单击【开始】选项卡，在【编辑】组中单击【高级查找】或【替换】按钮，或者按 Ctrl+H 快捷键，打开【查找和替换】对话框，如图 2-13 所示，在【查找内容】文本框中输入文本，如果是查找文本，单击【查找下一个】按钮可定位到下一个匹配项；如果是替换文本，在【替换为】文本框中输入文本，单击【替换】或【全部替换】按钮可替换当前匹配项。

图 2-13

2. 使用高级查找功能

【查找和替换】功能还提供了一些高级选项，例如仅在选择范围内查找或替换、区分大小写、全字匹配、使用通配符、格式替换等。这些选项为用户提供了更具灵活性和准确性的操作。

选择【开始】选项卡，在【编辑】组

中单击【查找】下拉按钮，从弹出的下拉菜单中选择【高级查找】命令，打开【查找和替换】对话框中的【替换】选项卡，输入查找文本，单击【更多】按钮，可展开该对话框用来设置文档的查找高级选项，如图 2-14 所示。

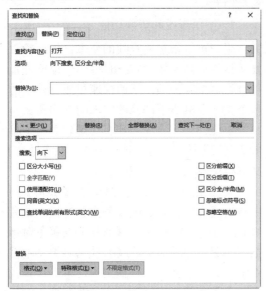

图 2-14

在展开的【查找和替换】对话框中，主要的查找高级选项的功能如下。

- 【搜索】下拉列表：用来选择文档的搜索范围。选择【全部】选项，将在整个文档中进行搜索；选择【向下】选项，可从插入点处向下进行搜索；选择【向上】选项，可从插入点处向上进行搜索。
- 【区分大小写】复选框：选中该复选框，可在搜索时区分大小写。
- 【全字匹配】复选框：选中该复选框，可在文档中搜索符合条件的完整单词，而不是搜索长单词中的一部分。
- 【使用通配符】复选框：选中该复选框，可搜索输入【查找内容】文本框中的通配符、特殊字符或特殊搜索操作符。
- 【同音(英文)】复选框：选中该复选框，可搜索与【查找内容】文本框中文字发音相同但拼写不同的英文单词。
- 【查找单词的所有形式(英文)】复选框：选中该复选框，可搜索与【查找内容】文本框中的英文单词相同的所有形式。
- 【区分全/半角】复选框：选中该复选框，可在查找时区分全角与半角。
- 【格式】按钮：单击该按钮，将在弹出的下一级子菜单中设置要查找的文本的格式，如字体、段落、制表位等。
- 【特殊格式】按钮：单击该按钮，在弹出的下一级子菜单中可选择要查找的特殊字符，如段落标记、省略号、制表符等。

2.2.5 制作公司员工体检通知

在篇幅比较长的文档中，使用 Word 2021 提供的查找与替换功能可以快速地找到文档中某个信息或更改全文中多次出现的词语，从而无须反复地查找文本，使操作变得较为简单，节约办公时间，提高工作效率。

【例 2-2】在“公司员工体检通知”文档中复制并粘贴文本，查找和替换文本内容以及结合 ChatGPT 编辑文本。

视频+素材 (素材文件\第 02 章\例 2-2)

step 1 启动 Word 2021，打开“公司员工体检通知”文档。选择需要复制的文本，如图 2-15 所示，按 Ctrl+C 快捷键激活【复制】命令。

- 身体测量：包括身高、体重、血压等基本指标的测量。
- 血液检查：血常规、血糖、血脂等项目，以评估身体的整体健康状况。
- 尿液检查：进行尿常规检查，了解肾功能和泌尿系统的情况。
- 视力检查：进行眼科检查，以评估视力状况和眼健康。
- 心电图：
进行心电图检查，以了解心脏功能及潜在的心脏问题。
- 其他个别检查：根据个人的需求和医生的建议，可能会安排一些其他的检查项目。
3. 体检注意事项：
- 请提前 3 天向我们确认您的参与意愿，以便我们进行相应的安排。
- 在体检当天，请保持空腹（至少 8 小时内不进食）以进行准确的血液检查。
- 如果正在服用特定的药物，请注意是否需要暂停使用，或在体检前咨询医

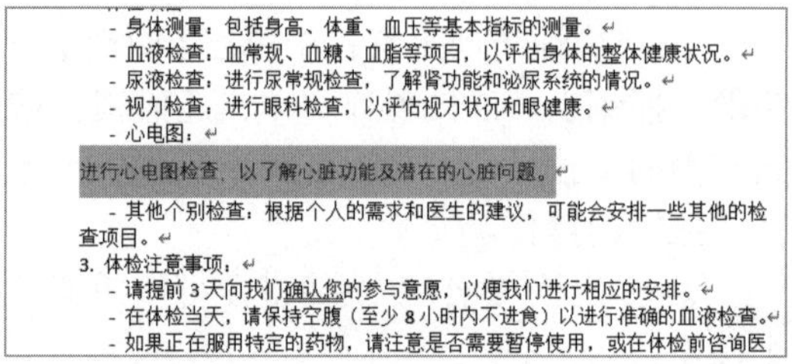

图 2-15

step 2 将插入点移到目标位置，按 Ctrl+V 快捷键激活【粘贴】命令，在弹出的快捷菜单中单击【粘贴选项】选项组中的【只保留文本】按钮，如图 2-16 所示，即可将所选

文本粘贴到目标位置，并删除步骤 1 中所选的文本内容。

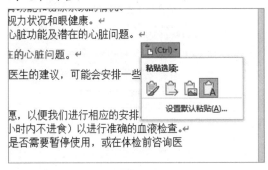

图 2-16

step 3 按 Ctrl+H 快捷键，打开【查找和替换】对话框，选择【查找】选项卡，在【查找内容】文本框中输入文本"场地"，然后单击【在以下项中查找】下拉按钮，从弹出的下拉列表中选择【主文档】选项，如图 2-17 所示。

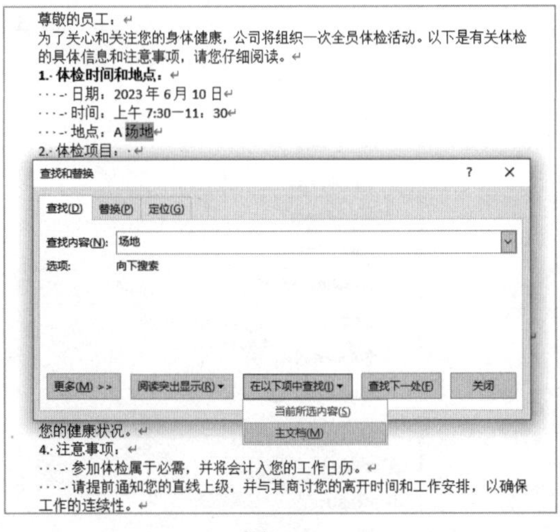

图 2-17

step 4 找到文本"场地"，按 Backspace 键将文本"场地"删除，重新输入文本"区"。

step 5 在 Microsoft Edge 的导航标签中单击【Chat Ai】标签，打开 ChatGPT 界面，在文本框中输入"在 Word 中编写宏，删除最后一行内容"，然后单击 ChatGPT 界面的代码窗口右上角的【复制】按钮，复制代码。

step 6 选择【开发工具】选项卡，单击【宏】

按钮，如图 2-18 所示，或者按 Alt+F11 快捷键，打开 VBA 编辑器。

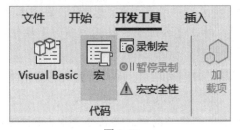

图 2-18

step 7 在弹出的【Normal-模块 1(代码)】文本框中按 Ctrl+V 快捷键粘贴代码，如图 2-19 所示。

图 2-19

step 8 单击【运行子过程/用户窗体】按钮，运行代码，回到文档中，即可看到最后一行的文本"[日期]"已被删除，如图 2-20 所示。

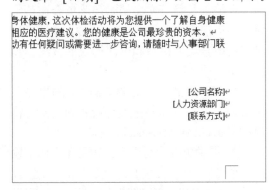

图 2-20

step 9 按照步骤 5 到步骤 7 的方法，在弹出的【Normal-模块 1(代码)】文本框中输入代码，将文档中所有文本"您"替换成文本"员工"。单击【运行子过程/用户窗体】按钮▶，运行代码，如图 2-21 所示。

step 10 回到文档中，即可看到文档中所有文本"您"替换成文本"员工"。

step 11 若修改的格式不符合要求，用户可以多次按 Ctrl+Z 快捷键，退回至使用宏之前的操作步骤。

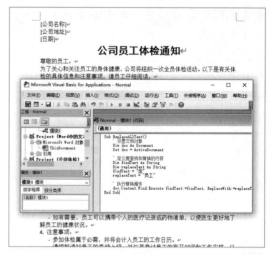

图 2-21

2.3 拼写和语法检查

在 Word 2021 中，用户可以使用内置的拼写和语法检查功能来检查文档中的拼写和语法错误，以提高文档的质量和准确性。

2.3.1 检查英文

在 Word 2021 中输入文本时，Word 会自动进行拼写和语法检查，并在存在错误时进行标记。错误的文本将被下画线标记为红色，语法错误将被下画线标记为绿色。

单击标记的文本，然后选择正确的拼写或语法，Word 将自动进行修正。

在输入长篇英文文档时，难免会在英文拼写与语法方面出错。Word 2021 提供了几种自动检查英文拼写和语法错误的方法，具体如下。

▶ 自动更改拼写错误。例如，如果输入 accidant，在输入空格或其他标点符号后，将自动用 accident 替换 accidant。

▶ 提供更改拼写提示。如果在文档中输入一个错误单词，在按 Enter 或者 Space 键后，该单词将被加上红色的波浪形下画线。将插入点定位在该单词中，右击，将弹出快捷菜单，在该菜单中可选择更改后的单词、全部忽略、添加到词典等命令，如图 2-22 所示。

图 2-22

▶ 提供标点符号提示。如果在文档中使用了错误的标点符号，例如，连续输入逗号和句号，将会出现蓝色波浪形下画线，将插入点定位在其中，右击，将弹出如图 2-23 所示的快捷菜单，在该菜单中选择相应命令进行处理。

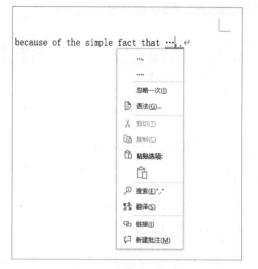

图 2-23

> 在行首自动大写。在行首无论输入什么单词，在输入空格或其他标点符号后，该单词将自动把第一个字母改为大写。例如，在行首输入单词 perhaps，再输入空格后，该单词就会变为 Perhaps。

> 自动添加空格。如果在输入单词时，忘记用空格隔开，Word 2021 将自动添加空格。例如，在输入 ofthe 后，继续输入，系统将自动变成 of the。

知识点滴

在输入、编辑文档时，若文档中包含与 Word 2021 自身词典不一致的单词或词语，会在该单词或词语的下方显示一条红色或绿色的波浪线，表示该单词或词语可能存在拼写或语法错误，提醒用户注意。

2.3.2　检查中文

在 Word 中编写中文文档时，【拼写和语法】功能会自动应用中文的拼写和语法规则，检查中文文本中的拼写错误、语法错误以及其他语言相关的问题。

【例 2-3】使用【拼写和语法】功能检查"作文集"文档中的中文。

🎬视频+素材 (素材文件\第 02 章\例 2-3)

step 1 选择【审阅】选项卡，在【校对】组中单击【拼写和语法】按钮，如图 2-24 所示。

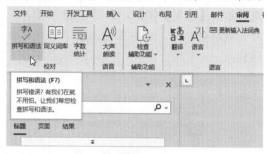

图 2-24

step 2 在文档右侧打开【校对】窗格，在【非词单字】框中列出了第一个输入错误，并将"萋"用红色波浪线画出来，如图 2-25 所示。用户在文档中将"萋"修改成"萎"即可。

图 2-25

step 3 若用户确认短语为所需文本，单击【忽略】按钮即可，如图 2-26 所示。

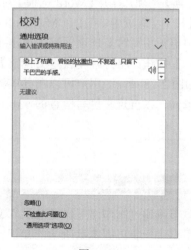

图 2-26

step❹ 查找错误完毕后，将打开提示对话框，提示文本中的拼写和语法错误检查已完成，单击【确定】按钮，如图 2-27 所示，即可完成检查工作，文本里的波浪下画线也会消失。

图 2-27

2.3.3 设置检查选项

在输入文本时自动进行拼写和语法检查是 Word 2021 默认的操作。用户可以轻松设置拼写和语法检查的相关选项，包括默认语言、自定义字典和语法规则。这样，Word 2021 在进行拼写和语法检查时就会根据用户的偏好和需求进行相应的检查和提醒。

其中，通过自定义字典功能，用户可以将特定的单词添加到字典中，这些单词将被视为正确的拼写，不会被拼写检查标记为错误。这特别适用于自定义词汇、产品名称、专有名词或特定行业的术语。

单击【文件】按钮，在弹出的菜单中选择【选项】选项，打开【Word 选项】对话框。打开【校对】选项卡，在【在 Microsoft Office 程序中更正拼写时】选项区域中单击【自定义词典】按钮。将打开【自定义词典】对话框，如图 2-28 所示，用户可以在其中添加或删除单词，以自定义拼写检查的词汇。

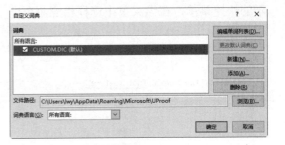

图 2-28

若文档中包含有较多特殊拼写或特殊语法，启用键入时自动检查拼写和语法功能，就会对编辑文档产生一些不便。因此，在编辑一些专业性较强的文档时，可暂时将键入时自动检查拼写和语法功能关闭。

在【在 Word 中更正拼写和语法时】选项区域中取消选中【键入时检查拼写】和【键入时标记语法错误】复选框，单击【确定】按钮，如图 2-29 所示，即可暂时关闭自动检查拼写和语法功能。

图 2-29

2.4 案例演练

本节将通过制作"工作备忘录"文档和检查"公司考勤管理规章制度"文档两个案例，帮助用户进一步巩固本章所学的知识。

2.4.1 制作"工作备忘录"文档

【例 2-4】新建一个名为"工作备忘录"的文档，在文档中输入文本内容，进行查找和替换操作并保存文档。

🎬 视频+素材 (素材文件\第 02 章\例 2-4)

step 1 启动 Word 2021，选择【文件】选项卡，从弹出的界面中选择【新建】选项，选择【空白文档】选项，创建一个空白文档。

step 2 在文档中切换至中文输入法，输入文本"日期:"，如图 2-30 所示。

图 2-30

step 3 按 Enter 键，将插入点跳转至下一行的行首，继续输入中文文本，如图 2-31 所示。

图 2-31

step 4 将光标定位到文本"日期:"后方，按 Ctrl+Shift+D 快捷键激活【插入当前日期】命令，插入当天的日期，如图 2-32 所示。

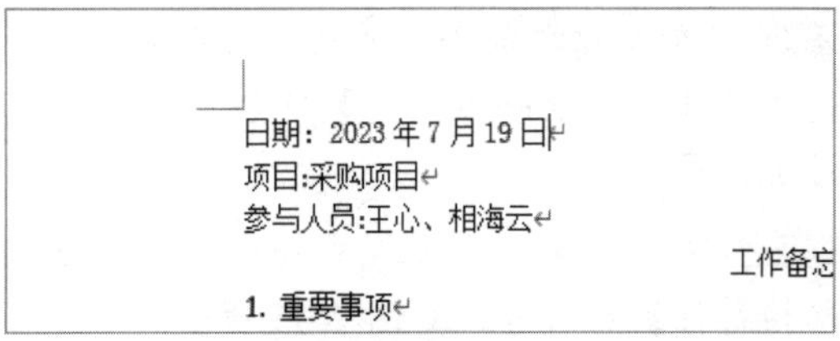

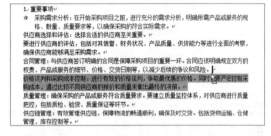

图 2-32

step 5 选择需要移动的文本，将鼠标指针放至选中区域上，选择文本将其拖曳至目标位置，然后释放鼠标，如图 2-33 所示。

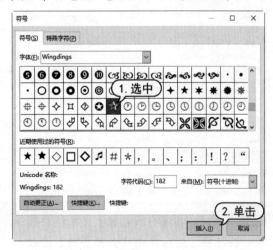

图 2-33

step 6 将插入点定位在第 6 行的文本"采"前面，选择【插入】选项卡，在【符号】组中单击【符号】下拉按钮，从弹出的菜单中选择【其他符号】命令，打开【符号】对话框。选择【符号】选项卡，在【字体】下拉列表中选择 Wingdings 选项，在下面的列表框中选择字符代码 182 对应的五角星符号，然后单击【插入】按钮，如图 2-34 所示。

图 2-34

step 7 在需要添加符号的文本开头处按 F4
键激活【重复上一步操作】命令，即可继续
添加符号。

step 8 观察文档，会发现文档中出现了【手
动换行符】的符号，如图 2-35 所示。

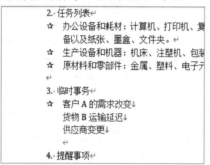

图 2-35

step 9 按 Ctrl+H 快捷键打开【查找和替换】
对话框，选择【替换】选项卡，单击【查找
内容】文本框，单击【更多】按钮，展开对
话框，在【替换】选项组中单击【特殊格式】
下拉按钮，从弹出的下拉列表中选择【手动
换行符】命令，如图 2-36 所示。

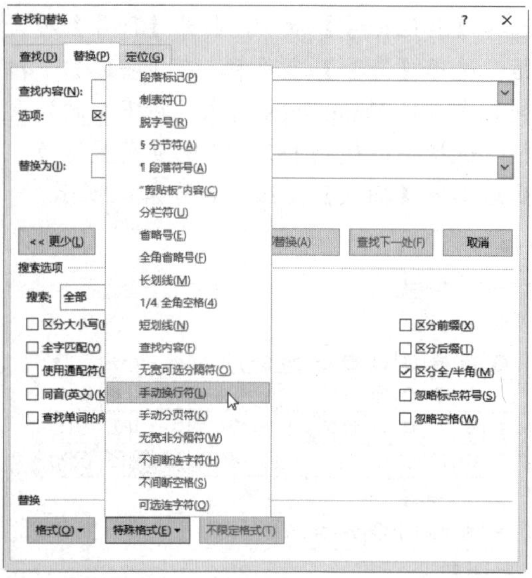

图 2-36

step 10 此时，在【查找内容】文本框中显示
手动换行符，然后单击【全部替换】按钮，
如图 2-37 所示。

图 2-37

step 11 替换完成后，打开完成替换提示框，
单击【确定】按钮，如图 2-38 所示。

图 2-38

step 12 返回文档窗口，查看替换的文本，如
图 2-39 所示。

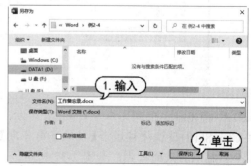

图 2-39

step 13 单击【文件】按钮，从弹出的菜单
中选择【保存】选项，在弹出的界面中选
择【浏览】选项，打开【另存为】对话框，
将该文档以"工作备忘录"为名保存，如
图 2-40 所示。

图 2-40

2.4.2　检查文档的文本内容

【例 2-5】打开"公司考勤管理规章制度"文档，使用【拼写和语法】功能检查文本内容，使用通配符查找并替换文本格式。

视频+素材 (素材文件\第 02 章\例 2-5)

step 1　启动 Word 2021，打开"公司考勤管理规章制度"文档。

step 2　选择【审阅】选项卡，在【校对】组中单击【拼写和语法】按钮，在文档的右侧打开【校对】窗格，若用户确认短语为所需文本，单击【忽略】按钮即可，如图 2-41 所示。

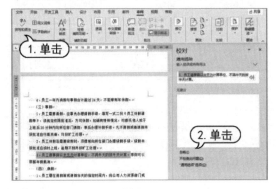

图 2-41

step 3　在【开始】选项卡的【编辑】组中单击【查找】按钮，打开【导航】窗格。在【导航】文本框中输入文本"请求"，此时 Word 2021 将自动在文档编辑区中以黄色高亮显示所查找到的文本，如图 2-42 所示。

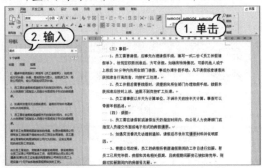

图 2-42

step 4　按 Ctrl+H 快捷键打开【查找和替换】对话框，选择【替换】选项卡，在【查找内容】文本框中输入文本"请求"，在【替换为】

文本框中输入文本"申请"，然后单击【全部替换】按钮，如图 2-43 所示。

图 2-43

step 5　替换完成后，打开完成替换提示框，单击【确定】按钮。

step 6　选择【查找】选项卡，在【查找内容】文本框中输入文本"第*条*^13"，单击【更多】按钮，展开对话框，在【搜索选项】选项组中选中【使用通配符】复选框，然后单击【在以下项中查找】下拉按钮，从弹出的下拉列表中选择【主文档】选项，如图 2-44 所示。

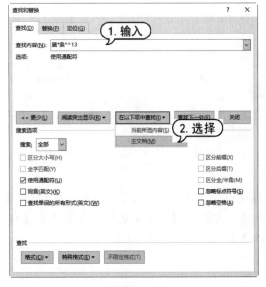

图 2-44

step 7　回到文档中，即可查找出符合要求的文本内容，如图 2-45 所示。

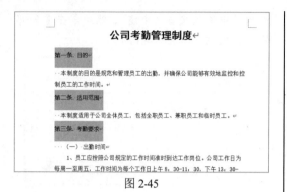

图 2-45

step 8 确定查找出的内容无误后，选择【替换】选项卡，单击【格式】下拉按钮，从弹出的下拉列表中选择【字体】选项，如图 2-46 所示。

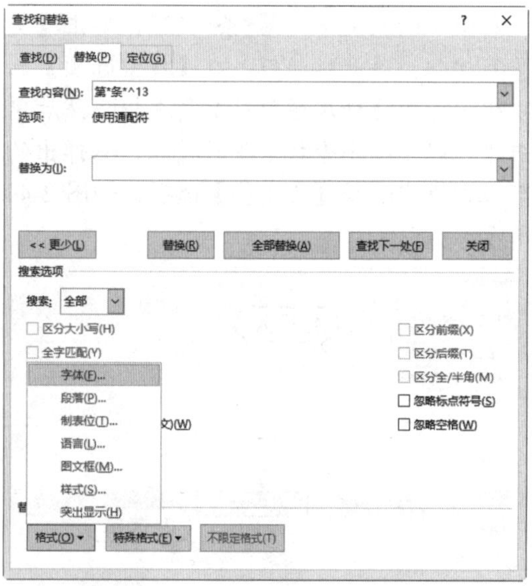

图 2-47

step 10 此时，所选的文本格式即可发生改变，如图 2-48 所示。

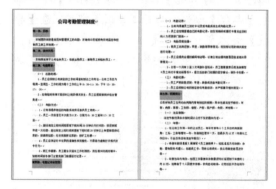

图 2-46

step 9 打开【查找字体】对话框，在【字形】列表框中选择【加粗】选项，然后单击【确定】按钮，如图 2-47 所示。

图 2-48

第3章

设置文本和段落格式

设置文本和段落格式是 Word 中至关重要的一项功能，能够帮助用户统一文档的风格，提高文档的可读性、组织性和视觉吸引力。本章将结合案例，具体讲解文本和段落格式设置的详细操作。

 本章对应视频 - - - - - - - - - - - - - - - -

3.1 设置文本格式

设置文本格式可以强调重点，用户可以使用多种方式设置文本的样式和格式，例如使用粗体、斜体、下画线等样式，可以使关键词、标题或重要信息在文档中更加突出。这样可以帮助读者更快地捕捉到关键内容，提高信息传达的效果。

3.1.1 使用【字体】组设置

选择【开始】选项卡，在【字体】组中包含字体、字号、字形等设置选项，用户可以使用其中的功能设置文本格式，如图 3-1 所示。

图 3-1

其中各字符格式按钮的功能分别如下。

➢ 字体：指文字的外观，Word 2021 提供了多种字体，默认字体为宋体。

➢ 字形：指文字的一些特殊外观，如加粗、倾斜、下画线、上标和下标等，单击【删除线】按钮 ab，可以为文本添加删除线效果。

➢ 字号：指文字的大小，Word 2021 提供了多种字号。

➢ 字符边框：为文本添加边框，单击带圈字符按钮，可为字符添加圆圈效果。

➢ 文本效果：为文本添加特殊效果，单击该按钮，从弹出的菜单中可以为文本设置轮廓、阴影、映像和发光等效果。

➢ 字体颜色：指文字的颜色，单击【字体颜色】按钮右侧的下拉箭头，从弹出的菜单中可选择需要的颜色命令。

➢ 字符缩放：增大或者缩小字符。

➢ 字符底纹：为文本添加底纹效果。

3.1.2 使用【字体】对话框设置

【字体】对话框中提供了【字体】选项卡和【高级】选项卡，用户能够更精细地调整文本的格式。在【段落】组中单击【对话框启动器】按钮 ，或者按 Ctrl+D 快捷键，可打开【字体】对话框，如图 3-2 所示。

图 3-2

3.1.3 使用浮动工具栏设置

选择文本区域后，文本区域的右上角将出现浮动工具栏，使用其提供的设置选项即可设置文本的字体、字号、字体颜色等格式，如图 3-3 所示。

图 3-3

3.1.4 设置文档的文本格式

【例 3-1】 在"狮子"文档中设置文本格式。

🎬 视频+素材 (素材文件\第 03 章\例 3-1)

step ① 启动 Word 2021 应用程序，打开"狮子"文档，如图 3-4 所示。

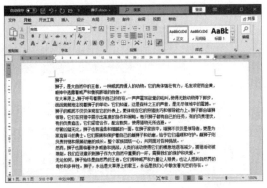

图 3-4

step ② 选择标题文本"狮子"，然后在【开始】选项卡的【字体】组中单击【字体】下拉按钮，从弹出的下拉列表中选择【华文新魏】选项，然后单击【字号】下拉按钮，从弹出的下拉列表中选择【二号】选项。

step ③ 单击【字体颜色】下拉按钮，选择相应的颜色即可应用于选择的文字，若没有需要使用的颜色，可以选择【其他颜色】选项，如图 3-5 所示。

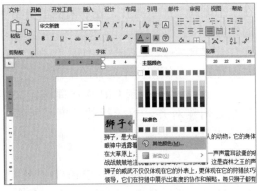

图 3-5

step ④ 打开【颜色】对话框，选择【自定义】选项卡，设置自定义颜色，完成设置后单击【确定】按钮，如图 3-6 所示，之后自定义的颜色即可应用于选择的文字。

step ⑤ 选择标题文本"狮子"，在【段落】组中单击【居中】按钮，将标题文本居中。

在【字体】组中单击【对话框启动器】按钮，从弹出的【字体】对话框中打开【字体】选项卡，设置【下画线线型】和【下画线颜色】选项，如图 3-7 所示。

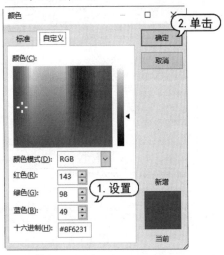

图 3-6

图 3-7

step ⑥ 选择【高级】选项卡，单击【间距】下拉按钮，从弹出的下拉列表中选择【加宽】选项，在【磅值】文本框中输入"3 磅"，单击【确定】按钮，如图 3-8 所示。

图 3-8

step **7** 按照步骤2的方法，设置文档中其他文本字体为【宋体】、字号为【小四】，效果如图 3-9 所示。

图 3-9

3.2 设置段落格式

撰写文档时，设置段落格式是不可或缺的步骤，Word 2021 中提供了对齐方式、缩进、行间距等功能，用户可以自定义段落的布局和样式。

3.2.1 设置段落对齐方式

通过设置段落对齐，可以决定段落中的文本在左对齐、居中对齐、右对齐、两端对齐或分散对齐的位置。设置段落对齐方式时，先选定要对齐的段落，然后可以通过单击如图 3-10 所示的【开始】选项卡的【段落】组(或浮动工具栏)中的相应按钮来实现，也可以通过【段落】对话框来实现。

图 3-10

这 5 种对齐方式的说明如下。

➢ 左对齐：按 Ctrl+L 快捷键，左对齐的方式为默认设置，文本在左侧对齐，右侧留出不对齐的空白。

➢ 居中对齐：按 Ctrl+E 快捷键，文本在水平方向上居中对齐，左右两侧留出相等的空白。

➢ 右对齐：按 Ctrl+R 快捷键，文本在右侧对齐，左侧留出不对齐的空白。

➢ 两端对齐：按 Ctrl+J 快捷键，文本在左右两侧对齐，每一行的长度都相等。在必要时，会调整字母之间和单词之间的距离。

➢ 分散对齐：按 Ctrl+ Shift+D 快捷键，文本在左右两边对齐，同时会调整字母之间的距离和单词之间的距离，以使每一行的长度相等。

3.2.2 设置段落缩进

段落缩进是指段落中的文本与页边距之间的距离。设置段落缩进，可以有效区分文档中不同段落之间的逻辑关系和结构层次。Word 2021 提供了以下 4 种段落缩进的方式。

> 左缩进：设置整个段落左边界的缩进位置。

> 右缩进：设置整个段落右边界的缩进位置。

> 悬挂缩进：设置段落中除首行以外的其他行的起始位置。

> 首行缩进：设置段落中首行的起始位置。

1. 使用标尺设置缩进量

使用水平标尺，在 Word 中可以直观地调整段落的缩进量、文本对齐、表格布局以及其他元素的位置和间距，帮助用户在编辑文档时获得更好的排版效果和布局控制。水平标尺包括首行缩进、悬挂缩进、左缩进和右缩进这 4 个标记，如图 3-11 所示。

图 3-11

使用标尺设置段落缩进时，在文档中选择要改变缩进的段落，然后拖动缩进标记到缩进位置，可以使某些行缩进。在拖动鼠标时，整个页面上会出现一条垂直虚线，以显示新边距的位置。

知识点滴

在使用水平标尺格式化段落时，按住 Alt 键不放，使用鼠标拖动标记，水平标尺上将显示具体的度量值。拖动首行缩进标记到缩进位置，将以左边界为基准缩进第一行；拖动悬挂缩进标记至缩进位置，可以设置除首行外的所有行缩进。拖动左缩进标记至缩进位置，可以使所有行均左缩进。

2. 使用【段落】对话框设置缩进量

使用【段落】对话框可以准确地设置缩进尺寸。选择【开始】选项卡，单击【段落】组中的【对话框启动器】按钮，打开【段落】对话框的【缩进和间距】选项卡，如图

3-12 所示，在该选项卡中进行相关设置，即可设置段落缩进。

用户还可以按 Ctrl + M 快捷键激活【首行缩进】命令，按 Ctrl + Shift + M 快捷键可撤销【首行缩进】命令。

图 3-12

3.2.3　设置段落间距

段落间距的设置包括对文档的行间距和段间距的设置。行间距是指同一段落中行与行之间的距离；段间距指的是不同段落之间的距离，包括段前间距和段后间距，段前间距指当前段落与前一个段落之间的距离，段后间距指当前段落与下一个段落之间的距离。

1. 设置行间距

行间距决定段落中各行文本之间的垂直距离。Word 2021 默认的行间距值是单倍行距，用户可以根据需要重新对其进行设置。在【段落】对话框中，选择【缩进和间

距】选项卡，在【行距】下拉列表中选择相应选项，并在【设置值】微调框中输入数值即可。

用户还可以在选择需要调整的段落后，按 Ctrl+1 快捷键设置为单倍行距，按 Ctrl+5 快捷键设置为 1.5 倍行距，按 Ctrl+2 快捷键设置为双倍行距。

> **知识点滴**
>
> 用户在排版文档时，为了使段落更加紧凑，经常会把段落的行距设置为【固定值】，这样做可能会导致一些高度大于此固定值的图片或文字只能显示一部分。因此，建议设置行距时慎用固定值。

2. 设置段间距

段间距决定段落前后空白距离的大小。在【段落】对话框中，打开【缩进和间距】选项卡，如图 3-13 所示，在【段前】和【段后】微调框中输入值，就可以设置段间距。

用户选择需要设置段间距的段落后，按 Ctrl+0 快捷键可设置为 12 磅段前间距。

图 3-13

3.2.4 设置文档的段落格式

【例 3-2】 在"狮子"文档中设置段落格式。

视频+素材 (素材文件\第 03 章\例 3-2)

step 1 启动 Word 2021 应用程序，打开"狮子"文档，选择正文内容。然后选择【开始】选项卡，在【段落】组中单击【对话框启动器】按钮。

step 2 打开【段落】对话框，选择【缩进和间距】选项卡，在【缩进】选项区域中，单击【特殊】下拉按钮，从弹出的下拉列表中选择【首行】选项，并在【缩进值】微调框中输入"2 字符"，然后单击【确定】按钮，如图 3-14 所示。

图 3-14

step 3 设置完成后，选择的段落文本即可按照设置进行首行缩进，效果如图 3-15 所示。

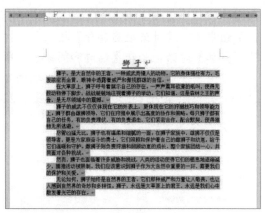

图 3-15

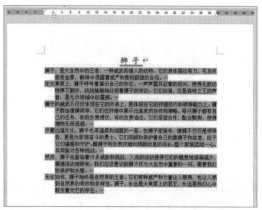

图 3-17

step 4 若在【特殊】下拉列表中选择【悬挂】选项并设置【缩进值】的数值为 "2 字符"，然后单击【确定】按钮，如图 3-16 所示。

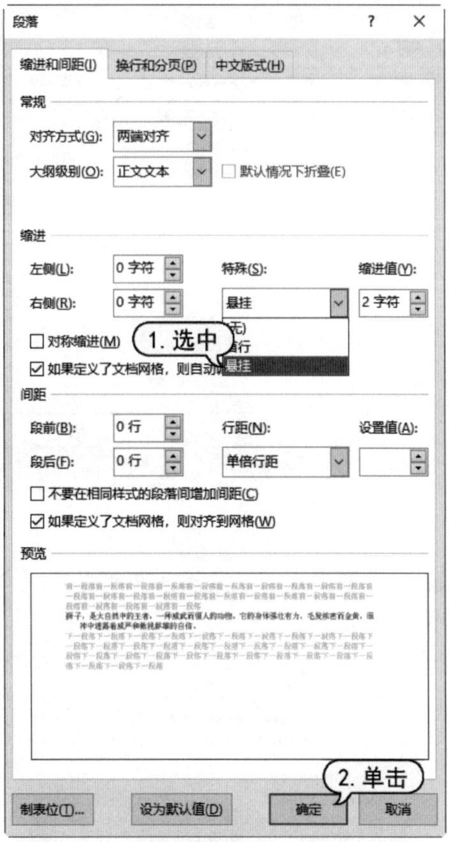

step 6 打开【段落】对话框，在【左侧】和【右侧】微调框中输入数值 "4 字符"，然后单击【确定】按钮，如图 3-18 所示。

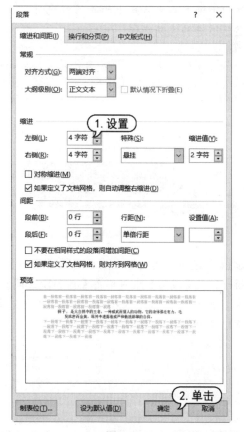

图 3-16

图 3-18

step 5 设置完成后，选择的段落文本即可按照设置进行悬挂缩进，效果如图 3-17 所示。

step 7 设置完成后，选择的段落文本即可按照设置进行左右缩进，效果如图 3-19 所示。

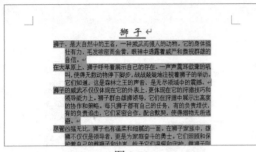

图 3-19

step 8 选择正文第 3 段，然后选择【开始】选项卡，在【段落】组中单击【减少缩进量】按钮 或【增加缩进量】按钮，如图 3-20 所示，也可以对段落的缩进量进行调整。或者按 Ctrl+M 快捷键或 Ctrl+Shift+M 快捷键可以增加或减小段落的缩进量。另外，当按住 Alt 键并拖曳标尺上的段落标记时，将会显示缩进的准确数值。

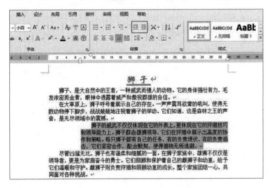

图 3-20

step 9 选择正文内容，然后选择【开始】选项卡，在【段落】组中单击【行和段落间距】下拉按钮 ，从弹出的下拉菜单中选择【1.5】选项，如图 3-21 所示。

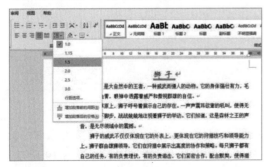

图 3-21

step 10 将光标放置到段落的第 4 段，在【段落】组中单击【对话框启动器】按钮 ，打开【段落】对话框，在【缩进和间距】选项卡中设置【段前】和【段后】微调框数值为"2 行"，然后单击【确定】按钮，如图 3-22 所示。

图 3-22

step 11 设置完成后，段落间距调整后的效果如图 3-23 所示。

图 3-23

3.3　设置项目符号和编号

在 Word 2021 中，用户不仅可以使用内置的多种标准的项目符号和编号，还可以自定义项目符号和编号。通过设置项目符号和编号，可以为文章、报告或其他文档添加项目列表，有助于展示和组织文档内容。

3.3.1　添加项目符号和编号

Word 2021 提供了自动添加项目符号和编号的功能。当用户输入文本时，Word 2021可以根据设置自动为每个项目生成符号，如圆点、方框、箭头等。用户只需在开始编写每个项目时，按 Enter 键，Word 可以根据特定的格式，如数字、字母或罗马数字等，自动添加下一个编号，并根据需要进行样式和缩进的调整。按两次 Enter 键即可结束编号。

若用户想添加无序列表，单击【项目符号】下拉按钮 ≡ ，从弹出的下拉菜单中选择不同样式的项目符号，如图 3-24 所示。

图 3-24

若用户想添加有序列表，可以选取要添加符号的段落，选择【开始】选项卡，在【段落】组中单击【编号】按钮 ≡ ，将自动在每一段落前面添加编号，并将以"1.""2.""3."的形式编号。

如果要添加其他样式的编号，单击【编号】下拉按钮，从弹出的下拉菜单中选择编号的样式，如图 3-25 所示。

图 3-25

3.3.2　自定义项目符号和编号

使用项目符号和编号功能可以使用户根据文档具体要求，自主选择符号样式、编号格式。此功能的灵活性和便捷性可以满足用户的具体需求和个性化要求。

1. 自定义项目符号

选取需要自定义项目符号的段落，选择【开始】选项卡，在【段落】组中单击【项目符号】下拉按钮 ≡ ，从弹出的下拉菜单中选择【定义新项目符号】命令，打开【定义新项目符号】对话框，如图 3-26 所示，在其中自定义一种项目符号即可。

图 3-26

从弹出的【定义新项目符号】对话框中，用户可以进行各种自定义设置，具体如下。

▶【符号】按钮：单击该按钮，打开【符号】对话框，如图 3-27 所示，可从中选择合适的符号作为项目符号。

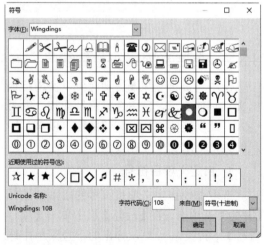

图 3-27

▶【图片】按钮：单击该按钮，打开【插入图片】窗格，如图 3-28 所示，可从网上选择合适的图片符号作为项目符号，也可以单击【浏览】按钮，导入本地电脑的图片作为项目符号。插入后的图片将会自动调整为适当的大小，并将其作为自定义项目符号添加

到【定义新项目符号】对话框中的预览区域。

图 3-28

▶【字体】按钮：单击该按钮，打开【字体】对话框，如图 3-29 所示，在该对话框中可设置项目符号的字体格式。

图 3-29

▶【对齐方式】下拉列表：在该下拉列表中列出了 3 种项目符号的对齐方式，分别为左对齐、居中对齐和右对齐。

▶【预览】框：可以预览用户设置的项目符号的效果。

2. 自定义编号

选取需要自定义编号的段落，选择【开始】选项卡，在【段落】组中单击【编号】下拉按钮，从弹出的下拉菜单中选择【定义新编号格式】命令，打开【定义新编号格式】对话框，如图 3-30 所示。单击【字体】按钮，可以在打开的【字体】对话框中设置编号的字体格式；在【编号样式】下拉列表中选择一种编号的样式，或者在【编号格式】对话框中输入用户想要的编号格式；在【对齐方式】下拉列表中选择编号的对齐方式。设置完成后，单击【确定】按钮。

图 3-30

3.3.3　删除项目符号或编号

在 Word 2021 中，用户可以使用以下常用的方法删除项目符号或编号。

▶ 手动删除单个项目符号或编号：将光标放置在要删除的项目符号或编号前面的文本位置，按 Backspace 键或 Delete 键即可将其删除。

▶ 删除整个段落的编号：选择整个段落的文本，在【开始】选项卡中单击【段落】组的【编号】下拉按钮，从弹出的【编号库】

列表框中选择【无】选项即可，如图 3-31 所示。删除项目符号的方法与删除编号的方法基本相同。

图 3-31

3.3.4　进行项目符号和编号设置

【例 3-3】　在"校园跳蚤市场活动方案"文档中添加并设置项目符号和编号。

🎬 视频+素材 （素材文件\第 03 章\例 3-3）

step 1 启动 Word 2021 应用程序，打开"校园跳蚤市场活动方案"文档，选择需要添加编号的文本，如图 3-32 所示。

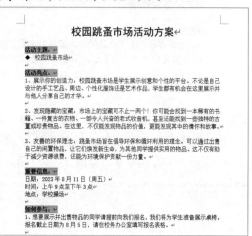

图 3-32

step 2 选择【开始】选项卡，在【段落】组中单击【编号】下拉按钮 ≡▼，从弹出的下拉菜单中选择【编号对齐方式：左对齐】选项，如图 3-33 所示，为所选段落添加编号。

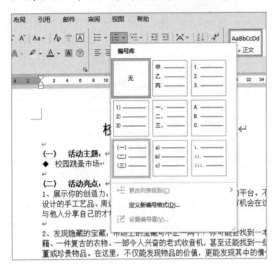

图 3-33

step 3 选择需要添加项目符号的文本，如图 3-34 所示。

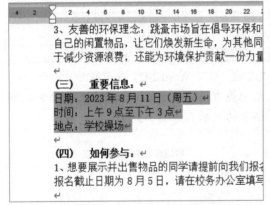

图 3-34

step 4 在【开始】选项卡的【段落】组中单击【项目符号】下拉按钮，从弹出的下拉菜单中选择一种项目符号，如图 3-35 所示，为段落添加项目符号。

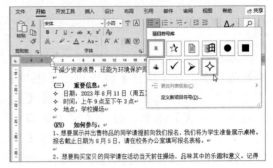

图 3-35

step 5 选择文本"校园跳蚤市场"左侧的项目符号，如图 3-36 所示。

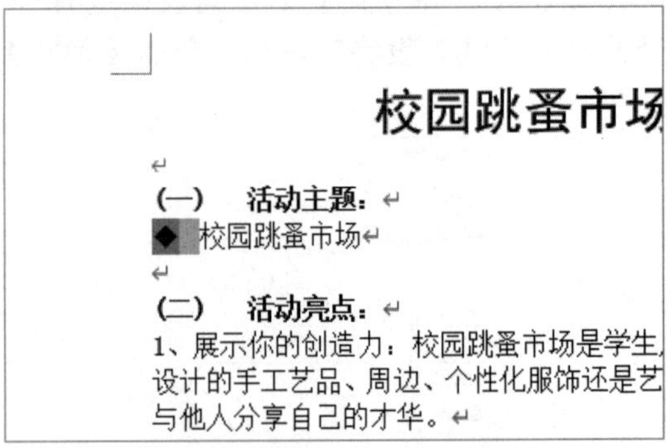

图 3-36

step 6 按 Backspace 键可以将多余的项目符号删除，效果如图 3-37 所示。

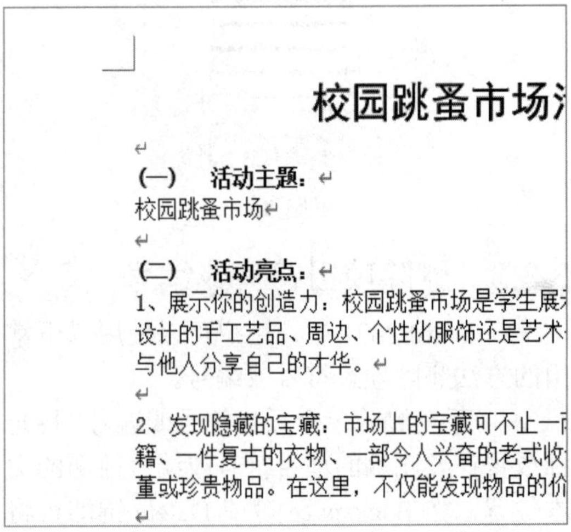

图 3-37

3.4　设置文本的边框和底纹

为增强文本视觉效果，在输入文本后通常会为文本设置边框和底纹，这不仅是为了美化文档，更是为了使关键信息脱颖而出，以区分文档中不同的板块内容。在 Word 2021 中，用户可以根据需要自定义边框及底纹的样式。

3.4.1　设置边框

在 Word 2021 中边框可以应用于整个文档、段落、标题、表格或文本，使内容更加清晰可辨。

1. 为文本或段落设置边框

选择要添加边框的文本或段落，在【开始】选项卡的【段落】组中单击【边框】下拉按钮，从弹出的菜单中选择【边框和底纹】命令，打开【边框和底纹】对话框的【边框】选项卡，在其中可以设置边框的样式、颜色、宽度等，如图 3-38 所示。

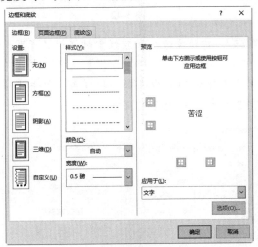

图 3-38

【边框】选项卡中各选项的功能如下。

▶ 【设置】选项区域：提供了 5 种边框样式，通过选择不同的样式，可以给文档添加不同类型的边框效果。

▶ 【样式】列表框：该列表框提供了多种线条样式供用户选择。

▶ 【颜色】下拉列表：可以自定义边框的颜色。

▶ 【宽度】下拉列表：用于调整边框的宽度。

▶ 【应用于】下拉列表：用于设定边框应用的对象是文字或段落。

2. 为页面设置边框

页面边框适用于多种类型的文档，无论是公司报告、商务信函或宣传材料等，设置页面边框都能为整个文档创建一个清晰的框架。

打开【边框和底纹】对话框，选择【页面边框】选项卡，用户可以在其中进行相关设置，还可以在【艺术型】下拉列表中选择一种艺术型样式，然后单击【确定】按钮，即可为页面应用艺术型边框。

3.4.2　设置底纹

底纹可以为文字或者段落添加装饰性背景，需要注意的是，底纹无法应用于整个页面。

打开【边框和底纹】对话框，选择【底纹】选项卡，如图 3-39 所示，用户在其中可以选择不同的填充颜色和图案来设置底纹的样式。

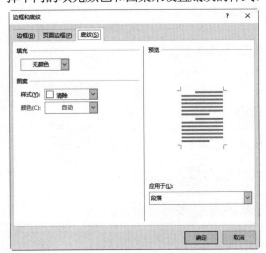

图 3-39

3.4.3　为文档添加边框和底纹

【例 3-4】在"校园跳蚤市场活动方案"文档中，为文本、段落及页面设置边框和底纹。

视频+素材（素材文件\第 03 章\例 3-4）

step 1 启动 Word 2021 应用程序，打开"校园跳蚤市场活动方案"文档，选择要添加边框的段落，如图 3-40 所示。

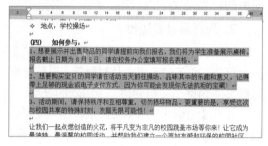

图 3-40

step 2 选择【开始】选项卡，在【段落】组中单击【边框】下拉按钮，从弹出的菜单中选择【边框和底纹】命令。

step 3 打开【边框和底纹】对话框，选择【边框】选项卡，在【设置】选项区域中选择【方框】选项；在【样式】列表框中选择一种线型样式；在【颜色】下拉列表中选择【橙色，个性色 2】色块，在【宽度】下拉列表中选择【1.5 磅】选项，单击【确定】按钮，如图 3-41 所示。

图 3-41

step 4 此时，即可为文档中选中的段落添加一个边框效果，如图 3-42 所示。

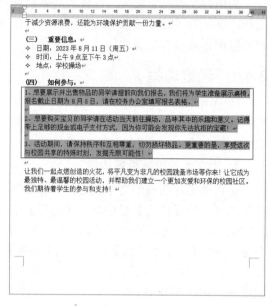

图 3-42

step 5 打开【边框和底纹】对话框的【页面边框】选项卡，选择【方框】选项；在【艺术型】下拉列表中选择一种样式，单击【确定】按钮，如图 3-43 所示。

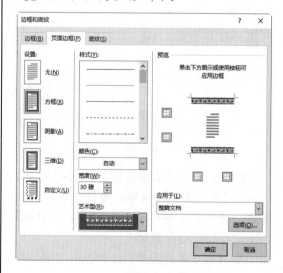

图 3-43

step 6 此时，即可为文档整个页面添加一个边框效果，如图 3-44 所示。

图 3-44

step 7 选择需要添加底纹的文本，选择【开始】选项卡，在【字体】组中单击【文本突出显示颜色】按钮 ，如图 3-45 所示，即可快速为文本添加黄色底纹。

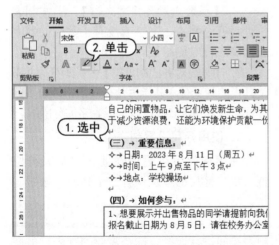

图 3-45

step 8 选择需要添加底纹的段落，打开【边框和底纹】对话框，选择【底纹】选项卡，单击【填充】下拉按钮，从弹出的颜色面板中选择【蓝色，个性色 1，淡色 80%】色块，然后单击【确定】按钮，如图 3-46 所示。

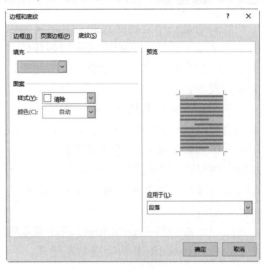

图 3-46

step 9 此时，为文档中选中的段落添加了一种淡蓝色的底纹，效果如图 3-47 所示。

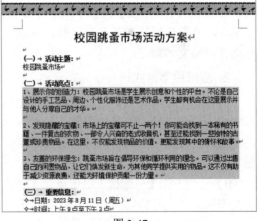

图 3-47

Word 2021文档处理案例教程

3.5 使用格式刷和制表位

在编辑文档时，使用格式刷和制表位功能，可以帮助用户快速调整文档中文字和段落的样式和格式。

3.5.1 使用格式刷

格式刷是一个复制格式的工具，它可以将一个文本段落或单词的格式应用到其他文本上，包括字体、字号、颜色、段落间距、对齐方式等。

单击【格式刷】按钮复制一次格式后，系统会自动退出复制状态。如果想要连续应用多次格式，只需双击【格式刷】按钮。这样，可以在多个位置连续应用格式，直到再次单击【格式刷】按钮，或按 Esc 键结束此命令。

用户还可以按 Ctrl+Shift+C 快捷键复制格式，按 Ctrl+Shift+V 快捷键粘贴格式。

1. 应用文本格式

使用【格式刷】工具可以轻松地统一文档中的文本格式，如字体样式、大小、颜色、行距等。选择具有所需格式的文本，在【开始】选项卡的【剪贴板】组中单击【格式刷】按钮，当鼠标指针变为形状时，拖动鼠标选择目标文本即可。

2. 应用段落格式

同样使用【格式刷】工具可以将特定段落格式应用到文档中的其他段落，如对齐方式、缩进、行距、列表格式等。将光标定位在某个将要复制其格式的段落任意位置，在【开始】选项卡的【剪贴板】组中单击【格式刷】按钮，当鼠标指针变为形状时，拖动鼠标选择目标段落。移动鼠标指针到目标段落所在的左边距区域内，当鼠标指针变成形状时，在垂直方向上进行拖动，可将格式复制给选择的若干个段落。

3.5.2 设置制表位

在文档中按 Tab 键即可插入制表符，也

可以使用标尺工具栏上的制表符选项设置制表符的类型和位置。

制表符通常用于文档中的对齐文本、创建分栏和创建表格等操作，可以实现段落的首行缩进或者悬挂缩进。

通常情况下，制表符位置是每隔 0.5 英寸设置一个制表位。在没有设置制表位的情况下，只能通过插入空格来实现不同行上同一项目间的上下对齐。如果在每一个项目间设置了适当的制表位，那么在输入一个项目后只需要按一次 Tab 键，光标就可以立即移到下一个项目位置。

> 【左对齐式制表符】：左对齐是默认的制表符对齐方式，从制表位开始向右扩展文字。

> 【居中式制表符】：使文字在制表位处居中。

> 【右对齐式制表符】：从制表位开始向左扩展文字，文字填满制表位左边的空白后，会向右扩展。

> 【小数点对齐式制表符】：在制表位处对齐小数点，文字或没有小数点的数字会向制表位左侧扩展。

> 【竖线对齐式制表符】：此符号并不是真正的制表符，其作用是在段落中该位置的各行中插入一条竖线，以构成表格的分隔线。

1. 使用标尺设置制表位

使用标尺可以更精确地设置制表符位置，水平标尺的最左端有一个制表位按钮，默认情况下的制表符为【左对齐式制表符】，如图 3-48 所示，单击制表位按钮可以在制表符间进行切换。选择需要的制表符类型后，在水平标尺上单击一个位置即可设置一个制表位。

58

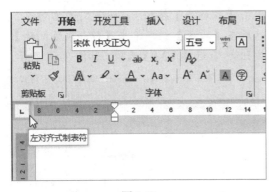

图 3-48

如果没有看到标尺，可以在【视图】选项卡中选中【标尺】复选框，如图 3-49 所示。

图 3-49

2. 使用对话框设置制表位

用户如果需要精确设置制表位，可以使用【制表位】对话框来完成操作。

选择【开始】选项卡，在【段落】组中单击【对话框启动器】按钮，打开【段落】对话框，在该对话框中单击【制表位】按钮。打开【制表位】对话框，如图 3-50 所示，可以在【制表位位置】文本框中输入一个制表位位置，在【对齐方式】区域下设置制表位的文本对齐方式，在【引导符】区域下选择制表位的前导字符。

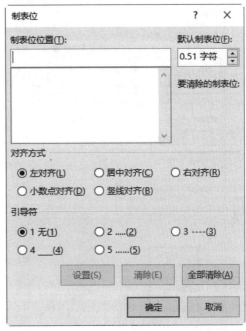

图 3-50

3.6　案例演练

本节将通过制作"劳动合同书"文档和"蜜蜂"文档两个案例，帮助用户通过练习从而巩固本章所学知识。

3.6.1　制作"劳动合同书"文档

【例 3-5】制作"劳动合同书"文档，并在其中设置文本和段落的格式。

🎬视频+素材 (素材文件\第 03 章\例 3-5)

step 1 启动 Word 2021 应用程序，新建一个文档，并将其以"劳动合同书"为名保存，选择【布局】选项卡，单击"纸张大小"下拉按钮，从弹出的下拉列表中选择"A4"选项，如图 3-51 所示。

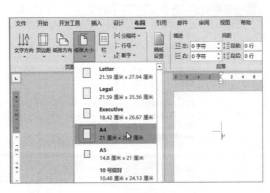

图 3-51

step 2 在【布局】选项卡的【页面设置】组中单击【对话框启动器】按钮，打开【页面设置】对话框，设置【上】和【下】微调框数值为"2.5 厘米"，【左】和【右】微调框数值为"3 厘米"，然后单击【确定】按钮，如图 3-52 所示。

图 3-52

step 3 将光标定位在第一行，并输入第一页的文本内容，如图 3-53 所示。

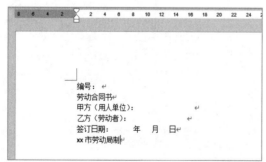

图 3-53

step 4 选择第 1 行文本，设置字体为【仿宋】、字号为【四号】，然后在【段落】组中

单击【右对齐】按钮，设置文本右对齐，然后在【段落】组中单击【行和段落间距】按钮，选择【3.0】选项，如图 3-54 所示。

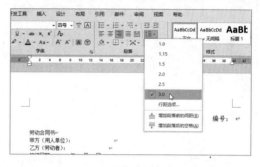

图 3-54

step 5 选择文本"劳动合同书"，在【字体】组中单击【对话框启动器】按钮，打开【字体】对话框，单击【中文字体】下拉按钮，选择【宋体】选项，在【字号】列表框中选择【初号】选项，然后单击【确定】按钮，如图 3-55 所示。

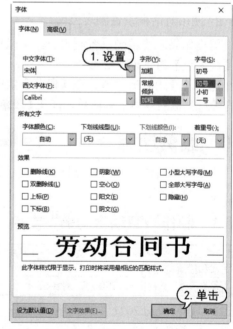

图 3-55

step 6 在【字体】组中单击【加粗】按钮B，然后在【段落】组中单击【居中】按钮，设置文本居中对齐。

step 7 选择【开始】选项卡，在【段落】组中单击【对话框启动器】按钮，打开【段落】对话框，在【缩进和间距】选项卡中设置【段前】和【段后】微调框数值为"4 行"，设置【行距】微调框数值为【1.5 倍行距】，然后单击【确定】按钮，如图 3-56 所示。

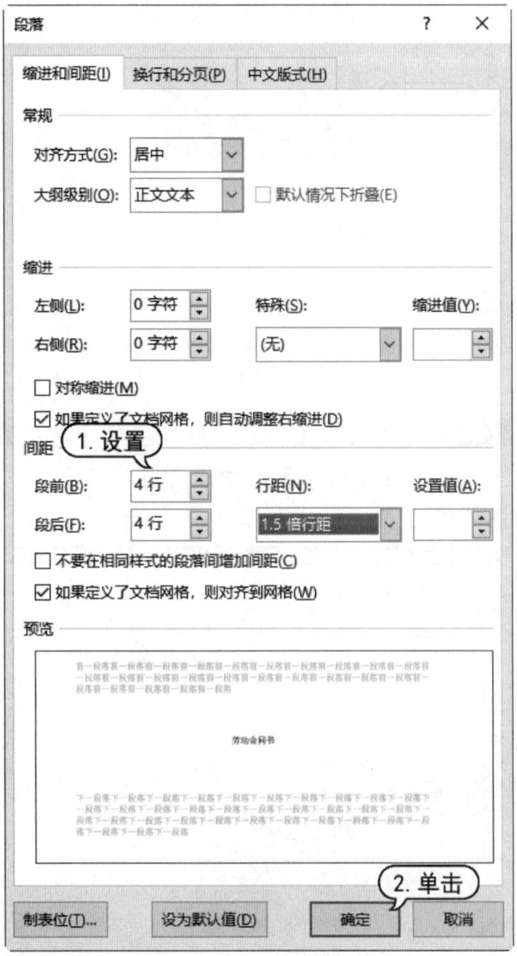

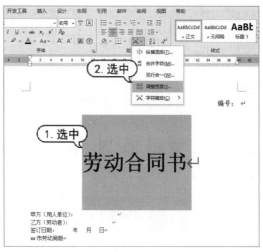

图 3-57

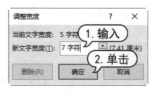

图 3-58

step 10 选择第 3 行文本，设置字体为【宋体(中文正文)】、字号为【三号】、加粗，然后在【段落】组中不断单击【增加缩进量】按钮，即可以一个字符为单位向右侧缩进至合适位置，如图 3-59 所示。

图 3-59

图 3-56

step 8 选择文本"劳动合同书"，然后选择【开始】选项卡，在【段落】组中单击【中文版式】按钮，从弹出的下拉列表中选择【调整宽度】命令，如图 3-57 所示。

step 9 打开【调整宽度】对话框，设置【新文字宽度】微调框数值为"7 字符"，然后单击【确定】按钮，如图 3-58 所示。

step 11 在【开始】选项卡的【剪贴板】组中单击【格式刷】按钮，当鼠标指针变为形状时，拖动鼠标选择第 4 行到第 6 行文本，应用第 3 行的文本格式，效果如图 3-60 所示。

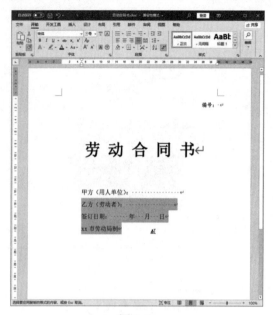

图 3-60

step ⑫ 选择第 3 行到第 6 行的文本，在【段落】组中单击【行和段落间距】按钮 ，从弹出的下拉列表中选择【2.5】选项，如图 3-61 所示，将行距设置为 2.5 倍行距。

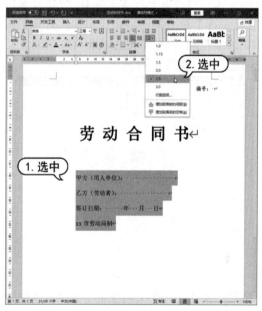

图 3-61

step ⑬ 选择第 4 行文本，然后选择【布局】选项卡，在【段落】组中设置【段前】文本框数值为 "8 行"，如图 3-62 所示。

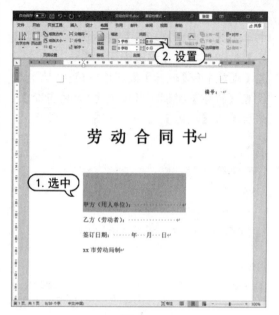

图 3-62

step ⑭ 选择第 5 段文本，然后选择【布局】选项卡，在【段落】组中设置【段后】文本框数值为 "8 行"，如图 3-63 所示。

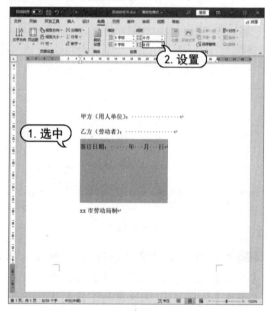

图 3-63

step ⑮ 选择最后一段文本，再选择【布局】选项卡，在【段落】组中设置【左缩进】微调框数值为 "0"，然后在【段落】组中单击【居中】按钮 ，如图 3-64 所示。

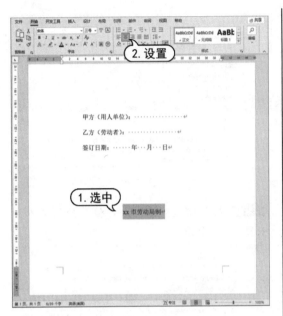

图 3-64

step 16 将光标移到文本"xx 市劳动局制"后方，选择【插入】选项卡，在【页面】组中单击【分页】下拉按钮，从弹出的下拉列表中单击【分页】按钮，如图 3-65 所示。

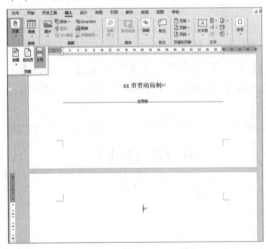

图 3-65

step 17 在第二页中输入正文内容，然后选择正文内容，右击并从弹出的快捷菜单中选择【段落】命令，如图 3-66 所示。

step 18 打开【段落】对话框，单击【行距】下拉按钮，选择【1.5 倍】选项，然后单击【确定】按钮，如图 3-67 所示。

图 3-66

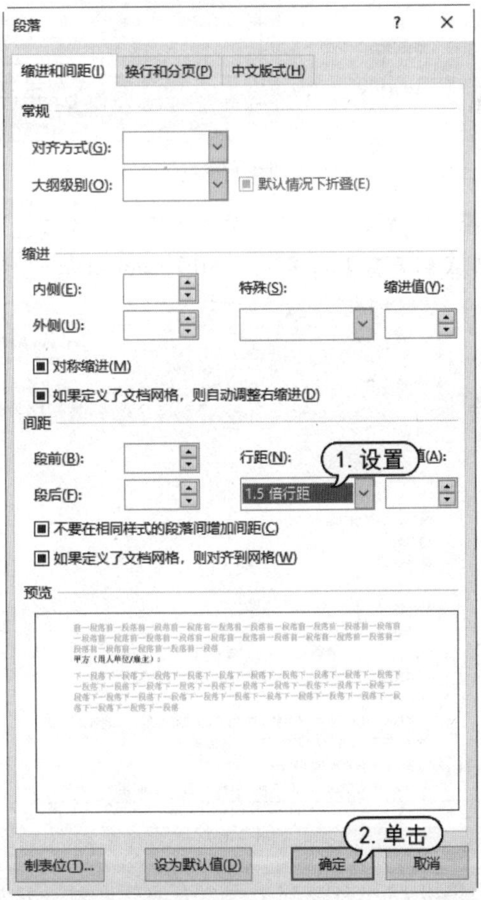

段落	? ×

缩进和间距(I)　换行和分页(P)　中文版式(H)

常规

对齐方式(G)：

大纲级别(O)：　　　　　　　　□ 默认情况下折叠(E)

缩进

内侧(E)：　　　　特殊(S)：　　　缩进值(Y)：

外侧(U)：

□ 对称缩进(M)

■ 如果定义了文档网格，则自动调整右缩进(D)

间距

段前(B)：　　　　行距(N)：　1.设置　　(A)：

段后(F)：　　　　1.5 倍行距

■ 不要在相同样式的段落间增加间距(C)

■ 如果定义了文档网格，则对齐到网格(W)

预览

制表位(T)...　　　设为默认值(D)　　　2.单击 确定　　取消

图 3-67

step 19 选择需要设置首行缩进的文字内容，右击并从弹出的快捷菜单中选择【段落】命令，打开【段落】对话框，单击【特殊】下拉按钮，选择【首行】选项，设置【首行缩进】微调框数值为"2字符"，然后单击【确定】按钮，如图3-68所示。

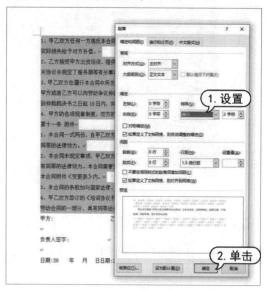

图3-68

step 20 在水平标尺上单击，添加一个【左对齐式制表符】符号 ⌐，如图3-69所示。

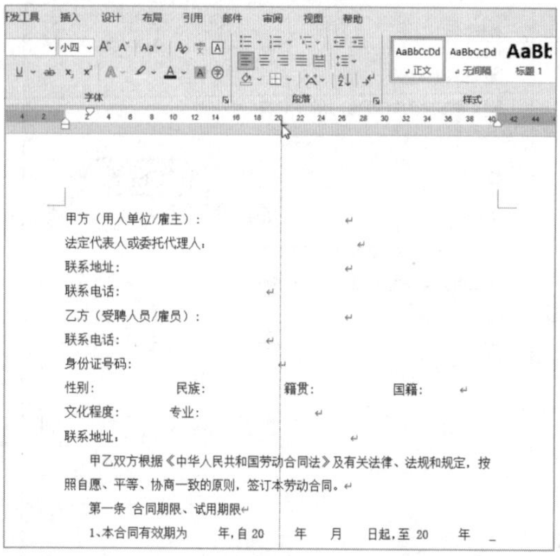

图3-69

step 21 将光标移到文本"专业"之前，然后按 Tab 键，此时光标后的文本自动与制表符对齐，结果如图3-70所示。

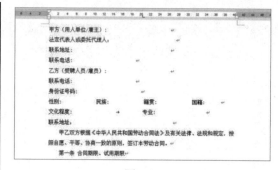

图3-70

step 22 按步骤 21 的方法定位其余的文本，如图3-71所示。

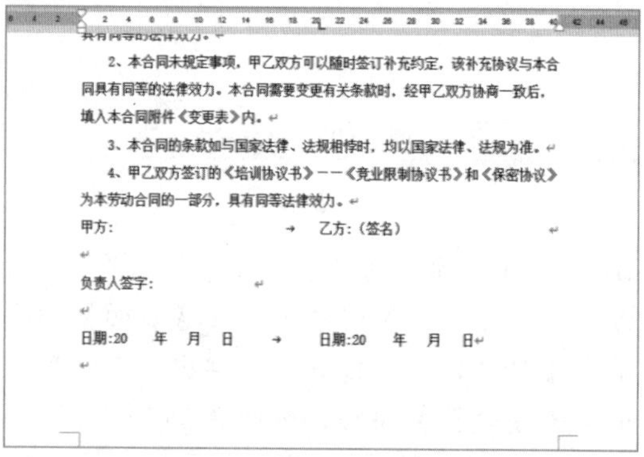

图3-71

step 23 选择需要添加下画线的文本，选择【开始】选项卡，在【字体】组中单击【下画线】按钮 ⊔ ，添加下画线，如图3-72所示。

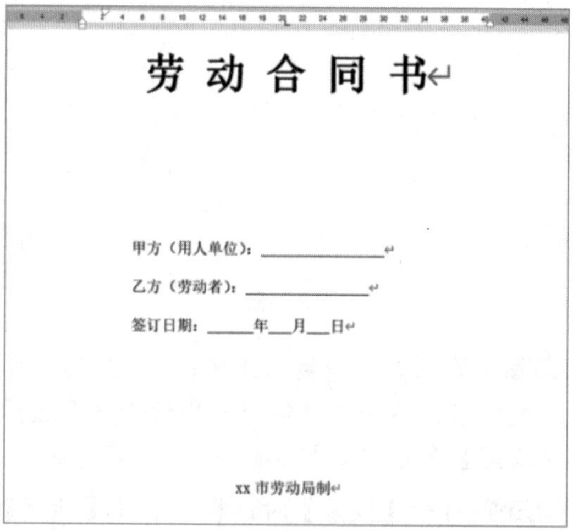

图3-72

3.6.2 制作"蜜蜂"文档

【例 3-6】在"蜜蜂"文档中，添加编号及自定义项目符号。

视频+素材 (素材文件\第 03 章\例 3-6)

step 1 启动 Word 2021 应用程序，打开"蜜蜂"文档，选择文档中需要设置编号的文本，如图 3-73 所示。

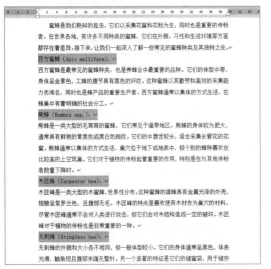

图 3-73

step 2 选择【开始】选项卡，在【段落】组中单击【编号】下拉按钮，从弹出的列表框中选择【编号对齐方式:左对齐】选项，如图 3-74 所示，即可为所选段落添加编号。

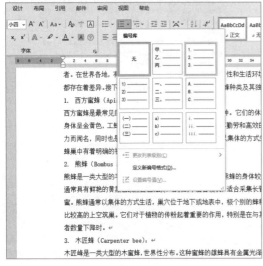

图 3-74

step 3 选取要设置项目符号的段落，选择【开始】选项卡，在【段落】组中单击【项目符号】下拉按钮，从弹出的下拉菜单中选择【定义新项目符号】命令，如图 3-75 所示。

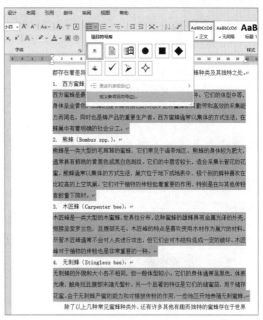

图 3-75

step 4 打开【定义新项目符号】对话框，单击【图片】按钮，如图 3-76 所示。

图 3-76

step 5 打开【插入图片】窗格，单击【从文件】中的【浏览】按钮，如图 3-77 所示。

图 3-77

step ⑥ 打开【插入图片】对话框，选择保存在计算机中的图片，单击【插入】按钮，如图 3-78 所示。

图 3-78

step ⑦ 返回【定义新项目符号】对话框，在中间的列表框中显示导入的项目符号图片，单击【确定】按钮，如图 3-79 所示。

step ⑧ 返回 Word 2021 窗口，此时文档中将显示自定义的图片项目符号，效果如图 3-80 所示。

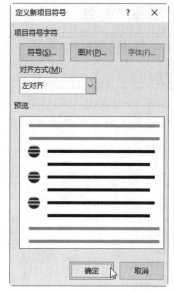

图 3-79

图 3-80

第4章

Word 中的图文混排

在 Word 文档中将图片、图形、文本、表格等相互融合，并根据各自的特点进行排版，能够营造一个和谐、规律、具有美感的版面效果。本章将通过理论与案例相结合，帮助用户讲解如何将图片与文本组合使用来创建文档。

本章对应视频

4.1 插入图片和图形

通过在文档中插入图片和图形，能为文档营造更生动、直观的视觉效果。其中可以通过从本地计算机、联机、屏幕截图等方法将图片插入文档中。

4.1.1 插入本地计算机中的图片

在 Word 2021 中可以从计算机上的文件夹中选择并添加保存在本地计算机上的图片文件。Word 支持多种常见的图片格式，如 JPEG、PNG、GIF 和 TIFF 格式等。

【例 4-1】在文档中插入本地计算机中的图片。
💿视频

step ① 在文档中，如果希望图片不压缩，无损地插入文档中，可以在【文件】选项卡中选择【选项】选项，在打开的【Word 选项】对话框的【高级】选项中选中【不压缩文件中的图像】复选框，然后单击【确定】按钮，如图 4-1 所示。

图 4-1

step ② 选择【插入】选项卡，在【插图】组中单击【图片】下拉按钮，选择【此设备】选项，如图 4-2 所示。

图 4-2

step ③ 打开【插入图片】对话框，选择图片，然后单击【插入】按钮，即可在文档中插入图片，或者单击【插入】下拉按钮，可以选择插入或者链接的方式，如图 4-3 所示。

图 4-3

step ④ 插入图片后的效果如图 4-4 所示。

图 4-4

🍵 实用技巧

将插入点定位在文档中需要插入图片的位置，用户可以在文件夹中选择图片，按 Ctrl+C 快捷键激活【复制】命令，然后返回文档，按 Ctrl+V 快捷键激活【粘贴】命令，将图片直接复制进文档中。或者可以在文件夹中选择图片，直接将其拖曳至文档中。但是这两种方式会将图片和看图软件的相关信息全部粘贴至文档中，导致文档体积变大。

4.1.2 插入图像集

Word 2021 为用户提供多种图像和图标素材，可为文档添加丰富的图像内容。其中包含六类，分别是"图像""图标""人像抠图""贴纸""插图""卡通人物"。

【例4-2】在文档中插入图像集。 〇视频

step① 选择【插入】选项卡，然后在【插图】组中单击【图片】下拉按钮，选择【图像集】选项。此时 Word 将自动查找网络上的关键字图片，用户可以选择多张所需的图片，然后单击【插入】按钮，如图 4-5 所示，即可将所选图片插入 Word 文档中。

图 4-5

step② 此时，自动弹出【正在下载】对话框，下载所选的图片，如图 4-6 所示。

图 4-6

step③ 稍等片刻后，所选的照片即可插入文档中，如图 4-7 所示。

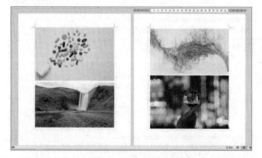

图 4-7

4.1.3 插入联机图片

除了可以插入本地计算机上的图片，还可以轻松地插入联机图片，从互联网上获取高质量的图片，为用户在文档中添加丰富、实时的内容提供便利。

选择【插入】选项卡，然后在【插图】组中单击【图片】下拉按钮，选择【联机图片】选项，此时 Word 将自动查找网络上的关键字联机图片，用户可以选择多张所需的图片，然后单击【插入】按钮，将联机图片插入 Word 文档中，如图 4-8 所示。

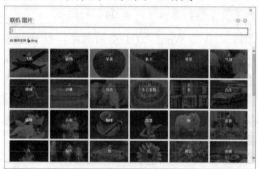

图 4-8

4.1.4 插入屏幕截图

Word 2021 中【屏幕截图】功能非常方便实用，能够轻松地将捕捉到的整个屏幕、特定窗口或选定区域直接插入文档中。

打开需要进行截屏的画面，选择【插入】选项卡，在【插图】组中单击【屏幕截图】下拉按钮，在弹出的菜单中选择一个需要截图的窗口，即可将该窗口截取，并显示在文档中。若只需要截图屏幕中的部分内容，可以选择【屏幕剪辑】选项，如图 4-9 所示。

图 4-9

4.1.5　编辑文档中的图片

在文档中插入图片后，可以通过图片编辑功能，包括裁剪图片，精确设置图片的大小，调整图片环绕方式和位置，选择图片样式，校正图片和设置图片颜色，应用艺术效果等操作，使图片更好地融入文档。

【例4-3】在"冬天"文档中编辑图片，包括裁剪，设置图片的大小，设置图片格式和样式及校正图片等。

📹 视频+素材 （素材文件\第04章\例4-3）

step① 启动 Word 2021 应用程序，打开"冬天"文档，选择文档中需要裁剪的图片，在【图片格式】选项卡的【大小】组中单击【裁剪】下拉按钮，在弹出的菜单中选择【裁剪】命令，或者选择图片，右击，从弹出的快捷菜单中单击【裁剪】按钮，如图4-10所示。

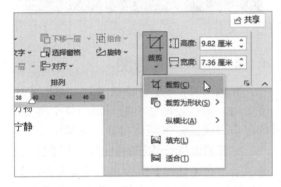

图 4-10

step② 此时，在图片四角和上下左右四周出现 8 个控制点，用鼠标拖曳任意一个控制点就能改变裁剪的位置，调整后在图片之外单击即可完成裁剪。按 Enter 键，即可裁剪图片，并显示裁剪后的图片效果，如图 4-11所示。

step③ 调整后在图片之外单击即可完成裁剪，如图 4-12 所示。

step④ 除了常规的裁剪图片功能，还可以单击【裁剪】下拉按钮，在弹出的菜单中选择【裁剪为形状】命令，在弹出的下拉列表中选择【椭圆】选项，即可将图片裁剪为所选的预设形状，如图 4-13 所示。

图 4-11

图 4-12

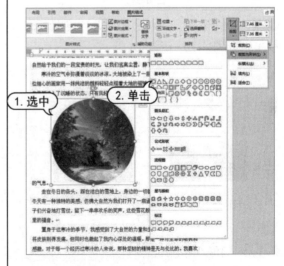

图 4-13

step 5 单击【裁剪】下拉按钮，在弹出的菜单中选择【纵横比】命令，在弹出的下拉列表中选择【4:5】选项，可以将图片裁剪为特定的纵横比，以便用户更加精确地控制图片的比例，如图 4-14 所示。

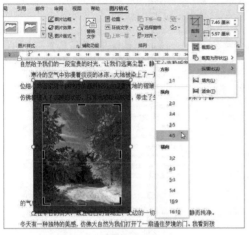

图 4-14

step 6 选择 4 个顶点中的任意一个控制点，按 Ctrl+Shift 快捷键，使图片在原位置等比例进行缩放。

step 7 选择【格式】选项卡，在【大小】组中的【高度】文本框和【宽度】文本框中设置图片的大小，如图 4-15 所示。

图 4-15

step 8 或者单击【大小】组中的【对话框启动器】按钮，打开【布局】对话框，在【大小】选项卡中指定图片大小的绝对值，或者以百分比来调整图片大小，如图 4-16 所示。

step 9 单击图片右上方显示的【布局选项】按钮，选择【浮于文字上方】选项。此时，图片即可显示在文字上方，如图 4-17 所示。

step 10 或者在【排列】组中单击【环绕文字】下拉按钮，在弹出的下拉列表中选择【紧密型环绕】选项，如图 4-18 所示。

图 4-16

图 4-17

图 4-18

step 11 选择图片，将其拖曳至合适的位置后松开鼠标，如图 4-19 所示。

图 4-19

step 12 如果希望快速将图片移至文档页面的顶端左侧，或者顶端居中、顶端右侧位置等，可以在选择图片后，在【排列】组中单击【位置】按钮，在展开的下拉列表中选择【中间居右，四周型文字环绕】选项，如图 4-20 所示。

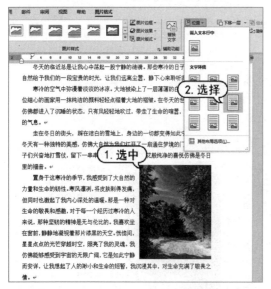

图 4-20

step 13 选择图片，在【格式】选项卡的【图片样式】组中单击【其他】按钮 ，在弹出

的下拉列表中选择一种图片样式，此时，图片将应用设置的图片样式，如图 4-21 所示。

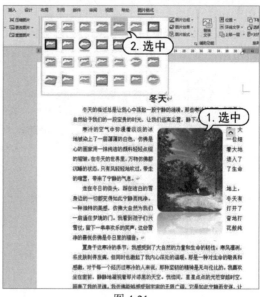

图 4-21

step 14 通过校正图片可以改善图片的视觉效果。选择文档中的图片，在【格式】选项卡的【调整】组中单击【校正】下拉按钮，选择其中一种方案即可，如图 4-22 所示。

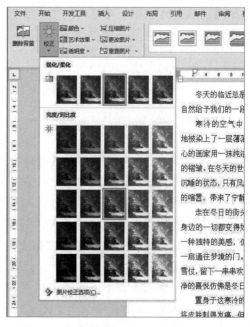

图 4-22

step⑮ 设置图片的颜色，可以让图片更加鲜艳明亮，或者通过柔和的色调和滤镜效果来添加一丝温暖或神秘的氛围。选择文档中的图片，在【格式】选项卡的【调整】组中单击【颜色】下拉按钮，在展开的库中选择需要的图片颜色，如图 4-23 所示。

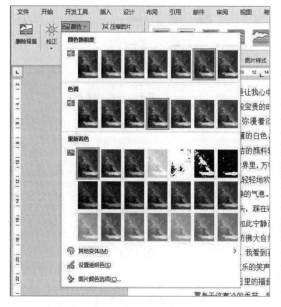

图 4-23

step⑯ 在【格式】选项卡的【调整】组中单击【艺术效果】下拉按钮，在展开的库中选择一种艺术字效果，如图 4-24 所示。

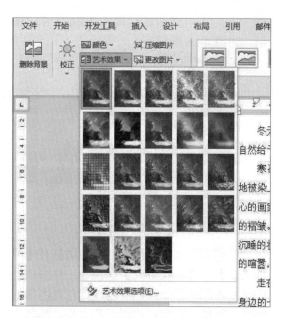

图 4-24

实用技巧

如果用户对设置的图片效果不满意，可以在【调整】组中单击【重设图片】下拉按钮，从弹出的下拉列表中选择【重设图片】选项，清除对图片的所有修改，图片即可还原至插入文档时的效果。

4.2　插入形状图形

形状可以是线条、箭头、矩形、圆形等各种几何图形，用来突出重点、强调关键信息。借助 Word 的【绘制形状】功能，用户可以根据需要选择、绘制和编辑各种形状，以满足不同文档的设计要求。

4.2.1　绘制图形

选择【插入】选项卡，在【插图】组中单击【形状】下拉按钮，从弹出的下拉列表中选择【太阳形】按钮，如图 4-25 所示。

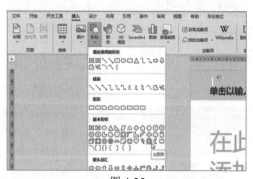

图 4-25

在文档中拖动鼠标即可绘制对应的图形，如图 4-26 所示。

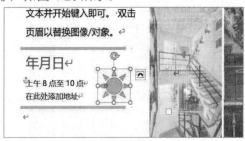

图 4-26

4.2.2 编辑文档中的图形

绘制完自选图形后，系统自动打开【绘图工具】的【形状格式】选项卡，使用该功能区中相应的命令按钮可以设置自选图形的格式。例如，设置自选图形的大小、形状样式和位置等，如图 4-27 所示。

图 4-27

【例 4-4】在"开放日传单"文档中插入形状图形，并设置其样式和格式。

🎬 视频+素材 (素材文件\第 04 章\例 4-4)

step 1 启动 Word 2021 应用程序，打开"开放日传单"文档，选择【插入】选项卡，在【插图】组中单击【形状】下拉按钮，从弹出的下拉列表中选择【矩形:单圆角】选项，如图 4-28 所示。

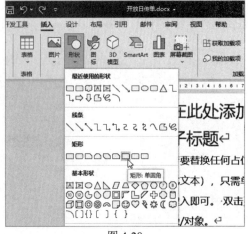

图 4-28

step 2 在文档中拖动鼠标绘制单圆角矩形图形，然后选择【形状格式】选项卡，单击【形状填充】下拉按钮，从弹出的菜单中选择【金色，个性色 5，淡色 80%】选项，如图 4-29 所示。

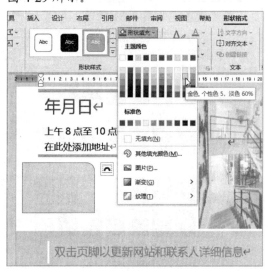

图 4-29

step 3 单击【形状轮廓】下拉按钮，从弹出的菜单中选择【无轮廓】选项，如图 4-30 所示。

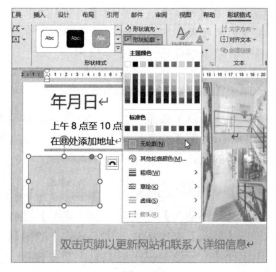

图 4-30

step 4 在自选图形中输入文字，单击并按住自选图形边框的控制点调整自选图形的大小。

step 5　选择图形并右击，从弹出的快捷菜单中选择【设置形状格式】命令，如图 4-31 所示。

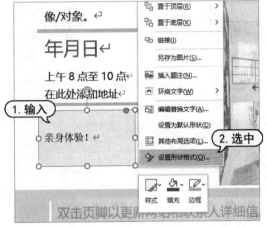

图 4-31

step 6　在文档的右侧打开【设置形状格式】窗格，选择【布局属性】选项卡，选中【根据文字调整形状大小】复选框，如图 4-32 所示。

图 4-32

step 7　选择图形，按 Ctrl+Shift 快捷键向下复制出两个副本图形，并在其中输入文本，如图 4-33 所示。

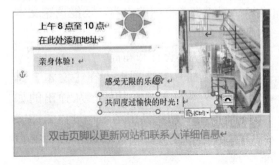

图 4-33

step 8　选择需要对齐的图形，在【排列】组中单击【对齐】下拉按钮，选择【左对齐】命令，如图 4-34 所示。

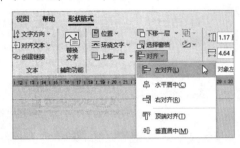

图 4-34

step 9　若用户对所选的图形不满意，可以在【插入形状】组中，单击【编辑形状】下拉按钮，选择【更改形状】|【箭头:五边形】选项，即可在保留形状中的文字的同时，更改形状，用户无须重新绘制图形，如图 4-35 所示。

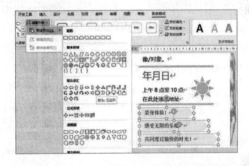

图 4-35

step 10　选择需要组合的图形，右击并从弹出的快捷菜单中选择【组合】|【组合】命令，如图 4-36 所示。

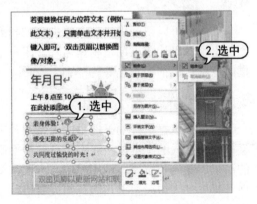

图 4-36

step ⑪ 设置完成后，即可将所选的多个图形组合为一个对象，方便后续的排版操作，如图 4-37 所示。

图 4-37

step ⑫ 选择【太阳形】图形，将其拖曳至【箭头:五边形】图形右侧位置，然后右击并从弹出的快捷菜单中选择【置于顶层】|【置于顶层】命令，如图 4-38 所示。

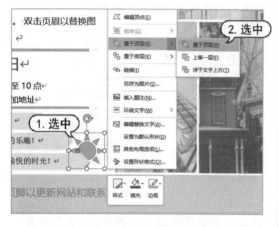

图 4-38

step ⑬ 设置完成后，即可更改【太阳形】图形的上下叠放顺序，如图 4-39 所示。

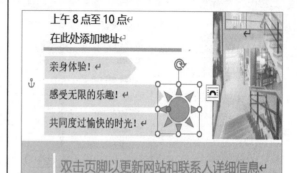

图 4-39

4.3 插入文本框

文本框可以帮助用户在文档中容纳和展示多样化的文本内容，无论是创建简单的标注、添加引用、设计海报还是制作名片。用户不仅能够独立编辑文本框内的内容，还能调整文本框的位置、边框和颜色等。

4.3.1 插入内置文本框

内置文本框是 Word 提供的一系列预定义样式和格式的文本框，它们具有各种不同的形状、颜色和布局，例如简单文本框、奥斯汀提要栏、边线型引述和花丝提要栏等。用户可以从中选择所需的文本框样式插入文档中，无须从头设计和布局。

选择【插入】选项卡，在【文本】组中单击【文本框】下拉按钮，从弹出的如图 4-40 所示的列表框中选择一种内置的文本框样式，即可快速地将其插入文档的指定位置。

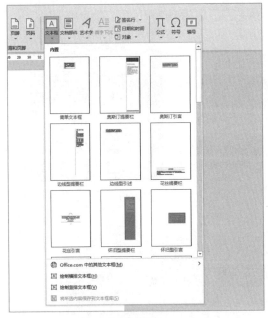

图 4-40

4.3.2　绘制文本框

在 Word 中，不仅可以插入内置的文本框，还可以手动绘制横排或竖排文本框。通过掌握绘制文本框的技巧，可以实现更自由和创新的排版效果。用户可以在文本框插入文本、图片和表格等。

选择【插入】选项卡，在【文本】组中单击【文本框】按钮，从弹出的下拉菜单中选择【绘制横排文本框】或【绘制竖排文本框】命令。此时，当鼠标指针变为十字形状时，在文档的适当位置单击并拖动到目标位置，释放鼠标，即可绘制出以拖动的起始位置和终止位置为对角顶点的文本框，如图 4-41 所示。

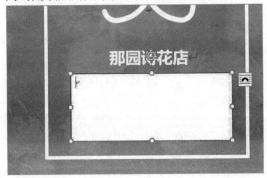

图 4-41

4.3.3　在文档中设置文本框

插入文本框后，通过设置文本框，可以帮助用户更好地布局和排版文档中的内容。

绘制好文本框后，自动打开【绘图工具】的【形状格式】选项卡，使用该选项卡中的相应命令按钮，可以设置文本框的各种效果，如图 4-42 所示。

图 4-42

【例 4-5】在"花店宣传册"文档中插入文本框并设置其格式。

视频+素材 (素材文件\第 04 章\例 4-5)

step 1 启动 Word 2021 应用程序，打开"花店宣传册"文档，选择【插入】选项卡，在【文本】组中单击【文本框】按钮，从弹出的下拉菜单中选择【绘制横排文本框】命令，在文档的适当位置处绘制一个文本框。

step 2 选择【形状格式】选项卡，在【形状样式】组中单击【形状填充】下拉按钮，从弹出的菜单中选择【无填充】选项，如图 4-43 所示。

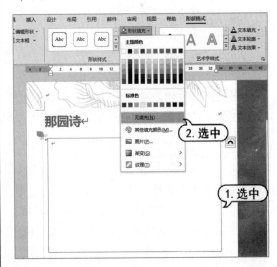

图 4-43

step 3 单击【形状轮廓】下拉按钮，从弹出的菜单中选择【橙色，个性色 1，深色 25%】，然后选择【粗细】选项，从弹出的菜单中选择【草绘】选项，可以在显示的子菜单中设置文本框的填充效果，如图 4-44 所示。

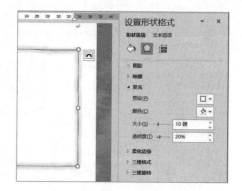

图 4-45

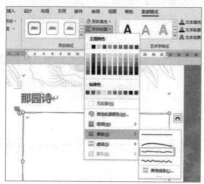

图 4-44

step 4 在【形状格式】选项卡的【形状样式】组中单击【对话框启动器】按钮，在文档的右侧打开【设置形状格式】窗格，选择【效果】选项卡，单击【颜色】下拉按钮，选择【绿色，个性色 2，淡色 80%】，在【大小】文本框中输入"10 磅"，在【透明度】文本框中输入"20%"，如图 4-45 所示。

step 5 单击【布局属性】按钮，可以在打开的选项区域中设置文本框的布局方式，如图 4-46 所示。

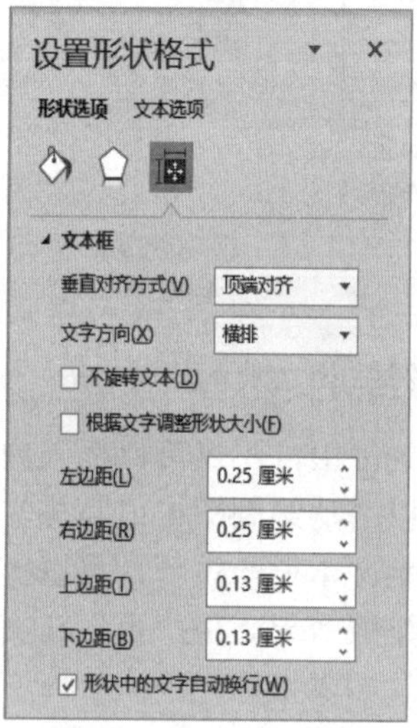

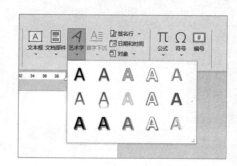

图 4-46

4.4　插入艺术字

在制作文档时，用户可以使用 Word 2021 提供的艺术字功能，在文档中添加一些独特的、艺术性的字体效果。通过插入艺术字，可以赋予文档标题、重要段落或标语等部分更加醒目的效果。

4.4.1　添加艺术字

选择【插入】选项卡，在【文本】组中单击【艺术字】下拉按钮，在弹出的如图 4-47 所示的菜单中选择艺术字的样式，即可在 Word 文档中插入艺术字。

图 4-47

插入艺术字的方法有两种：一种是先输入文本，再将输入的文本设置为艺术字样式；另一种是先选择艺术字样式，再输入需要的艺术字文本。

4.4.2　编辑文档中的艺术字

艺术字具有各种独特的字体样式和装饰效果，利用 Word 中的艺术字功能来展示扭曲形状和三维轮廓的效果，都能增添文档的个性化和视觉冲击力。

选择艺术字，选择【形状格式】选项卡。使用该选项卡中的相应工具，可以设置艺术字的样式、填充效果等属性，还可以对艺术字进行大小调整、旋转或添加阴影、添加三维效果等操作，如图 4-48 所示。

图 4-48

【例 4-6】编辑"花店宣传册"文档中的艺术字。

视频+素材 (素材文件\第 04 章\例 4-6)

step 1 启动 Word 2021 应用程序，打开"花店宣传册"文档。

step 2 选择文档中插入的艺术字，在【开始】选项卡的【字体】组中设置艺术字的字体为【方正姚体】，如图 4-49 所示。

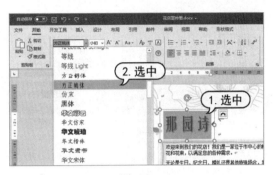

图 4-49

step 3 选择【形状格式】选项卡，在【艺术字样式】组中单击【文本效果】下拉按钮，从弹出的下拉菜单中选择【棱台】|【圆形】选项，为艺术字应用棱台效果，如图 4-50 所示。

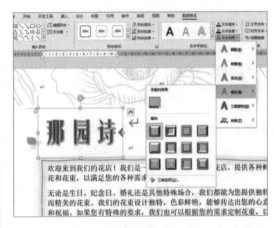

图 4-50

4.5　插入 SmartArt 图形

SmartArt 图形功能可以为文档提供可视化的信息展示和组织结构，帮助用户更清晰地说明概念、比较数据、展示流程和组织结构，以及创建其他类型的可视化内容。

4.5.1　创建 SmartArt 图形

无论是制作报告、展示数据、表达观点还是展示组织结构，利用 SmartArt 图形可以使文档更具吸引力、易读性和信息准确性。

选择【插入】选项卡，在【插图】组中单击 SmartArt 按钮，如图 4-51 所示。

图 4-51

在弹出的【选择 SmartArt 图形】对话框中，主要列出了如下几种 SmartArt 图形类型，如图 4-52 所示。

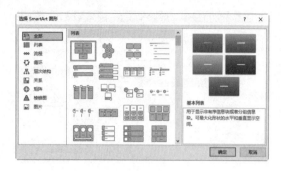

图 4-52

> 列表：显示无序信息。

> 流程：在流程或时间线中显示步骤。

> 循环：显示连续的流程。

> 层次结构：创建组织结构图，显示决策树。

> 关系：对连接进行图解。

> 矩阵：显示各部分如何与整体关联。

> 棱锥图：显示与顶部或底部最大一部分之间的比例关系。

> 图片：显示嵌入图片与文字的结构图。

4.5.2 编辑 SmartArt 图形

借助 SmartArt 图形的编辑功能，用户可以调整布局、样式和内容，以满足文档的需求，可以将复杂的信息转化为易于理解的图形展示。

在 SmartArt 工具的【SmartArt 设计】和【格式】选项卡中对其进行编辑操作，如添加和删除形状，套用形状样式等，如图 4-53 和图 4-54 所示。

图 4-53

图 4-54

【例 4-7】在"团队分布"文档中，插入并设置 SmartArt 图形。

🎬 **视频+素材** (素材文件\第 04 章\例 4-7)

step 1 启动 Word 2021 应用程序，新建一个名为"团队分布"的文档，将鼠标指针插入文档中需要插入 SmartArt 图形的位置。

step 2 选择【插入】选项卡，在【插图】组中单击 SmartArt 按钮，打开【选择 SmartArt 图形】对话框，然后在该对话框左侧的列表框中选择【循环】选项，在右侧的列表框中选择【分离射线】选项，然后单击【确定】按钮，如图 4-55 所示。

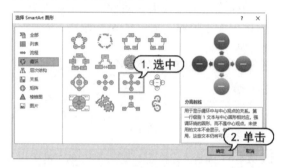

图 4-55

step 3 将鼠标指针插入 SmartArt 图形中的占位符，或者单击 < 按钮打开文本窗格，输入文字并设置文本的字号大小。

step 4 用户可以单独对其中某个图形的大小进行调整，如图 4-56 所示。

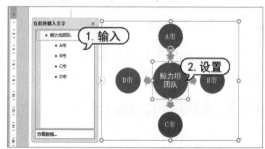

图 4-56

step 5 选择【D 市】图形，然后选择【SmartArt 设计】选项卡，在【创建图形】组中单击【添加形状】下拉按钮，从弹出的下拉列表中选择【在后面添加形状】选项，如图 4-57 所示。

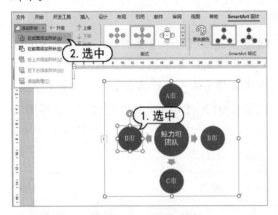

图 4-57

step 6　此时，即可在该占位符后面添加一个新形状，并在其中输入"F 市"，如图 4-58 所示。若要删除图形，选择需要删除的图形后按 Delete 键或 Backspace 键即可。

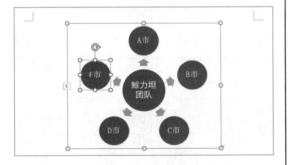

图 4-58

step 7　若用户对现在的版式不满意，可以选择【SmartArt 设计】选项卡，在【版式】组中单击【更改布局】下拉按钮，从弹出的下拉列表中选择【射线维恩图】选项，如图 4-59 所示。

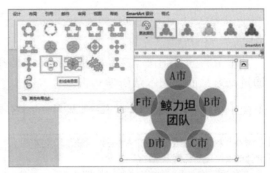

图 4-59

step 8　在【SmartArt 样式】组中单击【更改颜色】下拉按钮，从弹出的下拉列表中选择【彩色范围-个性色 4 至 5】选项，如图 4-60 所示。

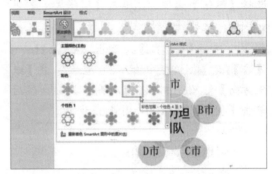

图 4-60

step 9　在【SmartArt 样式】组中单击【其他】按钮，从弹出的下拉列表中选择【砖块场景】选项，如图 4-61 所示。

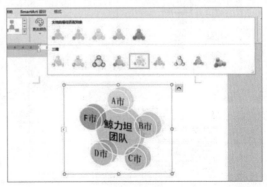

图 4-61

4.6　案例演练

本节将通过制作"产品宣传海报"文档和"公司组织结构图"文档两个案例，帮助用户通过练习从而巩固本章所学知识。

4.6.1　制作"产品宣传海报"文档

【例4-8】通过在文档中插入图片、图形和文本框，制作一个"产品宣传海报"文档。

视频+素材　(素材文件\第04章\例4-8)

step 1 启动 Word 2021 应用程序，新建名为"产品宣传海报"的文档，选择【布局】选项卡，在【页面设置】组中单击【对话框启动器】按钮，打开【页面设置】对话框，选择【纸张】选项卡，单击【纸张大小】下拉按钮，选择【A4】选项。

step 2 选择【页边距】选项卡，在【上】【下】【左】【右】微调框中输入"0厘米"，在【纸张方向】选项组中单击【横向】按钮，然后单击【确定】按钮，如图4-62所示。

step 3 选择【插入】选项卡，在【插图】组中单击【图片】下拉按钮，在弹出的下拉列表中选择【插入图片来自】|【此设备】命令。

step 4 打开【插入图片】对话框，选择图片文件，然后单击【插入】按钮，如图4-63所示。

图 4-63

step 5 选择【图片格式】选项卡，在【排列】组中单击【环绕文字】下拉按钮，选择【衬于文字下方】命令，如图4-64所示。

图 4-64

step 6 在文档中调整图片的位置，完成后按Esc键取消图像的选择，效果如图4-65所示。

图 4-62

图 4-65

step⑦ 选择【插入】选项卡，在【插图】组中单击【形状】下拉按钮，在弹出的下拉列表中选择【矩形】选项，如图 4-66 所示。

图 4-66

step⑧ 在文档中拖动鼠标绘制一个矩形图形，如图 4-67 所示。

图 4-67

step⑨ 选择矩形图形，选择【图形格式】选项卡，在【形状样式】组中单击【形状填充】下拉按钮，选择【无轮廓】命令。

step⑩ 单击【形状轮廓】下拉按钮，从弹出的菜单中选择【白色，背景 1】选项，然后选择【粗细】|【2.25 磅】选项，如图 4-68 所示。

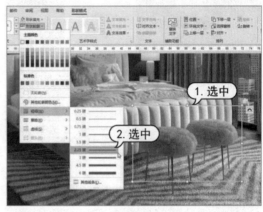

图 4-68

step⑪ 调整矩形图形的大小与位置，然后按照步骤 7 到步骤 8 的方法，在文档中按住 Shift 键绘制一个椭圆图形。

step⑫ 选择椭圆图形，然后选择【形状格式】选项卡，在【形状样式】组中单击【形状填充】下拉按钮，选择【其他填充颜色】选项，打开【颜色】对话框，在【红色】微调框中输入"255"，在【绿色】微调框中输入"156"，在【蓝色】微调框中输入"28"，然后单击【确定】按钮，如图 4-69 所示。

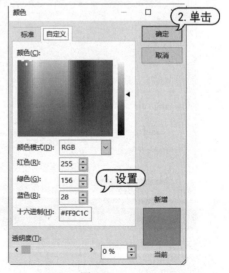

图 4-69

step 13 选择椭圆图形，右击并从弹出的快捷菜单中选择【设置形状格式】命令，如图 4-70 所示。

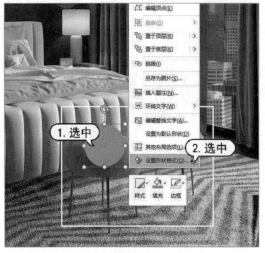

图 4-70

step 14 在文档的右侧打开【设置形状格式】窗格，选择【效果】选项卡，在【发光】卷展栏中单击【颜色】下拉按钮，从弹出的颜色面板中选择【橙色，个性色 2，淡色 60%】选项。在【大小】微调框中输入"6 磅"，如图 4-71 所示。

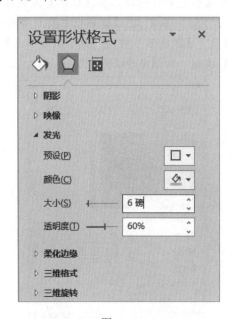

图 4-71

step 15 继续在文档中绘制一个矩形图形，在【形状样式】组中单击【形状轮廓】下拉按钮，选择【无轮廓】命令。

step 16 选择矩形图形，右击并选择【设置形状格式】命令，在文档的右侧打开【设置形状格式】窗格，选择【填充与线条】选项卡，选中【纯色填充】单选按钮，然后单击【颜色】下拉按钮，选择【黑色，文字 1】选项，在【透明度】微调框中输入"70%"，如图 4-72 所示。

图 4-72

step 17 选择【插入】选项卡，在【插图】组中单击【形状】下拉按钮，在弹出的下拉列表中选择【连接符:肘形】选项，如图 4-73 所示。

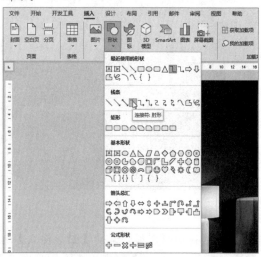

图 4-73

step 18 在【形状格式】选项卡的【形状样式】组中单击【形状轮廓】下拉按钮，从弹出的菜单中选择【白色，背景 1】选项，再选择【粗细】|【1.5 磅】命令，如图 4-74 所示。

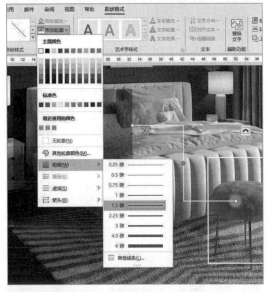

图 4-74

step 19 按住【连接符:肘形】形状中的【黄色句柄】按钮并向左拖曳，调整形状的位置和造型，如图 4-75 所示。

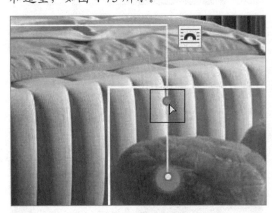

图 4-75

step 20 选择椭圆图形，右击并从弹出的快捷菜单中选择【置于顶层】命令，将其置于【连接符:肘形】形状之上，如图 4-76 所示。

step 21 选择【插入】选项卡，在【文本】组中单击【文本框】下拉按钮，在弹出的下拉列表中选择【绘制横排文本框】命令，如图 4-77 所示。

图 4-76

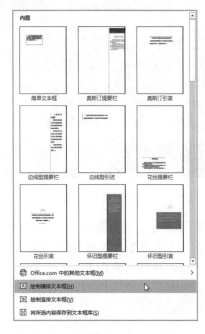

图 4-77

step 22 按住左键在文档中绘制一个文本框，然后选择【形状格式】选项卡，在【形状样式】组中单击【形状填充】下拉按钮，选择【无填充】命令，再单击【形状轮廓】下拉按钮，选择【无轮廓】命令。

step 23 在文本框中输入"圆凳"，然后选择【开始】选项卡，设置字体为【黑体】，字号为【三号】，如图 4-78 所示。

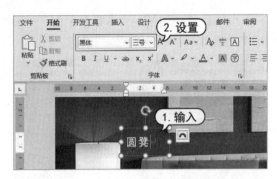

图 4-78

step 24 选择文本框，按住 Ctrl 键并向下拖曳进行复制，输入相应的文本内容，如图 4-79 所示。

图 4-79

step 25 选择【插入】选项卡，在【文本】组中单击【艺术字】下拉按钮，从弹出的列表框中选择一种艺术字样式，如图 4-80 所示。

图 4-80

step 26 在弹出的艺术字文本框中输入"伯斯恩尔"，设置字体为【黑体】，字号为【小初】，然后调整其位置，如图 4-81 所示。

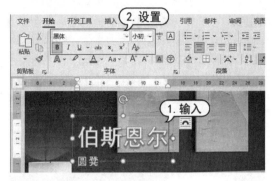

图 4-81

step 27 选择艺术字，然后选择【形状格式】选项卡，在【艺术字样式】组中，单击【文本轮廓】下拉按钮，从弹出的菜单中选择【浅灰色，背景 2，深色 75%】选项，如图 4-82 所示。

图 4-82

step 28 单击【文本效果】下拉按钮，从弹出的菜单中选择【阴影】|【偏移:下】选项，如图 4-83 所示。

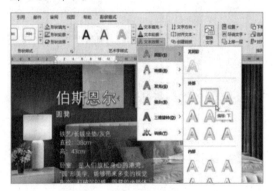

图 4-83

4.6.2 制作公司组织结构图

【例4-9】通过在文档中插入 SmartArt 图形和艺术字，制作一个"公司组织结构图"文档。

🔵 视频+素材 (素材文件\第 04 章\例 4-9)

step ① 启动 Word 2021 应用程序，新建一个名为"公司组织结构"的文档，在文档中输入文本"董事长"。

step ② 按 Enter 键进行换行，输入文本"总经理"，然后选择【开始】选项卡，在【段落】组中单击【增加缩进量】按钮，编辑层级关系，如图 4-84 所示。

图 4-84

step ③ 按照步骤 2 的方法，根据公司的组织结构，在文档中输入公司组织名称，并调整文本的层级关系，如图 4-85 所示。

图 4-85

step ④ 按 Ctrl+A 快捷键全选文本内容，然后按 Ctrl+C 快捷键进行复制。

step ⑤ 新建一个名为"公司组织结构图"的文档，选择【布局】选项卡，在【页面设置】组中单击【对话框启动器】按钮，打开【页面设置】对话框，选择【页边距】选项卡，在【纸张方向】组中单击【横向】按钮，然后选择【纸张】选项卡，单击【纸张大小】下拉按钮，选择【A4】选项，单击【确定】按钮，如图 4-86 所示。

图 4-86

step ⑥ 选择【插入】选项卡，在【插图】组中单击 SmartArt 按钮。

step ⑦ 打开【选择 SmartArt 图形】对话框，选择【层次结构】选项，选择【组织结构图】选项，然后单击【确定】按钮，如图 4-87 所示。

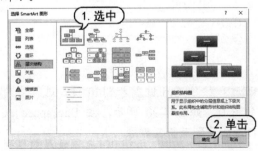

图 4-87

step 8 返回到文档中,即可看到插入的 SmartArt 图形,将光标移到 SmartArt 图形的左下方。

step 9 选择【开始】选项卡,在【段落】组中单击【居中】按钮≡,如图 4-88 所示。

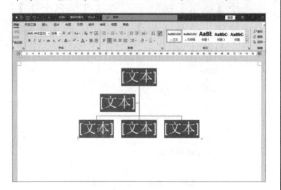

图 4-88

step 10 单击 ◁ 按钮打开文本窗格,选择文本窗格中的第一行文本,按 Ctrl+V 快捷键将内容粘贴到文本窗格中,如图 4-89 所示。

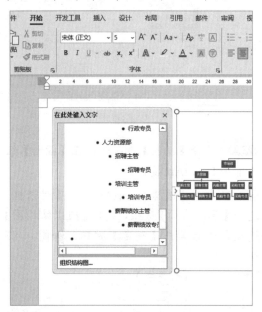

图 4-89

step 11 按住 Ctrl 键或者 Shift 键,选择多余的图形,如图 4-90 所示,按 Backspace 或 Delete 键即可将其删除。

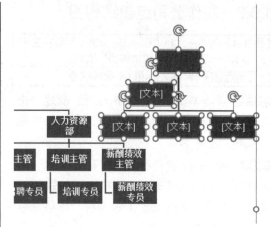

图 4-90

step 12 选择【内贸部】图形和【外贸部】图形,将光标移到其中一个图形的左边线中间,当鼠标变成双向箭头时,按住鼠标向右拖曳,然后选择其中一个图形的正下方中间向下拖曳,拉长图形,结果如图 4-91 所示。

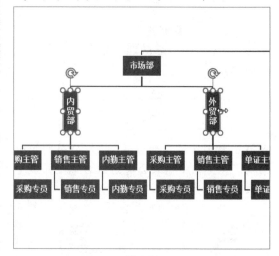

图 4-91

step 13 分别选择第 1 排和第 2 排的图形,向上移动至合适位置,并将光标移动到其中一个图形的右上角,当光标变成双向箭头时,按 Shift 键进行拖曳,等比例调整图形大小。

step 14 选择 SmartArt 图形,选择【SmartArt 设计】选项卡,单击【更改颜色】按钮,在弹出的下拉列表中选择【深色 2 轮廓】选项,如图 4-92 所示。

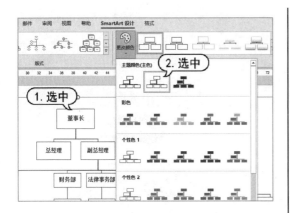

图 4-92

step 15 单击【SmartArt 样式】组中的【其他】按钮，在弹出的下拉列表中选择【强烈效果】选项，此时便成功地将系统的样式效果运用到 SmartArt 图形中，如图 4-93 所示。

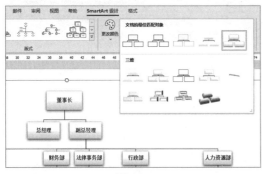

图 4-93

step 16 选择第一行图形，然后选择【格式】选项卡，在【形状样式】组中单击【形状填充】下拉按钮，选择【深红】按钮，更换图形的颜色，如图 4-94 所示。

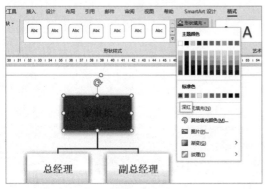

图 4-94

step 17 选择【开始】选项卡，在【字体】组中单击【字体颜色】下拉按钮，从弹出的菜单中选择【白色，背景 1】选项，修改文字颜色，如图 4-95 所示。

图 4-95

step 18 按照同样的方法调整第二行图形的形状填充颜色为【金色，个性色 4】，字体颜色为【白色，背景 1】，第三排图形的形状填充颜色为【蓝色，个性色 5，淡色 80%】，如图 4-96 所示。

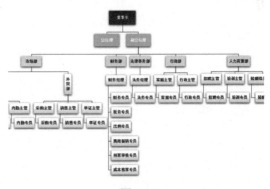

图 4-96

step 19 选择第一排和第二排的图形，然后选择【格式】选项卡，在【形状】组中单击【更改形状】下拉列表，选择【椭圆】形状，更改图形形状为椭圆，如图 4-97 所示。

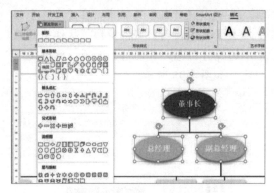

图 4-97

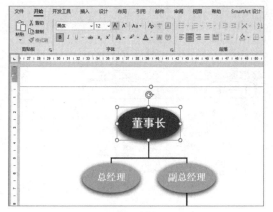

图 4-98

step 20 选择第一排图形，选择【开始】选项卡，在【字体】组中单击【增大字号】按钮 A˄，让字号变大以匹配图形，并设置字体为【黑体】，如图 4-98 所示。

step 21 按照步骤 20 的方法调整第二行图形文本的字体为【黑体】，效果如图 4-99 所示。

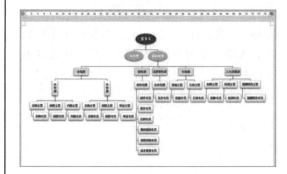

图 4-99

第 5 章

Word 中的表格与图表

在实际工作中，用户经常会用到表格与图表功能，无论是制作报告、分析数据还是展示统计结果，表格与图表都能帮助用户更好地展示各项数据之间的关系，使得复杂的数据变得易于理解和分析。本章将为用户介绍如何在 Word 中绘制表格，以及根据表格中的数据制作图表。

本章对应视频

5.1 创建表格

在 Word 2021 中用户可以通过插入快速表格或者手动绘制来创建表格，以便快速而准确地创建和编辑表格。

5.1.1 插入快速表格

用户在文档中可以快速插入符合需求的表格，这一功能的便利性使得制作报表、制作计划和整理数据的过程变得更加轻松和高效。但是这种方法一次最多只能插入 8 行 10 列的表格，并且不套用任何样式，列宽是按窗口调整的。所以这种方法只适用于创建行、列数较少的表格。

将光标定位在需要插入表格的位置，然后选择【插入】选项卡，在【表格】组中单击【表格】下拉按钮，从弹出的菜单中会出现网格框。拖曳鼠标确定要创建表格的行数和列数，然后单击就可以完成一个规则表格的创建，效果如图 5-1 所示。

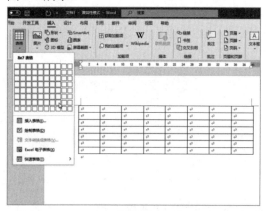

图 5-1

5.1.2 使用【插入表格】对话框

使用【插入表格】对话框为创建表格提供了更加精确的方式，用户可以更好地控制表格的行数和列数。

选择【插入】选项卡，在【表格】组中单击【表格】按钮，从弹出的菜单中选择【插入表格】命令，如图 5-2 所示。

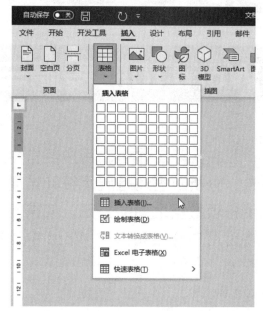

图 5-2

打开【插入表格】对话框，在【列数】和【行数】微调框中指定表格的列数和行数后，单击【确定】按钮，如图 5-3 所示，得到如图 5-4 所示的表格效果。

图 5-3

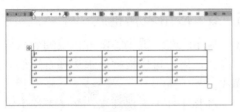

图 5-4

5.1.3　手动绘制表格

手动绘制表格这一功能更是为用户提供了全新的灵活性和创造力。通过手工绘制表格，用户可以根据自己的需求和设计理念，直接在文档中创建独特的表格布局及绘制一些带有斜线表头的表格。

选择【插入】选项卡，在【表格】组中单击【表格】下拉按钮，从弹出的菜单中选择【绘制表格】命令，此时鼠标光标变为 ✐ 形状。拖曳鼠标，会出现一个表格的虚框，如图 5-5 所示，待达到合适大小后，释放鼠标即可生成表格的边框。

图 5-5

在表格边框的任意位置，单击选择一个起点，向右(或向下)拖曳绘制出表格中的横线(或竖线)，如图 5-6 所示。

图 5-6

在表格的第 1 个单元格中，单击选择一个起点，向右下方拖曳即可绘制一个斜线表格，如图 5-7 和图 5-8 所示。

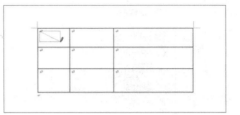

图 5-7

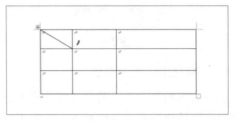

图 5-8

> **知识点滴**
>
> 如果在绘制过程中出现错误，打开【表格工具】的【设计】选项卡。在【绘图边框】组中单击【擦除】按钮，待鼠标指针变成橡皮形状时，单击要删除的表格线段。按照线段的方向拖曳鼠标，该线段呈高亮显示，松开鼠标，该线段将被删除。

5.1.4　表格与文本的相互转换

当我们面对大量的数据或文本时，手动进行整理会非常烦琐和耗时。在 Word 2021 中，用户可以轻松地将表格转换成文本，以便更快捷地编辑和处理表格中的数据；也可以将文本转换为表格，使文本数据快速而准确地整理为结构化的表格形式。

1. 将表格转换为文本

将表格转换为文本，可以去除表格线，仅将表格中的文本内容按原来的顺序提取出来，但会丢失一些特殊的格式。

选取表格，选择【布局】选项卡，在【数据】组中单击【转换为文本】按钮，打开【表格转换成文本】对话框，如图 5-9 所示。在对话框中选择将原表格中的单元格文本转换成文字后的分隔符的选项，单击【确定】按钮即可。

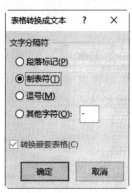

图 5-9

2. 将文本转换为表格

将文本转换为表格与将表格转换为文本不同，在转换前必须对要转换的文本进行格式化。文本的每一行之间要用段落标记符隔开，每一列之间要用分隔符隔开。列之间的分隔符可以是逗号、空格、制表符等。

将文本格式化后，选择【插入】选项卡，在【表格】组中单击【表格】下拉按钮，从弹出的菜单中选择【文本转换成表格】命令，打开【将文字转换成表格】对话框，如图 5-10 所示。

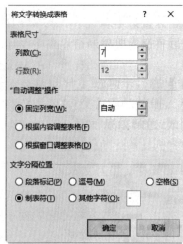

图 5-10

在【表格尺寸】选项区域中，【行数】和【列数】文本框中的数值都是根据段落标记符和文字之间的分隔符来确定的，用户也可自己修改。在【"自动调整"操作】选项区域中，可以根据窗口或内容来调整表格的大小。

5.1.5 应用表格样式

Word 2021 提供了多种预设的表格样式和格式，用户可以根据需求选择合适的表格样式。

选择【插入】选项卡，在【表格】组中单击【表格】下拉按钮，从弹出的菜单中选择【快速表格】命令的子命令，如图 5-11 所示。

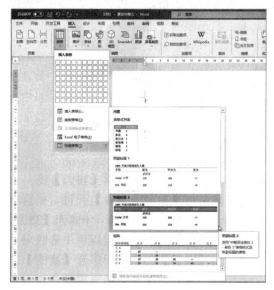

图 5-11

此时即可插入带有格式的表格，如图 5-12 所示，无须自己设置，只需在其中修改数据即可。

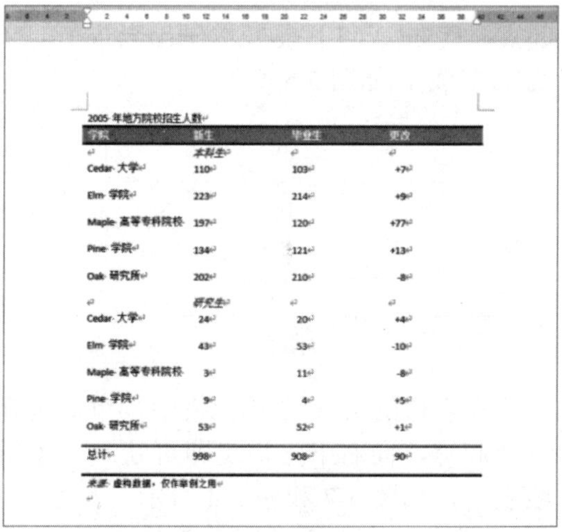

图 5-12

用户还可以选择【插入】选项卡,在【表格】组中单击【表格】下拉按钮,从弹出的菜单中选择【Excel 电子表格】命令。此时,即可在 Word 编辑窗口中启动 Excel 应用程序窗口,如图 5-13 所示,在其中编辑表格。

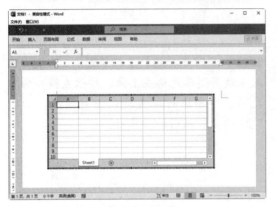

图 5-13

当表格编辑完成后,在文档任意处单击,即可退出电子表格的编辑状态,完成表格的创建操作,如图 5-14 所示。

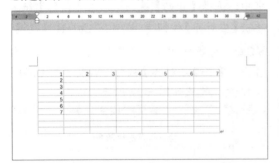

图 5-14

5.1.6　制作全系列产品比较表

Word 2021 提供了多种预设的表格样式和格式,用户可以根据需求选择合适的表格样式。

【例 5-1】创建一个"全系列产品比较表"文档,将文本内容转换为表格,并绘制斜线表头。
🎬视频+素材 (素材文件\第 05 章\例 5-1)

step 1 启动 Word 2021 应用程序,创建一个名为"全系列产品比较表"的文档并输入文本内容,在第一行选择标题文本"全系列产品比较表",设置其字体格式为【黑体】【二

号】【加粗】【绿色,个性色 6,深色 50%】【居中】,如图 5-15 所示。

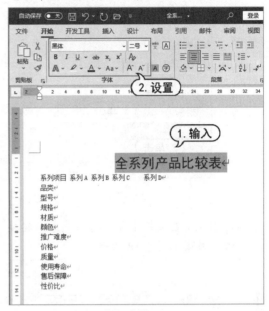

图 5-15

step 2 选择正文文本内容,选择【插入】选项卡,在【表格】组中单击【表格】下拉按钮,从弹出的菜单中选择【文本转换成表格】命令,如图 5-16 所示。

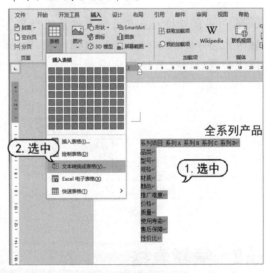

图 5-16

step 3 打开【将文字转换成表格】对话框,选中【空格】单选按钮,然后单击【确定】按钮,如图 5-17 所示。

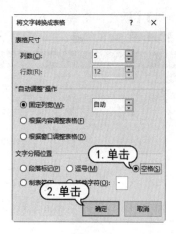

图 5-17

step ④ 此时，在文档中即可将所选文本转换为表格，效果如图 5-18 所示。

图 5-18

step ⑤ 将鼠标插入点定位到表格第 1 行第 1 列单元格中的文本"系列"右侧，按 Enter 键进行换行，效果如图 5-19 所示。

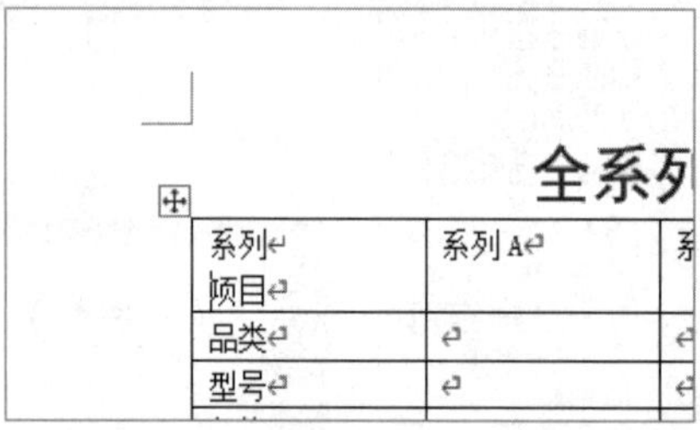

图 5-19

step ⑥ 选择【布局】选项卡，在【绘图】组中单击【绘制表格】按钮，如图 5-20 所示。

图 5-20

step ⑦ 此时光标指针呈铅笔形状，将鼠标插入点放置到单元格左上角，按住左键并向单元格右下角进行拖曳绘制出对角线，如图 5-21 所示，然后松开鼠标。

图 5-21

step ⑧ 将鼠标插入点放置到"系列"文本内容中，选择【开始】选项卡，在【段落】组中单击【右对齐】按钮 ，或者按 Ctrl+R 快捷键。

step ⑨ 将鼠标插入点放置到文本"项目"内容中，单击【左对齐】按钮 ，或者按 Ctrl+L 快捷键，效果如图 5-22 所示。

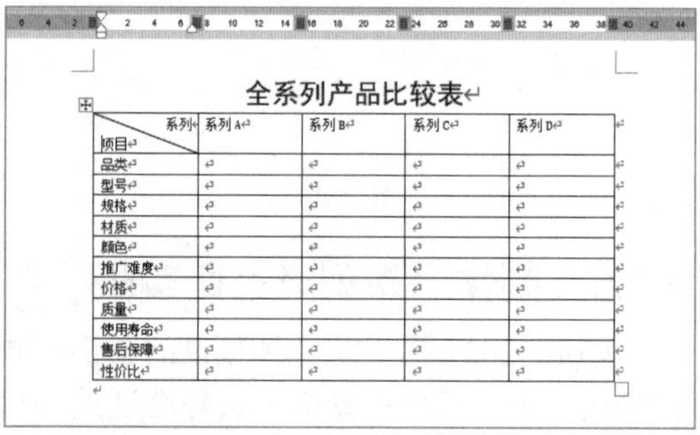

图 5-22

5.2 编辑表格

表格中的每一格称为单元格，每个单元格都可以包含文本、数字、公式、图像等。在表格中，用户可以进行编辑文本或数据，插入行、列和单元格，删除行、列和单元格，合并和拆分单元格等操作。

5.2.1　选定表格

对表格进行格式化之前，首先要选定表格编辑对象，然后才能对表格进行操作。

1. 选取单元格

选取单元格的方法可分为 3 种：选取一个单元格、选取多个连续的单元格和选取多个不连续的单元格。

▶ 选取一个单元格：在表格中，移动鼠标到单元格的左端线上，当光标变为 ➦ 形状时，单击即可选取该单元格。

▶ 选取多个连续的单元格：在需要选取的第 1 个单元格内单击并保持鼠标的按下状态，拖曳到最后一个单元格。或者将鼠标光标定位在任意单元格中，然后按下 Shift 键，在另一个单元格内单击，则以两个单元格为对角顶点的矩形区域内的所有单元格都被选中。

▶ 选取多个不连续的单元格：选取第 1 个单元格后，按住 Ctrl 键不放，再分别选取其他单元格。

2. 选取整行

将鼠标移到表格边框的左端线附近，当鼠标光标变为 ⬈ 形状时，单击即可选中该行，如图 5-23 所示，单击并拖曳，即可选择多行。

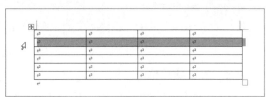

图 5-23

3. 选取整列

将鼠标移到表格边框的上端线附近，当鼠标光标变为 ⬇ 形状时，单击即可选中该列，如图 5-24 所示，单击并拖曳，即可选择多列。

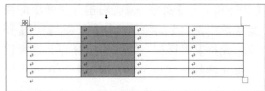

图 5-24

4. 选取表格

移动鼠标光标到表格内，表格的左上角会出现一个十字形的小方框 ⊞，右下角出现一个小方框 ☐，单击这两个符号中的任意一个，就可以选取整个表格，如图 5-25 所示。

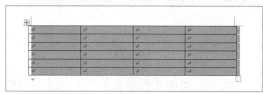

图 5-25

> **知识点滴**
>
> 将鼠标光标移到左上角的 ⊞ 上，进行拖曳，整个表格将会随之移动。将鼠标光标移到右下角的 ☐ 上，进行拖曳，可以改变表格的大小。

除了使用鼠标选定对象，还可以使用【布局】选项卡来选定表格、行、列和单元格。方法很简单，将鼠标定位在目标单元格内，选择【布局】选项卡，在【表】组中单击【选择】按钮，从弹出的菜单中选择相应的命令即可，如图 5-26 所示。

图 5-26

5.2.2　插入行、列和单元格

在 Word 中绘制表格后，用户可以根据具体需求，灵活地编辑和扩展表格。

1. 插入行和列

要向表格中添加行，先选定与需要插入行的位置相邻的行，选择的行数和要增加的行数相同，然后选择【布局】选项卡，在【行和列】组中单击【在上方插入】或【在下方插入】按钮即可。插入列的操作与插入行基本类似，只需在【行和列】组中单击【在左侧插入】或【在右侧插入】按钮,如图5-27所示。

图5-27

此外,单击【行和列】组中的【对话框启动器】按钮,打开【插入单元格】对话框,如图5-28所示,选中【整行插入】或【整列插入】单选按钮,单击【确定】按钮,同样可以插入行或列。

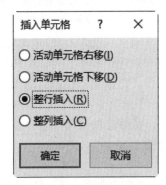

图5-28

💧 **知识点滴**

若要在表格后面添加一行,先单击最后一行的最后一个单元格,然后按Tab键即可;也可以将光标定位在表格末尾结束箭头处,按Enter键插入新行。

2. 插入单元格

要插入单元格,可先选定若干单元格,选择【布局】选项卡,单击【行和列】组中的【对话框启动器】按钮,打开【插入单元格】对话框。

如果要在选定的单元格左边添加单元格,可选择【活动单元格右移】单选按钮,此时增加的单元格会将选定的单元格和此行中其余的单元格向右移动相应的列数;如果

要在选定的单元格上边添加单元格,可选中【活动单元格下移】单选按钮,此时增加的单元格会将选定的单元格和此列中其余的单元格向下移动相应的行数,而且在表格最下方也增加了相应数目的行。

5.2.3 删除行、列和单元格

在Word 2021中可以轻松地删除表格中多余的行、列和单元格,帮助用户更加精确地调整表格。

1. 删除行和列

选定需要删除的行,或将鼠标放置在该行的任意单元格中。在【行和列】组中单击【删除】按钮,在打开的菜单中选择【删除行】命令即可。删除列的操作与删除行基本类似,从弹出的删除菜单中选择【删除列】命令即可,如图5-29所示。

图5-29

2. 删除单元格

如果选取某个单元格后,按Delete键,只会删除该单元格中的内容,不会从结构上删除。

要删除单元格,可先选定若干单元格,然后选择【布局】选项卡,在【行和列】组中单击【删除】按钮,从弹出的菜单中选择【删除单元格】命令,或者右击并从弹出的快捷菜单中选择【删除单元格】命令。打开【删除单元格】对话框,如图5-30所示,选择移动单元格的方式后单击【确定】按钮即可。

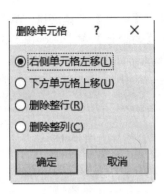

图 5-30

5.2.4 合并和拆分单元格

在 Word 2021 中，通过合并多个单元格，可以创建更大的单元格来容纳更多内容或者创建跨列或跨行的表格布局。而拆分单元格，可以将一个单元格拆分成多个单元格，达到增加行数和列数的目的。

1. 合并单元格

在表格中选择要合并的单元格，选择【布局】选项卡，在【合并】组中单击【合并单元格】按钮，如图 5-31 所示。或者在选择的单元格中右击，从弹出的快捷菜单中选择【合并单元格】命令。

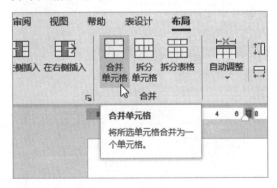

图 5-31

此时，Word 就会删除所选单元格之间的边界，建立一个新的单元格，并将原来单元格的列宽和行高合并为当前单元格的列宽和行高，如图 5-32 所示。

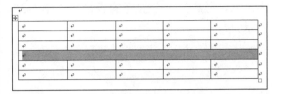

图 5-32

2. 拆分单元格

选取要拆分的单元格，选择【布局】选项卡，在【合并】组中单击【拆分单元格】按钮，或者右击选中的单元格，从弹出的快捷菜单中选择【拆分单元格】命令，打开【拆分单元格】对话框，如图 5-33 所示，在【列数】和【行数】文本框中输入列数和行数，单击【确定】按钮，效果如图 5-34 所示。

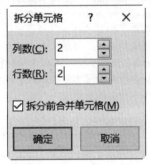

图 5-33

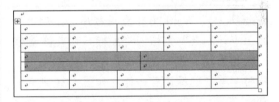

图 5-34

5.2.5 拆分表格

拆分表格的功能，可以帮助用户更好地管理大量数据、复杂的报告或表格等。

将插入点置于要拆分的行，选择【布局】选项卡，在【合并】组中单击【拆分表格】按钮，或者按 Ctrl+Shift+Enter 快捷键。此时，插入点所在行以下的部分就从原表格中分离出来，形成另一个独立的表格，如图 5-35 所示。

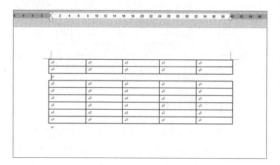

图 5-35

在拆分表格时，插入点定位的那一行将成为新表格的首行。

> **知识点滴**
>
> 当表格跨页时，最好先将表格拆分为两个表格再进行调整。如果不拆分，则要在设置后续页的表格中出现标题行，将插入点定位在表格第 1 行标题任意单元格中，然后选择【布局】选项卡，在【数据】组中单击【重复标题行】按钮，在后续页的表格中将会显示标题行内容。

5.2.6 制作产品上市计划表

【例 5-2】 在"产品上市计划表"文档中删除、插入、合并和拆分单元格。

视频+素材 (素材文件\第 05 章\例 5-2)

step 1 启动 Word 2021 应用程序，打开"产品上市计划表"文档，将鼠标移到表格最后一行的左端边线附近，当鼠标光标变为 ↗ 形状时，单击选择最后一行，如图 5-36 所示。

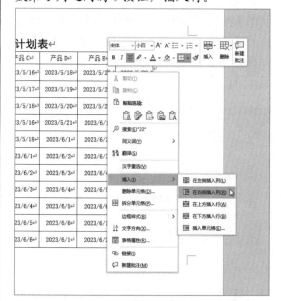

图 5-36

step 2 选择【布局】选项卡，在【行和列】

组中，单击【删除】下拉按钮，从打开的菜单中选择【删除行】命令，如图 5-37 所示，或者按 Backspace 键删除所选的行。

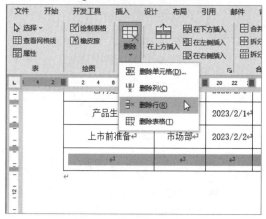

图 5-37

step 3 将插入点定位在倒数第 2 列的任意单元格中，右击并从弹出的快捷菜单中选择【插入】|【在右侧插入列】命令，如图 5-38 所示，或者在表格左侧单击倒数第 2 列与倒数第 1 列之间的 ⊕ 按钮，插入行。

图 5-38

step 4 设置完成后，即可在倒数第 2 列的右侧插入一列，效果如图 5-39 所示。

计划表

产品 C	产品 D	产品 E		产品 G
23/5/16	2023/5/18	2023/5/22		2023/5/28
23/5/17	2023/5/19	2023/5/23		2023/5/29
23/5/18	2023/5/20	2023/5/24		2023/5/31
23/5/16	2023/5/21	2023/6/1		2023/6/3
23/5/18	2023/6/1	2023/6/2		2023/6/4
023/6/1	2023/6/2	2023/6/3		2023/6/5
023/6/2	2023/6/3	2023/6/4		2023/6/6
023/6/3	2023/6/4	2023/6/5		2023/6/1
023/6/4	2023/6/5	2023/6/6		2023/6/2
023/6/5	2023/6/6	2023/6/1		2023/6/9
023/6/6	2023/6/1	2023/6/2		2023/6/10

图 5-39

step5 在插入的列中用户可以输入文本内容，如图 5-40 所示。

计划表

产品 C	产品 D	产品 E	产品 F	产品 G
23/5/16	2023/5/18	2023/5/22	2023/5/25	2023/5/28
23/5/17	2023/5/19	2023/5/23	2023/5/26	2023/5/29
23/5/18	2023/5/20	2023/5/24	2023/5/27	2023/5/31
23/5/16	2023/5/21	2023/6/1	2023/6/2	2023/6/3
23/5/18	2023/6/1	2023/6/2	2023/6/3	2023/6/4
023/6/1	2023/6/2	2023/6/3	2023/6/4	2023/6/5
023/6/2	2023/6/3	2023/6/4	2023/6/5	2023/6/6
023/6/3	2023/6/4	2023/6/5	2023/6/6	2023/6/1
023/6/4	2023/6/5	2023/6/6	2023/6/1	2023/6/2
023/6/5	2023/6/6	2023/6/1	2023/6/2	2023/6/9
023/6/6	2023/6/1	2023/6/2	2023/6/9	2023/6/10

图 5-40

step6 选择第 1 行的第 1 列和第 2 列单元格，选择【布局】选项卡，在【合并】组中单击【合并单元格】按钮，如图 5-41 所示。

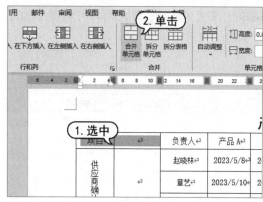

图 5-41

step7 将鼠标光标放置在第 2 行的第 2 列单元格中，在【合并】组中单击【拆分单元格】按钮，或者右击选中的单元格，在弹出的快捷菜单中选择【拆分单元格】命令，如图 5-42 所示。

图 5-42

step8 打开【拆分单元格】对话框，在【列数】微调框中输入"1"，在【行数】微调框中输入"3"，然后单击【确定】按钮，如图 5-43 所示。

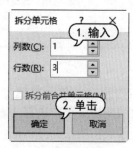

图 5-43

step 9 设置完成后，单元格即可被拆分为 1 列 3 行，效果如图 5-44 所示。

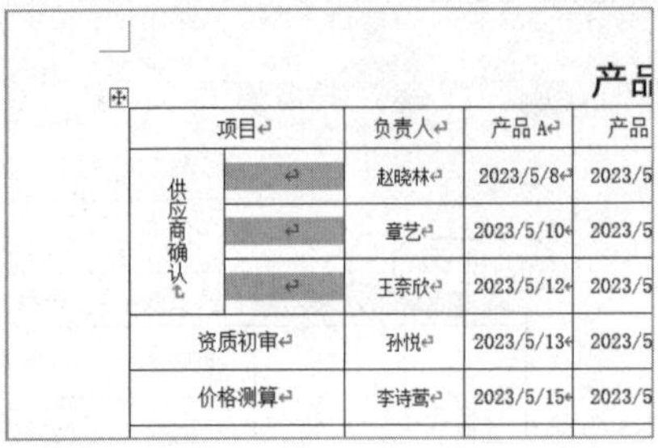

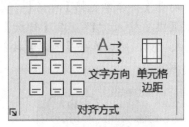

图 5-44

step 10 用户可以继续在表格中输入文本内容，如图 5-45 所示。

图 5-45

5.3 表格的格式设置和美化

在表格中添加完内容后，通常还需对表格进行一定的修饰操作，如调整表格的行高和列宽、设置表格的边框和底纹、套用表格样式等，不仅使表格更加美观，还能有效地呈现出重要信息。

5.3.1 输入并设置文本

将插入点定位在表格的单元格中，然后直接利用键盘输入文本。在表格中输入文本时，Word 2021 会根据文本的多少自动调整单元格的大小。通过按 Tab 键，可以快速移动到下一个单元格，或者按方向键移动。

默认情况下，单元格中的文本是靠上左对齐，用户可以选择单元格区域或整个表格，选择【布局】选项卡，在【对齐方式】组中单击相应的按钮即可设置文本对齐方式，如图 5-46 所示。

图 5-46

或者右击选中的单元格区域或整个表格，在弹出的快捷菜单中选择【表格属性】命令，打开【表格属性】对话框，选择【单元格】选项卡，可以改变文本的垂直对齐方式，如图 5-47 所示。

图 5-47

5.3.2 调整行高和列宽

创建表格时，表格的行高和列宽都是默认值。合适的行高和列宽可以使表格看上去更加舒适。在 Word 2021 中，可以使用多种方法调整表格的行高和列宽。

1. 精确调整与自动调整

将鼠标插入点定位在表格内，选择【布局】选项卡，在【单元格大小】组的【高度】

微调框和【宽度】微调框中可以精确设置单元格的大小。

单击【分布行】和【分布列】按钮，可以平均分布行或列。

单击【自动调整】按钮，从弹出的菜单中选择相应的命令，如图 5-48 所示，或者右击从弹出的快捷菜单中选择【自动调整】命令，即可便捷地调整表格的行与列。

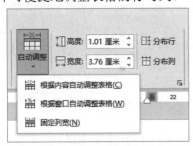

图 5-48

2. 使用鼠标拖曳进行调整

使用鼠标拖曳的方法也可以调整表格的行高和列宽。先将鼠标光标指向需调整的行的下边框，待鼠标光标变成双向箭头÷时，拖曳至所需位置，整个表格的高度会随着行高的改变而改变。

在使用鼠标调整列宽时，先将鼠标光标指向表格中需要调整列的边框，待鼠标光标变成双向箭头╫时，使用下面几种不同的操作方法，可以达到不同的效果。

▶ 以鼠标光标拖曳边框，则边框左右两列的宽度发生变化，而整个表格的总体宽度不变。

▶ 按 Shift 键，然后拖曳，则边框左边一列的宽度发生改变，整个表格的总体宽度随之改变。

▶ 按 Ctrl 键，然后拖曳，则边框左边一列的宽度发生改变，边框右边各列也发生均匀的变化，而整个表格的总体宽度不变。

3. 使用对话框进行调整

在表格中，用户可以使用【表格属性】对话框来更精确地调整行高与列宽。

将插入点定位在表格内，选择【布局】选项卡，在【单元格大小】组中单击【对话框启动器】按钮，打开【表格属性】对话

框，选择【行】选项卡，选中【指定高度】复选框，在其后的微调框中输入数值，如图 5-49 所示。单击【下一行】按钮，将鼠标光标定位在表格的下一行，进行相同的设置即可。

图 5-49

选择【列】选项卡，选中【指定宽度】复选框，在其后的微调框中输入数值，如图 5-50 所示。单击【后一列】按钮，将鼠标光标定位在表格的下一列，可以进行相同的设置。

图 5-50

5.3.3　文字环绕表格

当表格嵌入文本时，可以使用文字环绕功能将文本与表格相融合，用户可以根据需要自由调整表格的位置。

选择文档中的表格，然后选择【布局】选项卡，在【单元格大小】组中单击【对话框启动器】按钮，打开【表格属性】对话框，选择【表格】选项卡，在【文字环绕】选项区域中，选择【环绕】选项即可，如图 5-51 所示。

图 5-51

选择【环绕】选项后，单击【定位】按钮，打开【表格定位】对话框，如图 5-52 所示。

用户可以根据需要将表格的位置设置为左侧、右侧、居中、内侧和外侧，以及调整表格的垂直和水平位置，以便更好地布局和排版文档内容。还可以设置表格与文本之间的距离，使文档排版更加灵活。

图 5-52

5.3.4　应用预置表格样式

Word 2021 为用户提供了各种精心设计的表格样式，用户可以根据不同需求选择合适的样式，无须从头开始设计表格的外观。这些样式包含了不同的边框线条、颜色和背景等。使用预置表格样式可以保持文档中表格的一致性。统一的样式和布局能够提升文档的专业性和整体视觉效果。

选择【表设计】选项卡，在【表格样式】组中，单击【其他】按钮，从弹出的下拉列表中选择需要的外观样式，即可为表格套用样式，如图 5-53 和图 5-54 所示。

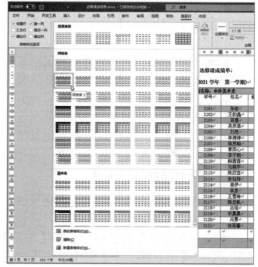

图 5-53

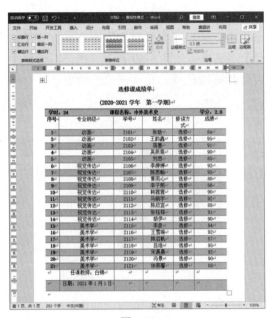

图 5-54

除了预置样式，Word 2021 还提供了自定义表格样式功能。从弹出的下拉列表中选择【新建表格样式】命令，打开【根据格式化创建新样式】对话框，如图 5-55 所示，即可自定义表格样式。

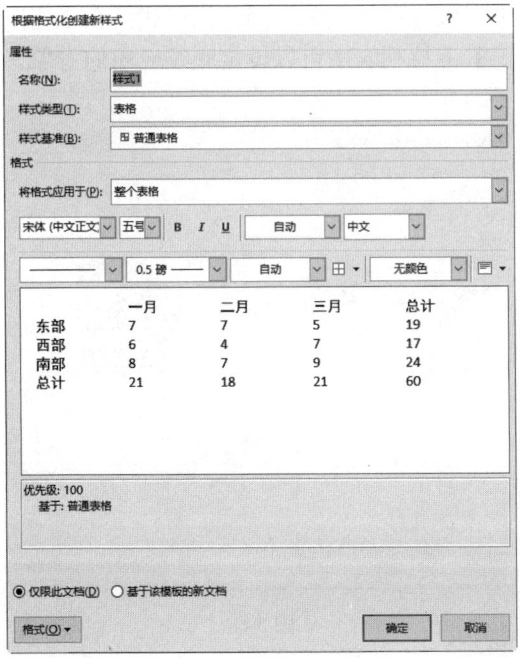

图 5-55

5.3.5　设置边框和底纹

表格的单线边框在默认情况下为 0.5 磅，如果用户对表格的样式不满意，则可以重新设置表格的边框和底纹，不仅让表格所表达的内容一目了然，还能为表格增添美感。

1. 设置表格边框

通过设置表格边框样式和颜色，可以突出表格中的关键信息。

选择整个表格或要设置边框的特定单元格区域，选择【表设计】选项卡，在【表格样式】组中单击【边框】下拉按钮，从弹出的下拉菜单中可以为表格设置边框，如图 5-56 所示。

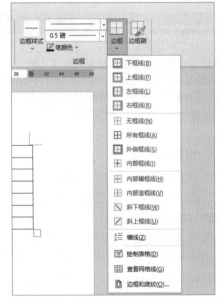

图 5-56

选择【边框和底纹】命令，打开【边框和底纹】对话框，选择【边框】选项卡，如图 5-57 所示，在【设置】选项区域中可以选择表格边框的样式；在【样式】列表框中可以选择边框线条的样式；在【颜色】下拉列表中可以选择边框的颜色；在【宽度】下拉列表中可以选择边框线条的宽度；在【应用于】下拉列表中可以设定边框应用的对象。

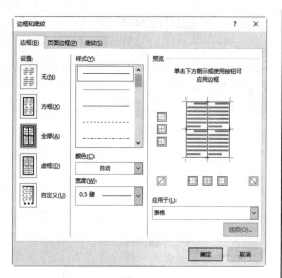

图 5-57

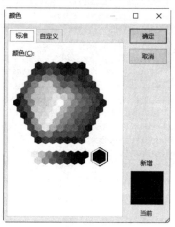

图 5-59

其中，在【底纹】下拉列表中还包含两个命令，选择【其他颜色】命令，打开【颜色】对话框，如图 5-59 所示，在该对话框中可选择标准色或自定义需要的颜色。

在【边框】组中单击【对话框启动器】按钮，打开【边框和底纹】对话框，选择【底纹】选项卡，如图 5-60 所示，在【填充】下拉列表中可以设置表格底纹的填充颜色；在【图案】选项区域中的【样式】下拉列表中可以选择填充图案的其他样式；在【应用于】下拉列表中可以设定底纹应用的对象。

> **知识点滴**
>
> 边框添加完成后，可以在【绘图边框】组中设置边框的样式和颜色。单击【笔样式】下拉按钮，从弹出的下拉列表中可选择边框样式；单击【笔画粗细】下拉按钮，从弹出的下拉列表中可选择边框的粗细；单击【笔颜色】下拉按钮，从弹出的下拉面板中可选择一种边框颜色。

2. 设置表格底纹

在 Word 2021 中，除了设置表格边框，还可以通过设置表格底纹使表格看起来更具层次感与条理性。

选择【表设计】选项卡，在【表格样式】组中单击【底纹】下拉按钮，从弹出的下拉列表中选择一种底纹颜色，如图 5-58 所示。

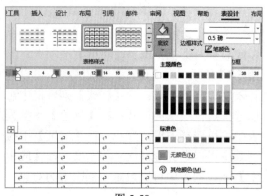

图 5-58

图 5-60

5.3.6　制作客户信息反馈表

【例 5-3】创建一个"客户信息反馈表"文档，插入表格并进行编辑。

🎥 视频+素材 (素材文件\第 05 章\例 5-3)

step 1 启动 Word 2021 应用程序，打开"客户信息反馈表"文档，将鼠标光标移到第 1 行第 1 列的单元格处，输入文本"客户名称:"，如图 5-61 所示。

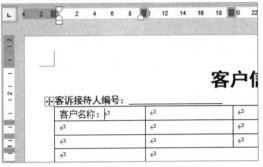

图 5-61

step 2 按 Tab 键移到下一个单元格，依次输入其余的文本内容。

step 3 选择第 1 行到第 4 行，然后选择【布局】选项卡，在【单元格大小】组的【高度】微调框中输入"0.8 厘米"，如图 5-62 所示。

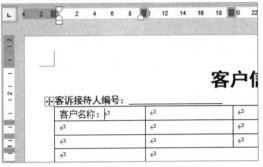

图 5-62

step 4 选择第 4 行的第 1 列和第 2 列单元格，将光标放在文本"反馈类型"右侧的边框线上并向左拖动，如图 5-63 所示，即可单独调整列宽。

图 5-63

step 5 将鼠标插入点放置到第 6 行下方的边框线上，当光标变成双向箭头时按住左键并向下拖曳，如图 5-64 所示，手动调整行高。

图 5-64

step 6 选择【表设计】选项卡，在【表格样式】组中单击【其他】按钮 ，从弹出的菜单中选择【网格表 6 彩色—着色 6】选项，如图 5-65 所示。

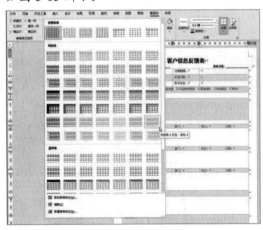

图 5-65

step 7 选择第 1 行到第 5 行，然后选择【布局】选项卡，在【对齐方向】组中单击【水平居中】按钮 ，如图 5-66 所示。

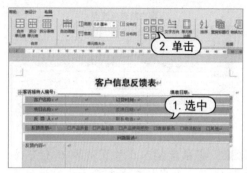

图 5-66

step 8 选择需要水平居中的单元格，按F4键。

step 9 选择表格的第 8 行到第 10 行的第 1 列单元格，右击并从弹出的快捷菜单中选择【文字方向】命令，如图 5-67 所示。

图 5-67

step 10 打开【文字方向-表格单元格】对话框，选择竖排文字选项，然后单击【确定】按钮，如图 5-68 所示。

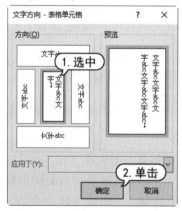

图 5-68

step 11 此时，文本将以竖直排列形式显示在单元格中，如图 5-69 所示。

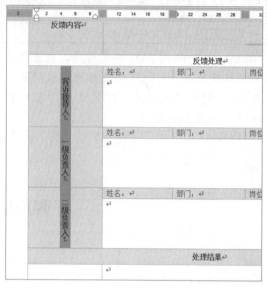

图 5-69

step 12 移动鼠标光标到表格内，单击表格左上角的十字形小方框⊞，选择表格。

step 13 选择【开始】选项卡，在【字体】组中单击【字体颜色】下拉按钮，从弹出的菜单中选择【黑色，文字 1】按钮，如图 5-70 所示。

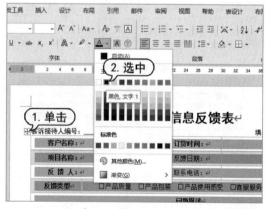

图 5-70

step 14 选择第 5 行、第 7 行和第 11 行，在【字体】组中单击【增大字号】按钮A˄，如图 5-71 所示，或者按 Ctrl+Shift+> 快捷键，调整文字大小。

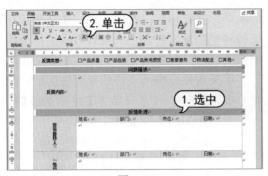

图 5-71

step 15 选择第 11 行到第 13 行，如图 5-72 所示，按 Ctrl+C 快捷键进行复制。

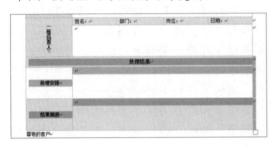

图 5-72

step 16 打开"客户反馈分析报告"文档，将鼠标光标放置在需要插入表格的位置，按 Ctrl+V 快捷键进行粘贴。

step 17 选择表格的边框，调整其大小，效果如图 5-73 所示。

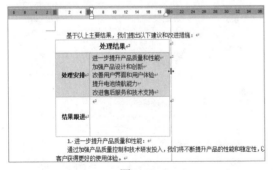

图 5-73

step 18 将鼠标光标放置在表格中，选择【布局】选项卡，在【单元格大小】组中单击【对话框启动器】按钮，打开【表格属性】对话框，选择【表格】选项卡，选择【环绕】选项，然后单击【确定】按钮，如图 5-74 所示。

图 5-74

step 19 返回到文档中，此时即可得到文字环绕表格的效果，如图 5-75 所示。

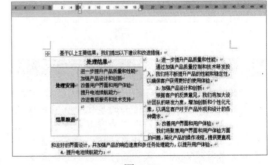

图 5-75

5.4　表格的高级应用

表格不仅可以用来展示数据，还可以进行一些高级的应用(如计算与排序表格中的数据)，能够帮助用户更好地处理数据。

Word 2021 文档处理案例教程

5.4.1　表格数据计算

利用表格数据计算功能，用户可以在文档中进行各种复杂的数学运算，快速得出统计结果。用户可以通过输入带有加、减、乘、除等运算符的公式进行基本的计算，也可以在表格中选取一列或多列数据，使用相应的计算函数，Word 会自动计算并显示结果。

选择【布局】选项卡，在【数据】组中单击【公式】按钮，如图 5-76 所示。

图 5-76

打开【公式】对话框，在【公式】文本框中输入所需的公式，如图 5-77 所示，还可以单击【编号格式】下拉按钮，选择格式，然后单击【确定】按钮，即可对表格中的数据进行计算。

图 5-77

知识点滴

在使用 LEFT、RIGHT、ABOVE 函数求和时，如果对应的左侧、右侧、上面的单元格有空白单元格时，Word 将从最后一个不为空且是数字的单元格开始计算。如果要计算的单元格内存在异常的对象如文本时，Word 公式计算时会忽略这些文本。

5.4.2　表格数据排序

在 Word 2021 中，表格数据排序功能使用户处理数据和展示信息更加便捷和灵活。可以对各种不同类型的数据进行排序，例如文本、数字、日期或时间等数据按升序或降序的顺序进行排序，有助于用户快速查找和比较特定的文本内容，以及对数据进行分组或归类。

选择需要排序的表格或单元格区域，选择【布局】选项卡，在【数据】组中单击【排序】按钮，如图 5-78 所示。

图 5-78

打开【排序】对话框，如图 5-79 所示，其中有 3 种关键字，分别为主要关键字、次要关键字和第三关键字。在排序过程中，将依照主要关键字进行排序，而当有相同记录时，则依照次要关键字进行排序，最后当主要关键字和次要关键字都有相同记录时，则依照第三关键字进行排序。在关键字下拉列表中，将分别以列 1、列 2、列 3……表示表格中的每个字段列。在每个关键字后的【类型】下拉列表中可以选择【笔画】【数字】【日期】和【拼音】等排序类型，通过选中【升序】或【降序】单选按钮来选择数据的排序方式。

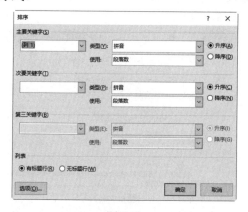

图 5-79

5.4.3　制作销售业绩统计表

在 Word 2021 中，Word 的每个表格单元格中的值用列字母和行号表示。例如，A1表示第一列和第一行中的单元格，B2 表示第二列和第一行中的单元格，以此类推其他单元格。

【例 5-4】 在"2023 上半年销售业绩统计表"文档中，计算上半年总销售额，并根据总销售额进行排序。

视频+素材 (素材文件\第 05 章\例 5-4)

step 1 启动 Word 2021 应用程序，打开"2023 上半年销售业绩统计表"文档，将插入点定位在 J2 单元格中，如图 5-80 所示。

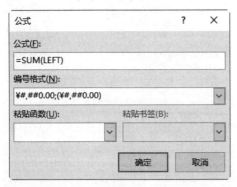

图 5-80

step 2 选择【布局】选项卡，在【数据】组中单击【公式】按钮。

step 3 打开【公式】对话框，在【公式】文本框中输入"=SUM(LEFT)"，在【编号格式】下拉列表中选择合适的编号格式，然后单击【确定】按钮，如图 5-81 所示，计算出员工"张兰兰"上半年总销售额。

公式

公式(F):

=SUM(LEFT)

编号格式(N):

¥#,##0.00;(¥#,##0.00)

粘贴函数(U):　　　　　粘贴书签(B):

确定　　取消

图 5-81

step 4 选择 J2 单元格中的计算结果，如图 5-82 所示，然后按 Ctrl+C 快捷键进行复制。

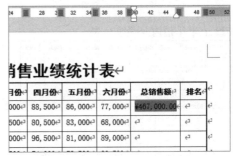

图 5-82

step 5 选择所有需要求和的单元格，按 Ctrl+V 快捷键进行粘贴，如图 5-83 所示。

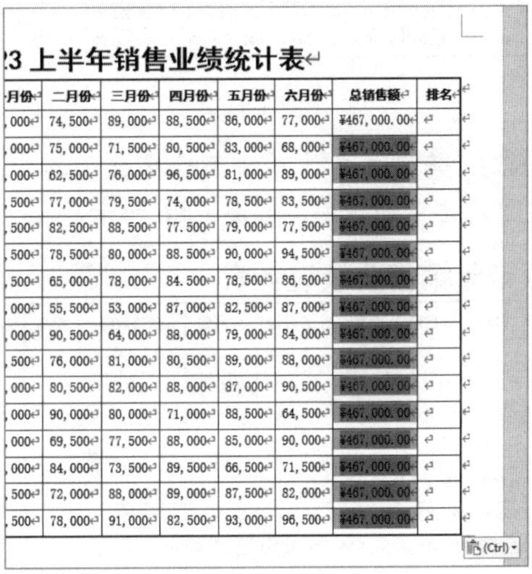

图 5-83

step 6 按 Ctrl+A 快捷键全选内容，如图 5-84 所示。

图 5-84

step 7 按 F9 键进行更新，此时需要求和的单元格中的数据将全部自动更新，结果如图 5-85 所示。

2023 上半年销售业绩统计表

	一月份	二月份	三月份	四月份	五月份	六月份	总销售额	排名
	52,000	74,500	89,000	88,500	86,000	77,000	¥467,000.00	
	62,000	75,000	71,500	80,500	83,000	68,000	¥440,000.00	
	56,000	62,500	76,000	96,500	81,000	89,000	¥461,000.00	
	81,500	77,000	79,500	74,000	78,500	83,500	¥474,000.00	
	90,500	82,500	88,500	77,500	79,000	77,500	¥418,077.50	
	96,500	78,500	80,000	88,500	90,000	94,500	¥439,588.50	
	88,500	65,000	78,000	84,500	78,500	86,500	¥396,584.50	
	76,000	55,500	53,000	87,000	82,500	87,000	¥441,000.00	
	73,000	90,500	64,000	88,000	79,000	84,000	¥478,500.00	
	66,500	76,000	81,000	87,000	82,000	88,000	¥481,000.00	
	79,000	82,500	79,500	90,000	81,000	95,000	¥507,000.00	
	82,000	90,000	80,000	71,000	85,000	64,000	¥476,000.00	
	80,000	69,500	77,500	88,000	85,000	90,000	¥490,000.00	
	72,000	84,000	73,500	89,000	66,500	71,500	¥457,000.00	
	70,500	72,000	88,000	89,000	87,500	87,000	¥489,000.00	
	68,500	78,000	91,000	82,500	93,000	96,500	¥509,500.00	

图 5-85

step 8 若用户在计算结束后更改了其中某些单元格中的数据，如图 5-86 所示。

半年销售业绩统计表

二月份	三月份	四月份	五月份	六月份	总销售额	排名
74,500	89,000	88,500	86,000	77,000	¥467,000.00	
75,000	71,500	80,500	83,000	80,000	¥440,000.00	
62,500	76,000	96,500	81,000	89,000	¥461,000.00	
77,000	79,500	74,000	95,000	83,500	¥474,000.00	
82,500	88,500	77,500	79,000	77,500	¥418,077.50	
78,500	80,000	88,500	90,000	94,500	¥439,588.50	
65,000	78,000	84,500	85,500	93,000	¥396,584.50	
55,500	53,000	87,000	82,500	87,000	¥441,000.00	
90,500	64,000	88,000	79,000	84,000	¥478,500.00	

图 5-86

step 9 可以按 Ctrl+A 快捷键进行全选，再按 F9 键进行更新，此时 "总销售额" 单元格下方的数据将自动更新，结果如图 5-87 所示。

半年销售业绩统计表

月份	三月份	四月份	五月份	六月份	总销售额	排名
000	89,000	88,500	86,000	77,000	¥467,000.00	
000	71,500	80,500	83,000	80,000	¥452,000.00	
000	76,000	96,500	81,000	89,000	¥461,000.00	
000	79,500	74,000	95,000	83,500	¥490,500.00	
000	88,500	77,500	79,000	77,500	¥418,077.50	
000	80,000	88,500	90,000	94,500	¥439,588.50	
000	78,000	84,500	85,500	93,000	¥410,084.50	
000	53,000	87,000	82,500	87,000	¥441,000.00	
000	64,000	88,000	79,000	84,000	¥478,500.00	
00	91,000	82,500	93,000		¥481,000.00	

图 5-87

step 10 将鼠标插入点放置在表格的单元格中，选择【布局】选项卡，在【数据】组中单击【排序】按钮。

step 11 打开【排序】对话框，单击【主要关键字】下拉按钮，选择【总销售额】选项，选中【降序】单选按钮，然后单击【确定】按钮，如图 5-88 所示。

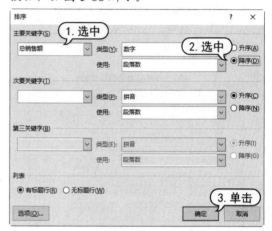

图 5-88

step 12 返回到文档中，此时表格进行降序排列，选择【排名】单元格下方的所有单元格，然后选择【开始】选项卡，在【段落】组中单击【编号】下拉按钮，选择【定义新编号格式】选项，如图 5-89 所示。

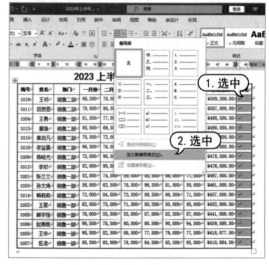

图 5-89

step 13 打开【定义新编号格式】对话框，单击【编号格式】下拉按钮，选择【1,2,3,...】选项，在【编号格式】文本框中输入"1"，在【对齐方式】下拉列表中选择【右对齐】选项，然后单击【确定】按钮，如图 5-90 所示。

图 5-90

step 14 选择表格中的所有数据，然后选择【布局】选项卡，在【对齐方式】组中单击【水平居中】按钮，效果如图 5-91 所示。

年销售业绩统计表

份	三月份	四月份	五月份	六月份	总销售额	排名
000	91,000	82,500	93,000	96,500	¥509,500.00	1
000	82,000	88,000	87,000	90,500	¥507,000.00	2
000	79,500	74,000	95,000	83,500	¥490,500.00	3
000	77,500	88,000	85,000	90,000	¥490,000.00	4
000	88,000	89,000	87,500	82,000	¥489,000.00	5
000	81,000	80,500	89,000	88,000	¥481,000.00	6
000	64,000	88,000	79,000	84,000	¥478,500.00	7
000	80,000	71,000	88,500	64,500	¥476,000.00	8
000	89,000	88,500	86,000	77,000	¥467,000.00	9
000	76,000	96,500	81,000	89,000	¥461,000.00	10
000	73,500	89,500	66,500	71,500	¥457,000.00	11
000	71,500	80,500	83,000	80,000	¥452,000.00	12
000	53,000	87,000	82,500	87,000	¥441,000.00	13
000	80,000	88,500	90,000	94,500	¥439,588.50	14
000	88,500	77,500	79,000	77,500	¥418,077.50	15
000	78,000	84,500	85,500	93,000	¥410,084.50	16

图 5-91

5.5　创建与编辑图表

在 Word 2021 中图表作为一种强大的可视化工具，以形象直观的方式来展示数据之间的关系和趋势。与文字数据相比，图表使复杂的数据更易于理解和传达。

5.5.1　创建图表

通过 Word 的图表功能，用户可以轻松地创建各种类型的图表，如柱形图、折线图、饼图等。选择数据，选择合适的图表类型，Word 会自动根据数据生成相应的图表。这样，用户无需手动绘制和计算，就能快速创建出图表。

选择数据，选择【插入】选项卡。在【插图】组中单击【图表】按钮，如图 5-92 所示。

图 5-92

打开【插入图表】对话框，在该对话框中选择一种图表类型后，单击【确定】按钮，如图 5-93 所示。

图 5-93

此时，即可在文档中插入图表，同时会启动 Excel 2021 应用程序，用于编辑图表中的数据，如图 5-94 所示。

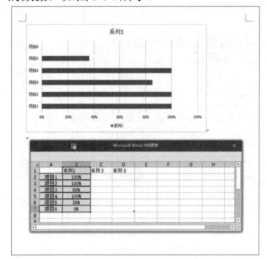

图 5-94

5.5.2　编辑项目进度图表

打开【图表设计】和【格式】选项卡，通过功能按钮可以设置相应图表的样式、布局及数据源等，以满足不同的数据分析和展示需求。

【例 5-5】编辑"项目进度"文档中的图表。

视频+素材 (素材文件\第 05 章\例 5-5)

step 1 启动 Word 2021，打开"项目进度"文档，双击条形图图表中的水平轴，即可在文档的右侧打开【设置坐标轴格式】窗格，如图 5-95 所示。

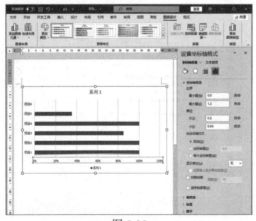

图 5-95

step 2 选择【坐标轴选项】选项卡，展开【坐标轴选项】卷展栏，在【最大值】文本框中输入 "1.0"，如图 5-96 所示。

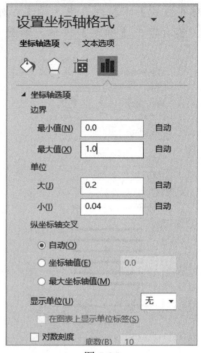

图 5-96

step 3 选择【图表设计】选项卡，在【图表样式】组中单击【其他】按钮，选择【样式 9】样式进行套用，如图 5-97 所示。

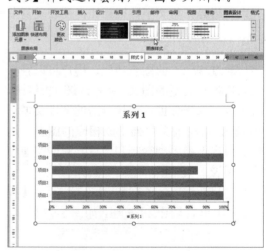

图 5-97

step 4 双击数据系列，在文档的右侧打开【设置数据系列格式】窗格，选择【填充与线条】选项卡，选中【纯色填充】单选按钮，单击【颜色】下拉按钮，从弹出的菜单中选择【橙色，个性色 2，淡色 80%】选项，如图 5-98 所示。

step 5 选择图表，在【图表设计】选项卡的【图表布局】组中，单击【添加图表元素】下拉按钮，从弹出的下拉列表中选择【数据标签】|【居中】选项，如图 5-99 所示。

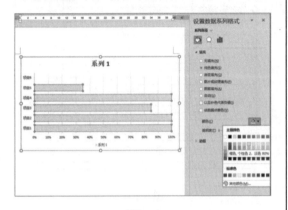

图 5-98

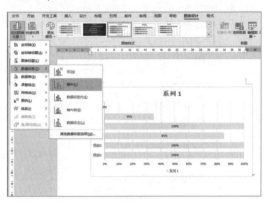

图 5-99

5.6　案例演练

　　本节将通过制作"新员工入职登记表"文档和"季度销售业绩图表"文档两个案例，帮助用户深入了解文档中表格和图表的制作过程，掌握关键的技巧和方法。

5.6.1　制作新员工入职登记表

【例 5-6】创建一个"新员工入职登记表"文档，在文档中插入表格，并对表格进行编辑和美化。
🎬 视频+素材 (素材文件\第 05 章\例 5-6)

step 1 启动 Word 2021 应用程序，新建一个"新员工入职登记表"文档，选择【布局】选项卡，在【页面设置】组中单击【纸张大小】下拉按钮，在弹出的下拉列表中选择【A4】选项，然后单击【页边距】下拉按钮，选择【窄】选项。

step 2 选择【插入】选项卡，在【表格】组中单击【表格】下拉按钮，选择【插入表格】命令，如图 5-100 所示。

图 5-100

step 3 打开【插入表格】对话框，设置【列数】和【行数】微调框数值分别为"7"和"24"，然后单击【确定】按钮，如图 5-101 所示。

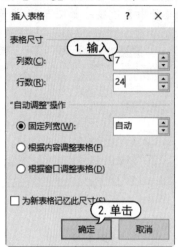

图 5-101

step 4 选择要合并的单元格，然后选择【布局】选项卡，在【合并】组中单击【合并单元格】按钮，如图 5-102 所示。

图 5-102

step 5 参照步骤 4 的方法，合并其他单元格，效果如图 5-103 所示。

step 6 将鼠标插入点放置到第22行第1列的单元格中，选择【布局】选项卡，在【行和列】组中单击【在下方插入】按钮，如图 5-104 所示。

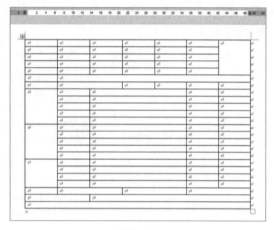

图 5-103

图 5-104

step 7 此时，该单元格的下方插入了一行新的单元格。将插入点定位在第 22 行的第 2 列的单元格中，选择【布局】选项卡，在【合并】组合中单击【拆分单元格】按钮，如图 5-105 所示。

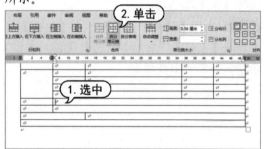

图 5-105

step 8　打开【拆分单元格】对话框，在【列数】文本框中输入 "3"，在【行数】文本框中输入 "1"，然后单击【确定】按钮，如图 5-106 所示。

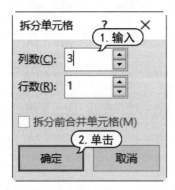

图 5-106

step 9　此时，该单元格被拆分为 3 个单元格，效果如图 5-107 所示。

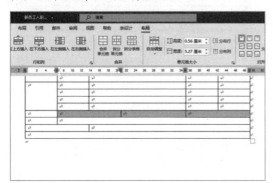

图 5-107

step 10　在表格中选择第 5 行的第 2 列到第 6 列的单元格，如图 5-108 所示。

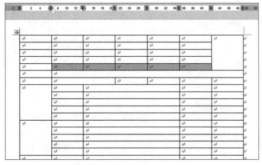

图 5-108

step 11　在【合并】组中单击【拆分单元格】按钮，打开【拆分单元格】对话框，在【列数】文本框中输入 "18"，在【行数】文本框中输入 "1"，选中【拆分前合并单元格】复选框，然后单击【确定】按钮，如图 5-109 所示。

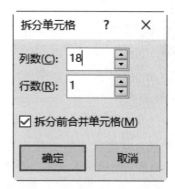

图 5-109

step 12　若拆分的 18 个单元格列宽不一致，可以在【单元格大小】组中单击【分布列】按钮，如图 5-110 所示，即可平均分布每个单元格的宽度。

图 5-110

step 13　将插入点定位在第 1 行的第 1 列单元格中，按 Enter 键，在表格上方添加一行空白行，输入文本 "新员工入职登记表"，然后在表格中输入文本内容。

step 14　选择第一行文本 "新员工入职登记表"，然后选择【开始】选项卡，设置字体为 "黑体"，字号为 "二号"，单击【加粗】按钮 B，然后在【段落】组中单击【居中】按钮 ≡，如图 5-111 所示。

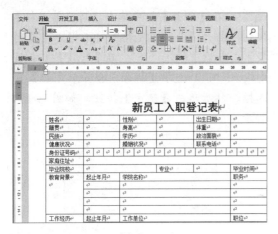

图 5-111

step ⑮ 将插入点定位在第一行的行尾，按 Enter 键，添加一行并输入文本。选择第二行的文本，设置字体为"黑体"，字号为"11"，然后输入合适的空格，单击【下画线】按钮 U 添加下画线，如图 5-112 所示。

图 5-112

step ⑯ 选择除最后一行外的所有单元格，然后选择【布局】选项卡，在【单元格大小】组的【高度】微调框中输入"0.8 厘米"，如图 5-113 所示。

step ⑰ 将鼠标插入点放置到"爱好特长"一行下方的边框线上，当光标变成双向箭头时，按住左键并向下拖曳，即可手动调整行高，如图 5-114 所示。

step ⑱ 选择第 22 行第 3 列单元格和第 22 行第 4 列单元格，将光标放到"联系电话"一

行右侧的边框线上并向右拖动，可单独调整单元格的列宽，如图 5-115 所示。

图 5-113

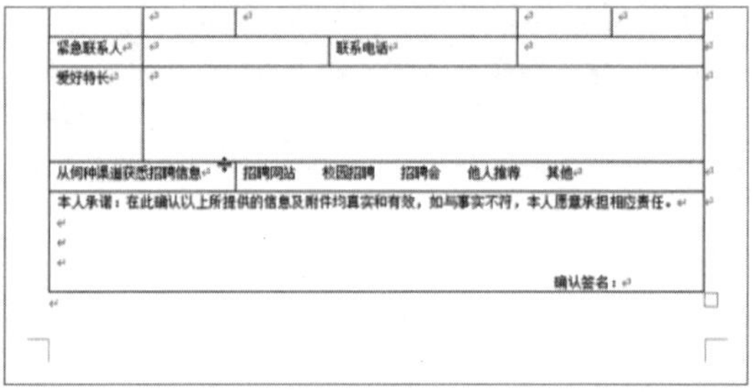

图 5-114

图 5-115

step ⑲ 选择表格中的 "教育背景" "工作经历" 和 "家庭成员" 单元格，然后选择【布局】选项卡，在【对齐方式】组中单击【文字方向】按钮，效果如图 5-116 所示。

图 5-116

step ⑳ 选择除了最后一行的其余单元格，在【对齐方式】组中单击【水平居中】按钮□，如图 5-117 所示。

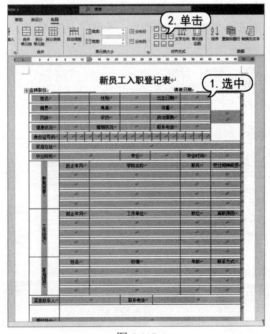

图 5-117

step ㉑ 选择表格中的所有单元格，然后选择【开始】选项卡，在【字体】组中单击【增大字号】按钮Ａ，让字号变大以匹配单元格，并调整单元格的行高和列宽。

step ㉒ 将光标移到文本 "招聘网站" 前，然后选择【插入】选项卡，在【符号】组中单击【符号】下拉按钮，在弹出的下拉列表中选择【空心方形】选项，如图 5-118 所示。

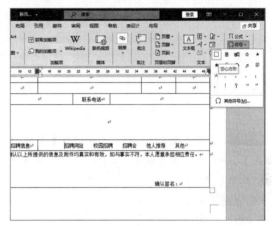

图 5-118

step ㉓ 此时，文本 "招聘网站" 前方插入一个空心方形符号，如图 5-119 所示。

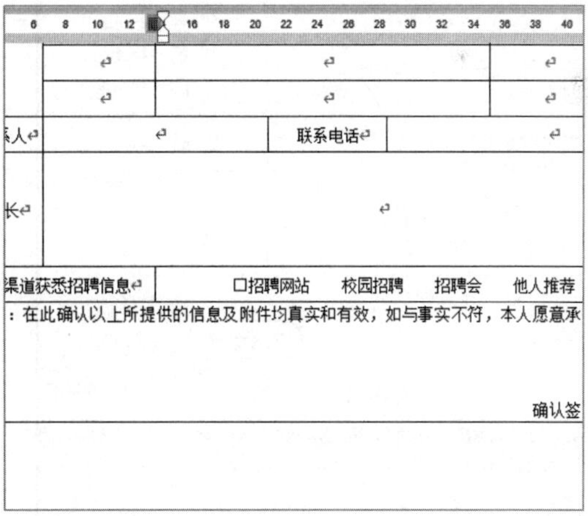

图 5-119

step ㉔ 将光标分别放在文本 "校园招聘" "招聘会" "他人推荐" 和 "其他" 前，按 F4 键，即可重复上一步操作，为其插入空心方形图形，效果如图 5-120 所示。

图 5-120

step㉕ 选择表格的倒数第二行，在【表格样式】组中单击【边框】下拉按钮，选择【边框和底纹】命令，如图 5-121 所示。

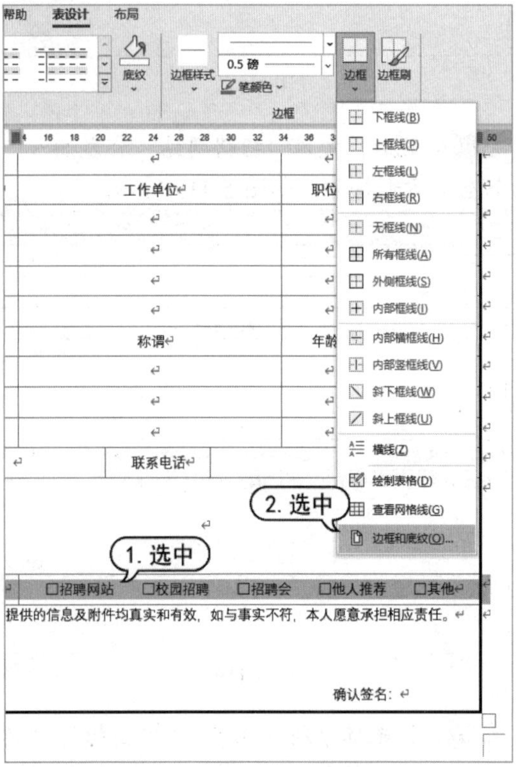

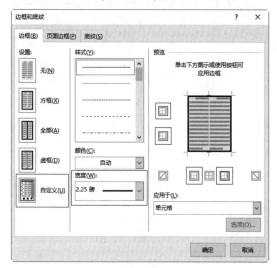

step㉖ 打开【边框和底纹】对话框，选择【边框】选项卡，在【设置】选项区域中选择【自定义】选项，单击【宽度】下拉按钮，选择【2.25 磅】选项，并在列表图中选择需要应用的边框，如图 5-122 所示。

图 5-122

step㉗ 单击【宽度】下拉按钮，选择【1.0 磅】选项，单击【颜色】下拉按钮，选择【黑色，文字 1，淡色 50%】选项，并在列表图中选择需要应用的边框，如图 5-123 所示。

图 5-121

图 5-123

step 28　选择表格倒数第二行的单元格，选择【表设计】选项卡，在【表格样式】组中单击【底纹】按钮，从弹出的颜色面板中选择【灰色，个性色 3，淡色 80%】按钮，如图 5-124 所示。

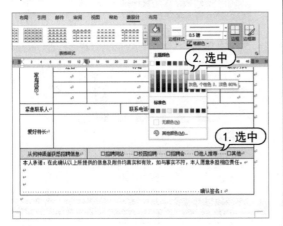

图 5-124

5.6.2　制作季度销售业绩图表

【例 5-7】在“季度销售业绩图表”文档中计算平均销售业绩，以第四季度数据排序，并根据数据创建和编辑图表。

视频+素材 (素材文件\第 05 章\例 5-7)

step 1　启动 Word 2021 应用程序，打开“季度销售业绩图表”文档，将鼠标插入点放置在 B8 单元格，如图 5-125 所示。

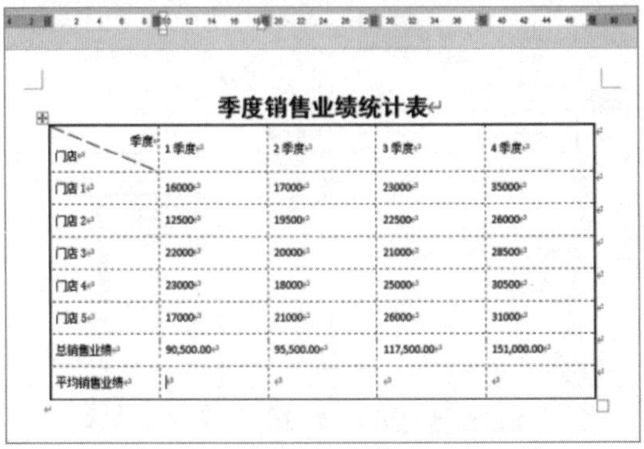

季度销售业绩统计表

季度/门店	1季度	2季度	3季度	4季度
门店1	16000	17000	23000	35000
门店2	12500	19500	22500	26000
门店3	22000	20000	21000	28500
门店4	23000	18000	25000	30500
门店5	17000	21000	26000	31000
总销售业绩	90,500.00	95,500.00	117,500.00	151,000.00
平均销售业绩				

图 5-125

step 2　选择【布局】选项卡，在【数据】组中单击【公式】按钮。

step 3　打开【公式】对话框，在【公式】文本框中输入“=AVERAGE(B2:B6)”，单击【编号格式】下拉按钮，选择【#,##0.00】格式，然后单击【确定】按钮，如图 5-126 所示。

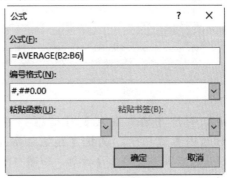

图 5-126

step 4　返回到文档中，可以看到鼠标插入点所在单元格中显示的公式计算结果。

step 5　按照步骤 1~3 的方法，计算出 C8:E8 单元格中的平均销售业绩，如图 5-127 所示。

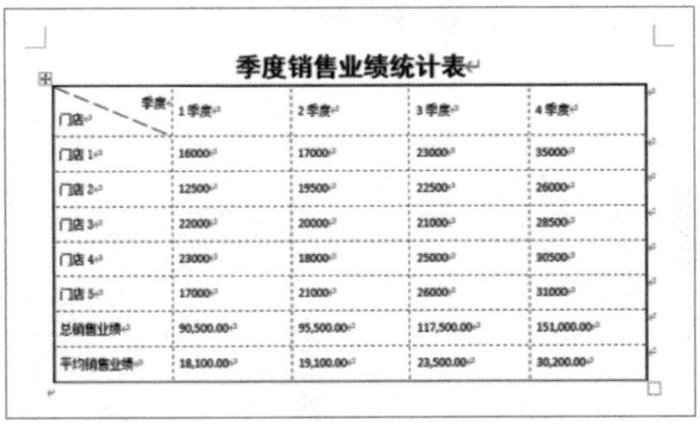

季度销售业绩统计表

季度/门店	1季度	2季度	3季度	4季度
门店1	16000	17000	23000	35000
门店2	12500	19500	22500	26000
门店3	22000	20000	21000	28500
门店4	23000	18000	25000	30500
门店5	17000	21000	26000	31000
总销售业绩	90,500.00	95,500.00	117,500.00	151,000.00
平均销售业绩	18,100.00	19,100.00	23,500.00	30,200.00

图 5-127

step 6　单击表格左上角的十字形的小方框⊞选择表格，按 Ctrl+C 快捷键进行复制，然后将鼠标插入点放置到需要添加图表的位置，选择【插入】选项卡，在【插图】组中单击【图表】按钮，如图 5-128 所示。

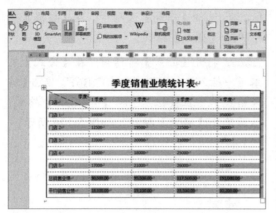

图 5-128

step⑦ 打开【插入图表】对话框，选择
【柱形图】选项卡，选择【簇状柱形图】
选项，然后单击【确定】按钮，如图 5-129
所示。

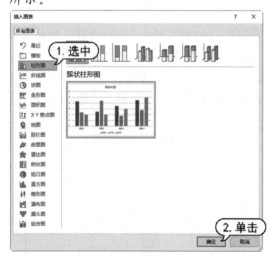

图 5-129

step⑧ 打开【Microsoft Word 中的图表】窗
口，选择 A1 单元格，按 Ctrl+V 快捷键将复
制的数据粘贴进表格，如图 5-130 所示。

step⑨ 扩大数据区域范围，如图 5-131 所示。

step⑩ 选择图表，然后选择【图表设计】选
项卡，在【数据】组中单击【切换行/列】按
钮，如图 5-132 所示，交换 X 轴和 Y 轴上的
顺序。

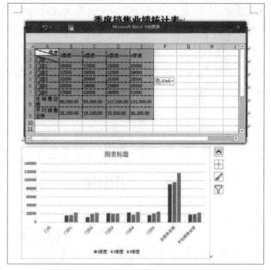

图 5-130

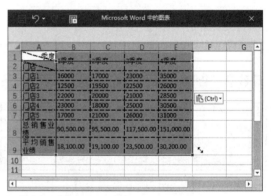

图 5-131

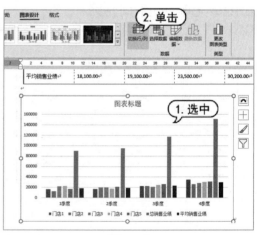

图 5-132

step⑪ 在【数据】组中单击【选择数据】按
钮，如图 5-133 所示。

图 5-133

step⑫ 打开【选择数据源】对话框，在【图例项(系列)】列表框中选中【平均销售业绩】复选框，然后单击【确定】按钮，如图 5-134 所示。

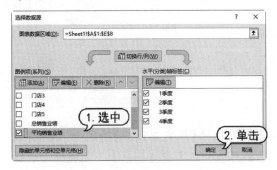

图 5-134

step⑬ 选择图例，右击并从弹出的快捷菜单中选择【设置图例格式】选项，如图 5-135 所示。

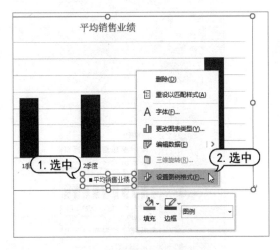

图 5-135

step⑭ 在文档的右侧打开【设置图例格式】窗格，选择【图例选项】选项卡，选中【靠

上】单选按钮，如图 5-136 所示，更改图例的位置。

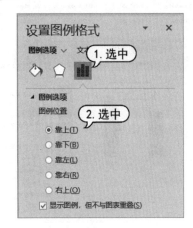

图 5-136

step⑮ 选择图表标题，修改文本内容和字体格式，如图 5-137 所示。

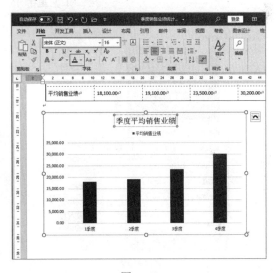

图 5-137

step⑯ 选择数据系列，右击并在弹出的快捷菜单中选择【其他填充颜色】命令，如图 5-138 所示。

step⑰ 打开【颜色】对话框，设置【红色】微调框数值为 "240"，设置【绿色】微调框数值为 "200"，设置【蓝色】微调框数值为 "0"，然后单击【确定】按钮，如图 5-139 所示。

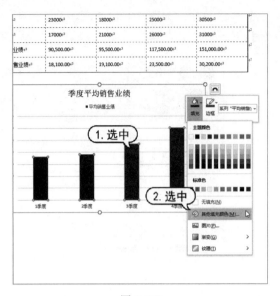

图 5-138

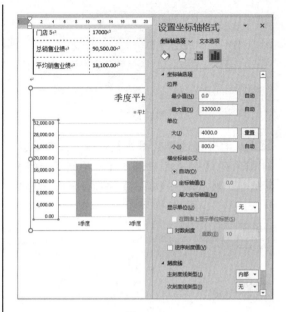

图 5-140

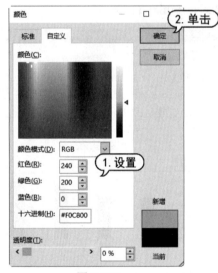

图 5-139

step⑱ 若用户需要更改坐标轴数据,可以双击垂直轴,在文档的右侧打开【设置坐标轴格式】窗格,选择【坐标轴选项】选项卡,展开【坐标轴选项】卷展栏,在【边界】选项组的【最大值】文本框中输入"32000.0",在【单位】选项组的【大】文本框中输入"4000.0",然后展开【刻度线】卷展栏,单击【主刻度线类型】下拉按钮,选择【内部】选项,如图 5-140 所示。

step⑲ 选择【填充与线条】选项卡,展开【线条】卷展栏,单击【颜色】下拉按钮,选择和数据系列一样的颜色,如图 5-141 所示。

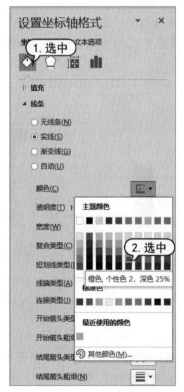

图 5-141

step⑳ 选择【格式】选项卡，在【大小】组中设置【高度】微调框数值为"10 厘米"，设置【宽度】微调框数值为"18 厘米"，如图 5-142 所示。

图 5-142

step㉑ 单击【大小】组中的【对话框启动器】按钮，打开【布局】对话框，选择【文字环绕】选项卡，选择【嵌入型】选项，然后单击【确定】按钮，如图 5-143 所示。

图 5-143

step㉒ 选择图表，然后选择【开始】选项卡，在【段落】组中单击【居中】按钮，调整图表的位置，如图 5-144 所示。

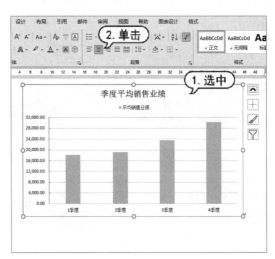

图 5-144

step㉓ 选择 E1:E6 单元格区域，选择【布局】选项卡，在【数据】组中单击【排序】按钮，如图 5-145 所示。

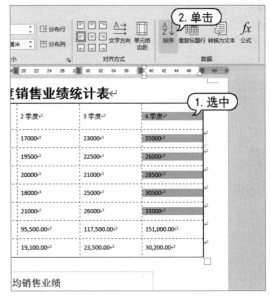

图 5-145

step㉔ 打开【排序】对话框，选中【降序】单选按钮，然后单击【确定】按钮，如图 5-146 所示。

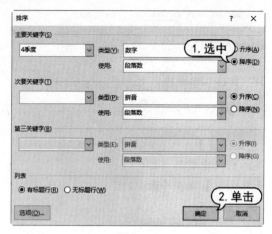

图 5-146

图 5-147

step 25 返回到文档中，表格即可按第 4 季度的各门店销售额进行降序排序，如图 5-147 所示。

第6章

设置页面版式

在创建和编辑电子文档时，合理地设置页面版式至关重要。设置页面版式涉及文档页面，插入页码、页眉和页脚等多个方面。本章将通过理论和实例演练相结合的方式，帮助用户掌握在 Word 2021 中设置页面版式的相关技巧。

本章对应视频 -

6.1 设置页面格式

在使用 Word 编辑文档时，用户可以根据不同类型的文档和需求设置页边距、纸张大小、文档网格、稿纸页面等，使文档版面呈现出更加专业和精美外观的同时，还能提升读者的阅读体验。

6.1.1 设置页边距

页边距是指文档页面与内容之间空白区域的距离。设置页边距，包括调整上、下、左、右边距，调整装订线的距离和纸张的方向，其影响页面的整体平衡感、可读性和视觉效果。

选择【布局】选项卡，在【页面设置】组中单击【页边距】按钮，从弹出的下拉列表中选择页边距样式，如图 6-1 所示，即可快速为页面应用该页边距样式。

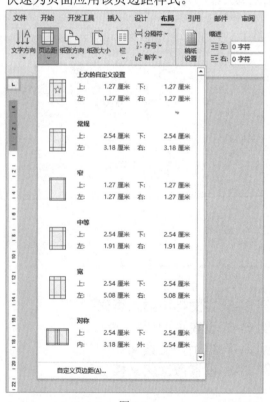

图 6-1

选择【自定义页边距】命令，打开【页面设置】对话框的【页边距】选项卡，在其中可以精确设置页面边距，如图 6-2 所示。其中，装订线功能可以帮助用户预览文档在实际装订后的效果。装订线以虚线的形式出

现在页面上，显示页面边距内的装订区域，确保在装订过程中不影响到文档中的内容，以便日后装订长文档。

图 6-2

6.1.2 设置纸张大小和方向

在 Word 2021 中，默认的页面方向为纵向，大小为 A4。如制作海报、贺卡和信件等时，用户还可以自定义纸张的宽度和高度以满足文档需求。在【页面设置】组中单击【纸张大小】按钮，从弹出的下拉列表中选择设定的规格选项即可快速设置纸张大小，如图6-3 所示。

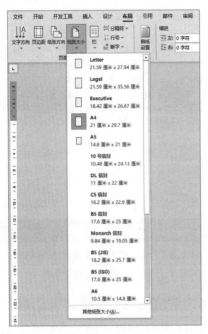

图 6-3

选择【其他纸张大小】选项，打开【页面设置】对话框，其中为用户提供了多个灵活且精确控制文档纸张的选项，如图 6-4 所示，从而满足用户的专业化和个性化需求。

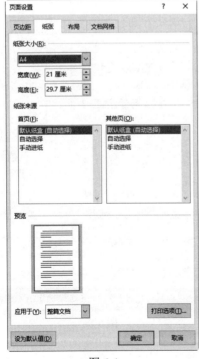

图 6-4

6.1.3　设置文档网格

文档网格是一种可见的参考线，将页面分割为均匀的方格。文档网格用于排版和定位文本、图片、表格等元素。

选择【布局】选项卡，单击【页面设置】组中的【对话框启动器】按钮，打开【页面设置】对话框，选择【文档网格】选项卡，如图 6-5 所示。

图 6-5

单击【绘图网格】按钮，打开【网格线和参考线】对话框，如图 6-6 所示，从中设置选项来控制文档中的参考线和网格，可极大地提高用户在文档编辑时的工作效率。

其中，参考线不直接显示线条，而是以页面、边距和段落作为参考，当图片或图形移到参考线时，会自动显示一条绿线以便用户参照，放开鼠标左键后，绿线又

Word 2021文档处理案例教程

会自动隐藏。

用户可以调整网格之间的距离，以满足不同的布局需求，还可以选择是否启用网格线，来判断文档中的文字或图片是否垂直或水平对齐，可极大地提高用户在文档编辑时的工作效率。

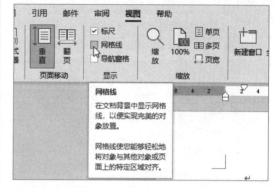

图 6-7

实用技巧

用户无法同时使用对齐参考线和网格线。如果启用其中一个功能，另一个会自动关闭。

6.1.4　设置稿纸页面

Word 2021 提供了稿纸设置的功能，选择【布局】选项卡，在【稿纸】组中单击【稿纸设置】按钮，打开【稿纸设置】对话框，如图 6-8 所示。用户可以灵活地设置网格、页面纸张大小和方向、页眉和页脚等。用户可以根据具体需求和要求，创建符合规范的文档。

图 6-6

打开【视图】选项卡，在【显示】组中取消选中【网格线】复选框，如图 6-7 所示，即可隐藏页面中的网格线。

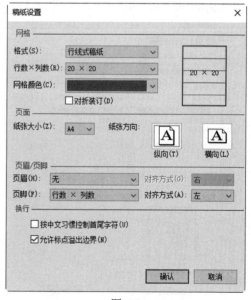

图 6-8

在【网格】选项区域中选中【对折装订】复选框，可以将整张稿纸分为两半装订；在【纸张大小】下拉列表中可以选择纸张大小；在【纸张方向】选项区域中，可以设置纸张的方向；在【页眉/页脚】选项区域中可以设置稿纸页眉和页脚的内容，以及设置页眉和页脚的对齐方式。

如果在编辑文档时没有创建稿纸，为了让读者更方便、清晰地阅读文档，这时就可以为已有的文档应用稿纸，效果如图 6-9 所示。

图 6-9

6.1.5 制作传统糕点文档

【例 6-1】为"传统糕点"文档设置页面格式。

🎬 视频+素材 （素材文件\第 06 章\例 6-1）

step 1 启动 Word 2021 应用程序，打开"传统糕点"文档，如图 6-10 所示。

图 6-10

step 2 选择【布局】选项卡，在【页面设置】组中单击【对话框启动器】按钮，打开【页面设置】对话框，选择【页边距】选项卡，选择【横向】选项，然后在【上】微调框中输入"3 厘米"，在【下】微调框中输入"2 厘米"，在【左】和【右】微调框中均输入"2.8 厘米"，如图 6-11 所示。

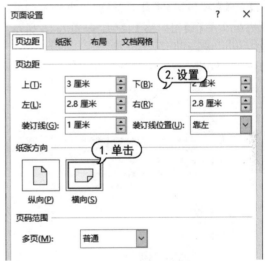

图 6-11

step 3 选择【纸张】选项卡，在【纸张大小】下拉列表中选择【自定义大小】选项，在【宽度】和【高度】微调框中分别输入"28 厘米"和"20 厘米"，如图 6-12 所示。

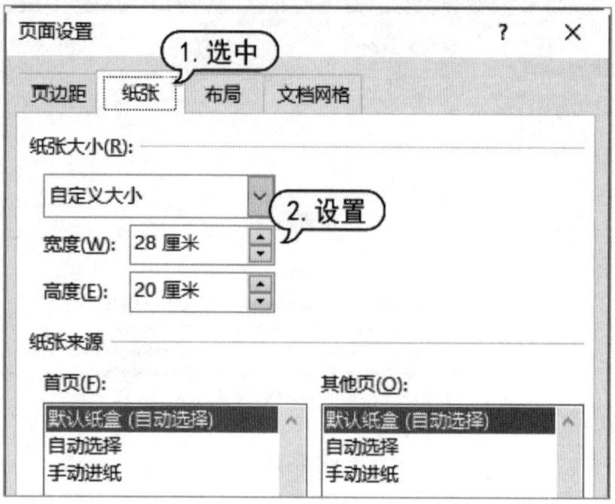

图 6-12

step 4 打开【文档网格】选项卡，在【文字排列】选项区域的【方向】中选中【垂直】单选按钮；在【网格】选项区域中选中【指定行和字符网格】单选按钮；在【字符数】选项区域的【每行】微调框中输入"26"；在【行】选项区域的【每页】微调框中输入"30"，然后单击【绘图网格】按钮，如图 6-13 所示。

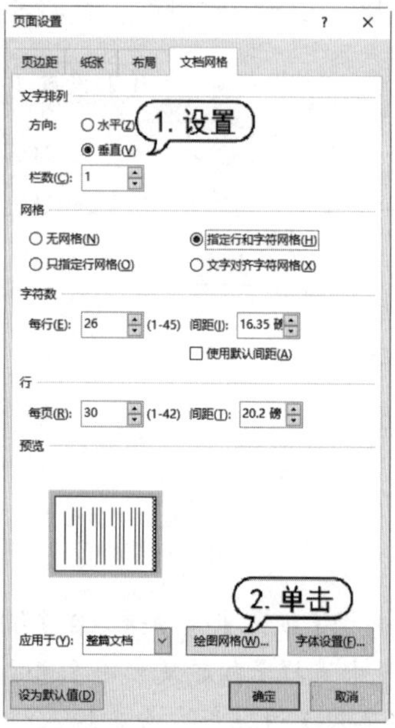

图 6-13

step 5 打开【网格线和参考线】对话框，选中【在屏幕上显示网格线】复选框，在【水平间隔】文本框中输入"2"，然后单击【确定】按钮，如图 6-14 所示。

图 6-14

step 6 返回【页面设置】对话框，单击【确定】按钮，此时即可为文档应用所设置的文档网格，效果如图 6-15 所示。

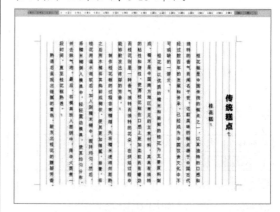

图 6-15

step 7 打开【视图】选项卡，在【显示】组中取消选中【网格线】复选框，如图 6-16 所示，可隐藏页面中的网格线。

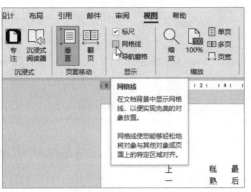

图 6-16

step 8 打开【布局】选项卡，在【稿纸】组中单击【稿纸设置】按钮，打开【稿纸设置】对话框。在【格式】下拉列表中选择【行线式稿纸】选项；在【行数×列数】下拉列表中选择【20×25】选项；在【网格颜色】下拉面板中选择【浅橙色】选项，在【纸张方向】中选择【纵向】选项，单击【确认】按钮，如图 6-17 所示。

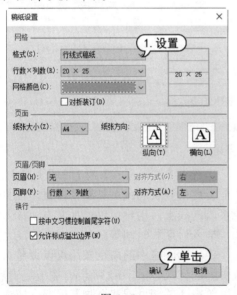

图 6-17

step 9 完成后将显示所设置的稿纸格式，此时稿纸颜色显示为浅橙色，效果如图 6-18 所示。

图 6-18

6.2　插入页眉和页脚

　　页眉和页脚位于文档每页的顶部、底部和两侧页边距，即页面上打印区域之外的空白空间。合适的页眉和页脚，会使文档显得更为专业和规范，并帮助读者更好地理解和定位文档的内容。

6.2.1 添加页眉和页脚

页眉和页脚通常用于显示文档的附加信息，页眉适用于放置文档的标题、公司名称、日期、页码等信息；页脚适用于放置页码、版权信息、脚注、尾注等内容。

选择【插入】选项卡，在【页眉和页脚】组中单击【页眉】按钮，从弹出的菜单中选择合适的内置页眉样式，如图 6-19 所示。

图 6-19

选择【编辑页眉】选项，页面会切换到页眉编辑模式，并显示一个横向的页眉线。用户可以自定义页眉内容，如图 6-20 所示。

图 6-20

选择【插入】选项卡，在【页眉和页脚】组中单击【页脚】按钮，从弹出的菜单中选择合适的内置页眉样式，如图 6-21 所示。

图 6-21

选择【编辑页脚】选项，页面会切换到页脚编辑模式，并在页面底部显示一个横向的页脚线，用户可以自定义页脚内容，如图 6-22 所示。

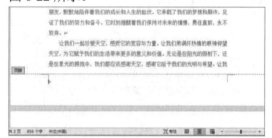

图 6-22

当选择【编辑页眉】或【编辑页脚】时，页面会切换到页眉或页脚编辑模式，在页眉或页脚的线上，用户可以添加文本、插入图片、插入日期和时间等。

使用功能区中的命令按钮可以调整页眉或页脚的样式，如图 6-23 所示。完成编辑后，可以单击【关闭页眉和页脚】按钮，或者直接单击页面中的正文区域，以退出页眉或页脚编辑模式。

图 6-23

实用技巧

在编辑页眉或页脚时，用户也可以使用分节符在不同的部分插入不同的页眉或页脚内容，使每部分都有自己独特的样式。

6.2.2 设置文档的页眉和页脚

书籍中奇偶页的页眉页脚通常是不同的。在 Word 2021 中，可以为文档中的奇、偶页设计不同的页眉和页脚。

页眉和页脚的插入方法相似，下面用实例介绍页眉的插入方法。

【例 6-2】在"传统糕点"文档中为奇、偶页创建不同的页眉。

视频+素材 (素材文件\第 06 章\例 6-2)

step 1 启动 Word 2021 应用程序，打开"传统糕点"文档。

step 2 选择【插入】选项卡，在【页眉和页脚】组中单击【页眉】按钮，选择【编辑页眉】命令，如图 6-24 所示，进入页眉和页脚编辑状态。

图 6-24

step 3 打开【页眉和页脚】选项卡，在【选项】组中选中【奇偶页不同】复选框，如图 6-25 所示。

图 6-25

step 4 将光标定位在段落标记符上，输入文本，然后设置字体为【华文细黑】，字号为【小四】，单击【右对齐】按钮，如图 6-26 所示。

图 6-26

step 5 按照步骤 4 的方法，设置偶数页的页眉。

step 6 将插入点定位在偶数页的页眉文本左侧，选择【插入】选项卡，在【插图】组中单击【图片】按钮，如图 6-27 所示。

图 6-27

step 7 打开【插入图片】对话框，选择一张图片后，单击【插入】按钮，如图 6-28 所示。

图 6-28

step **8** 将该图片插入奇数页的页眉处，拖动鼠标调整图片的大小，然后选择图片右上方的布局选项按钮，从弹出的菜单中选择【紧密型环绕】选项，如图 6-29 所示。

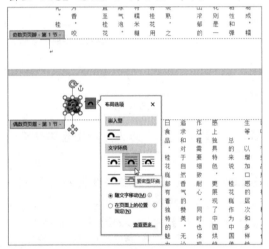

图 6-29

step **9** 在完成页眉的设置后，选择【页眉和页脚】选项卡，在【导航】组中单击【转至页脚】按钮，如图 6-30 所示。

图 6-30

step **10** 在奇数页的页脚输入文本，如图 6-31 所示。

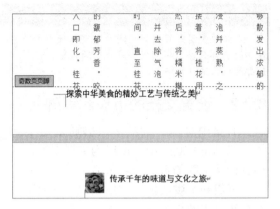

图 6-31

step **11** 选择【页眉和页脚】选项卡，在【位置】组的【页脚底端距离】文本框中输入"1厘米"，如图 6-32 所示。

图 6-32

step **12** 此时，页脚与页面底端的距离发生改变，效果如图 6-33 所示。

图 6-33

step **13** 设置完成后，在【关闭】组中单击【关闭页眉和页脚】按钮，如图 6-34 所示。

图 6-34

6.3　插入分页符和分节符

在处理文档时，遇到需要改变页面布局、设置不同页眉和页脚样式时，用户可以使用分页符或者分节符在文档中插入新页面，即可单独编辑页面格式，实现更好的控制排版效果，以及更加灵活地组织文档内容。

6.3.1　使用分页符划分页

分页符用于在文档中插入新的页面，并确保不同内容出现在不同页面上，从而保持文档的结构清晰。

若需要删除分节符，可以将光标放置到分节符之前,然后按 Delete 键将分节符删除，之后文档的分节也将自动取消。

【例 6-3】在"传统糕点"文档中，将选定内容分页显示。

视频+素材 （素材文件\第 06 章\例 6-3）

step 1 启动 Word 2021 应用程序，打开"传统糕点"文档，将插入点定位到第 2 页中的文本"绿豆糕"前面。

step 2 选择【布局】选项卡，在【页面设置】组中单击【分隔符】按钮，在弹出的【分页符】选项区域中选择【分页符】命令，如图 6-35 所示，或者按 Ctrl+Enter 快捷键。

图 6-35

step 3 选择【开始】选项卡，在【段落】组中单击【显示/隐藏编辑标记】按钮，如图 6-36 所示，或者按 Ctrl+*快捷键。

图 6-36

step 4 此时，自动将"绿豆糕"文章移至下一页，分页效果如图 6-37 所示。

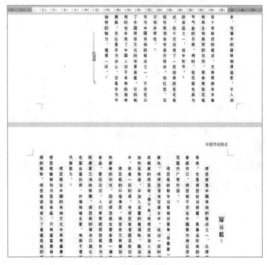

图 6-37

6.3.2　在文档中划分小节

分节符可以帮助用户在一个文档中创建多个独立的节。每节都可以具有独立的页面设置，如页边距、页面方向、纸张大小等，以及个性化的页眉、页脚、页码样式。由此，用户可以更自由地控制文档的不同部分，从而适应不同内容的需求。

【例 6-4】在"传统糕点"文档中，将"豌豆黄"这篇文章单独分为一节。

视频+素材 (素材文件\第 06 章\例 6-4)

step 1 启动 Word 2021 应用程序，打开"传统糕点"文档，将插入点定位到第 4 页中的文本"豌豆黄"前面。

step 2 选择【布局】选项卡，在【页面设置】组中单击【分隔符】按钮，从弹出的下拉列表的【分节符】选项区域中选择【下一页】命令，如图 6-38 所示。

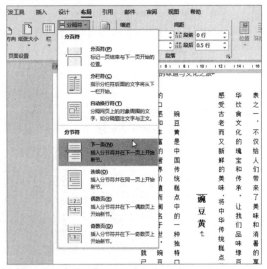

图 6-38

step 3 此时，自动在"绿豆糕"文章后面插入一个分节符，如图 6-39 所示。

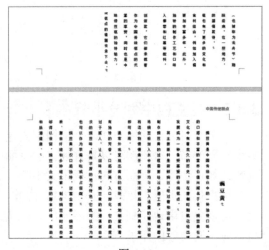

图 6-39

step 4 按照步骤 2 的方法，在第 6 页中的文本"马蹄糕"前面插入一个分节符，如图 6-40 所示，将"豌豆黄"文章单独分为一节，方便后续对其进行独立编辑。

图 6-40

step 5 此时，"豌豆黄"文章后面插入一个分节符，效果如图 6-41 所示。

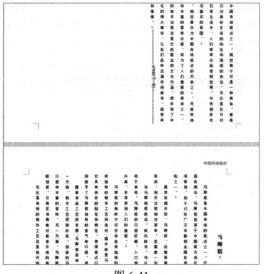

图 6-41

step 6 将鼠标插入点放置到"豌豆黄"章节中，然后选择【布局】选项卡，在【页面设置】组中单击【对话框启动器】按钮，打开【页面设置】对话框，选择【页边距】选项卡，选择【纵向】选项，然后单击【确定】按钮，如图 6-42 所示。

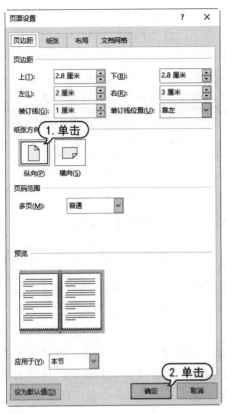

图 6-42

step 7 此时，即可将"豌豆黄"文章的纸张方向设置为纵向，效果如图 6-43 所示。

图 6-43

step 8 双击"豌豆黄"文章的页眉，进入页眉和页脚编辑模式，选择【页眉和页脚】选项卡，在【导航】组中单击【链接到前一节】按钮，如图 6-44 所示。

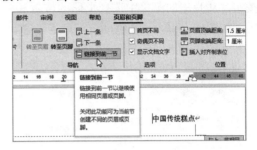

图 6-44

step 9 此时，即可将原来的页眉删除，单独为"豌豆黄"文章这一节重新设置页眉，效果如图 6-45 所示。

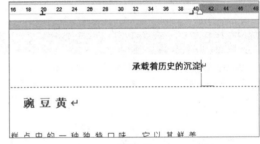

图 6-45

6.4 插入页码

页码是用于标记和编号文档页面的数字或其他格式的标识，设置页码后，用户可以轻松地管理和组织文档内容，并且便于读者阅读和检索。页码通常位于文档的页眉或页脚，但也不排除其他特殊情况，页码也可以被添加到其他位置。

6.4.1 创建并设置页码

打开需要插入页码的文档,选择【插入】选项卡,在【页眉和页脚】组中单击【页码】按钮,从弹出的菜单中选择页码的位置和样式,如图 6-46 所示。

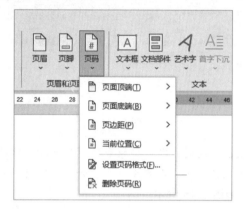

图 6-46

Word 中显示的动态页码的本质就是域,可以通过插入页码域的方式来直接插入页码,最简单的操作是将插入点定位在页眉或页脚区域中,按 Ctrl+F9 快捷键,输入 PAGE,然后再按 F9 键。

如果需要更改页码格式,可以选择【插入】选项卡,在【页眉和页脚】组中单击【页码】按钮,从弹出的菜单中选择【设置页码格式】命令,打开【页码格式】对话框,如图 6-47 所示。

图 6-47

若文档中包含多个章节,并且需要为不同的章节设置不同的页码格式,可以先在每个章节中插入分节符,然后将鼠标插入点放置到需要设置页码格式的第一个章节开头,即可为每个章节单独设置页码格式。

在【页码格式】对话框中,选中【包含章节号】复选框,可以使添加的页码中包含章节号,还可以设置章节号的样式及分隔符;在【页码编号】选项区域中,可以设置页码的起始页。

6.4.2 在文档中插入页码

【例 6-5】在"秋天"文档中创建页码,并设置页码格式。

视频+素材 (素材文件\第 06 章\例 6-5)

step 1 启动 Word 2021 应用程序,打开"秋天"文档。

step 2 选择【插入】选项卡,在【页眉和页脚】组中,单击【页码】按钮,从弹出的菜单中选择【页面底端】命令,在【普通数字】类别框中选择【双线条 1】选项,如图 6-48 所示。

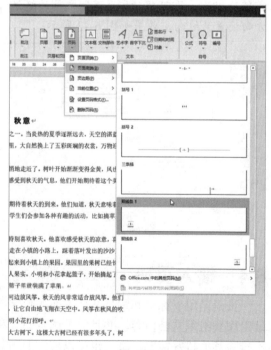

图 6-48

step 3　此时，即可在文档中插入【双线条1】样式的页码，如图 6-49 所示。

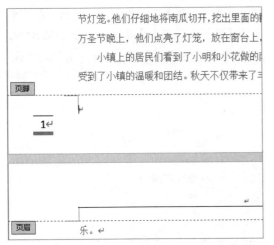

图 6-49

step 4　将插入点定位在偶数页中，使用同样的方法，在页面底端插入【圆角矩形 1】样式的页码。

step 5　打开【页眉和页脚】选项卡，在【页眉和页脚】组中单击【页码】按钮，从弹出的菜单中选择【设置页码格式】命令，如图6-50 所示，打开【页码格式】对话框，打开【编号格式】下拉列表，选择【-1-,-2-,-3-,…】选项，单击【确定】按钮，如图 6-51 所示。

图 6-50

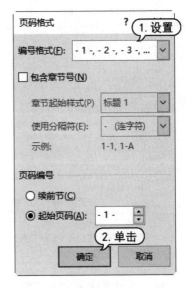

图 6-51

step 6　设置完成后，页码显示效果如图 6-52所示。

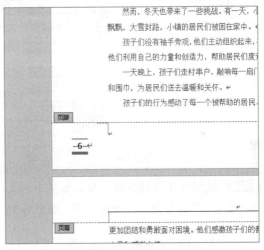

图 6-52

step 7　若要为不同的章节设置不同的页码格式，可以将鼠标插入点放置到第 3 页中的文本【友谊】前方。

step 8　选择【布局】选项卡，在【页面设置】组中单击【分隔符】下拉按钮，从弹出的下拉列表中选择【下一页】选项，如图 6-53 所示。

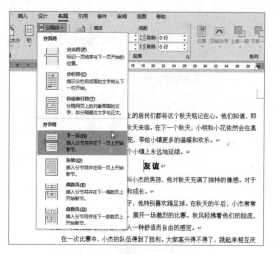

图 6-53

step 9 此时，即可在文本"友谊"前方插入一个分节符，如图 6-54 所示。

图 6-54

step 10 按照步骤 8 的方法，在第 6 页中的文本"艺术展"前面插入一个分节符，如图 6-55 所示。

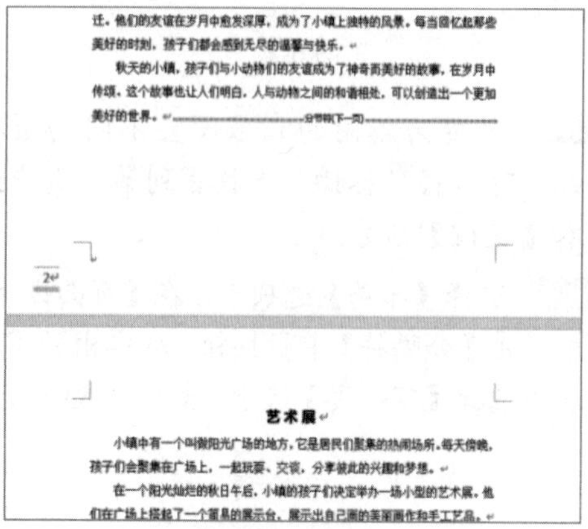

图 6-55

step 11 此时，页脚处的页码显示为"0"，选择【页眉和页码】选项卡，在【页眉和页脚】组中单击【页码】下拉按钮，从弹出的菜单中选择【设置页码格式】选项，如图 6-56 所示。

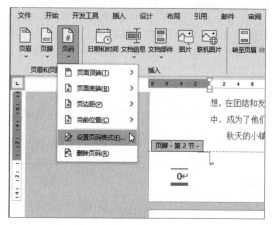

图 6-56

step 12 打开【页码格式】对话框，单击【编号格式】下拉按钮，从弹出的下拉列表中选择【壹,贰,叁...】选项，然后单击【确定】按钮，如图 6-57 所示。

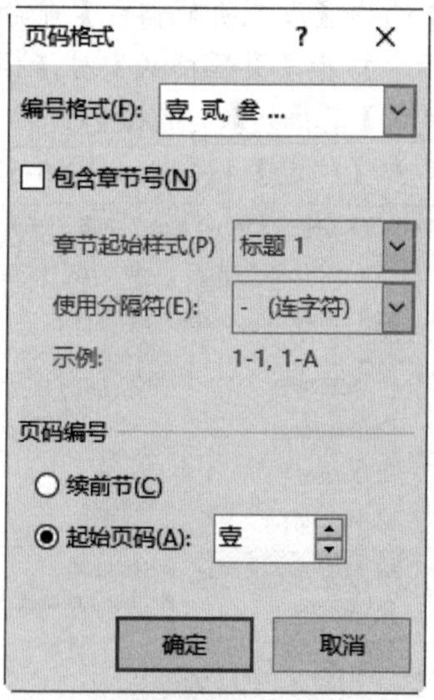

图 6-57

step 13 此时，页码的格式发生改变，如图 6-58 所示。

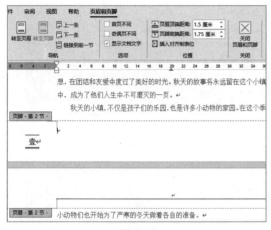

图 6-58

step 14 按照步骤 11 到步骤 12 的方法，设置第
3 节的页码显示为罗马数字，如图 6-59 所示。

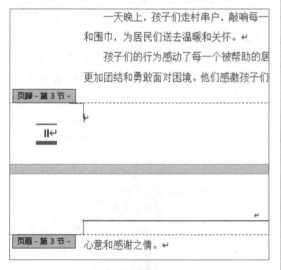

图 6-59

step 15 若要页码与上一节连续，将鼠标插入
点放置到第 2 节任意处，打开【页码格式】

对话框，选中【续前节】单选按钮，然后单
击【确定】按钮，如图 6-60 所示。

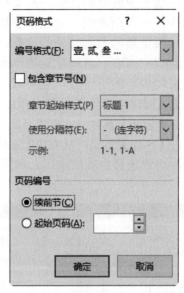

图 6-60

step 16 此时，得到如图 6-61 所示的效果。

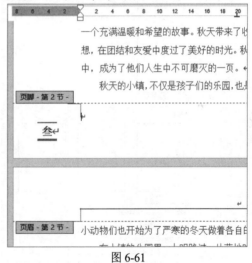

图 6-61

6.5 添加水印和页面背景

　　Word 2021 的页面背景和水印功能，为用户提供了更多的创作空间，用户可以根据文档
需求自由选择背景和水印样式。这不仅在视觉上使文档具有独特的视觉效果，还能增加文档
的可识别性。

6.5.1 设置水印效果

水印是一种透明的花纹，在文档中以一幅图片、一个图表或一种艺术字体的方式呈现，用于展示一些额外的信息，如公司标志、保密声明、草稿标记等。水印不会干扰文档内容的可读性，还可以提供额外的信息，同时也起到了美化文档的作用。

选择【设计】选项卡，在【页面背景】组中单击【水印】按钮，从弹出的水印样式列表框中可以选择内置的水印，如图 6-62 所示。

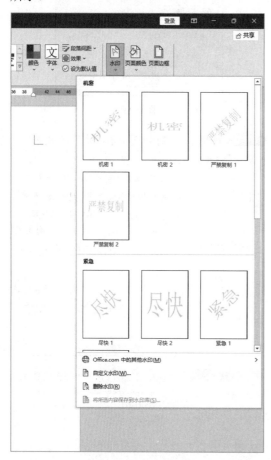

图 6-62

若选择【自定义水印】命令，打开【水印】对话框，如图 6-63 所示，在其中可以自定义水印样式，如图片或文字水印。

图 6-63

6.5.2 设置页面颜色

Word 2021 提供了一系列预设的颜色方案供用户选择作为文档背景，用户也可以自定义其他颜色作为背景。

打开需要设置背景颜色的文档，选择【设计】选项卡，在【页面背景】组中单击【页面颜色】下拉按钮，打开【页面颜色】子菜单，如图 6-64 所示。在【主题颜色】和【标准色】选项区域中，单击其中的任何一个色块，即可对页面进行纯色填充。

图 6-64

如果对系统提供的颜色不满意，可以选择【其他颜色】命令，打开【颜色】对话框。在【标准】选项卡中，选择六边形中的任意色块，如图 6-65 所示，即可将选择的颜色作为文档页面背景。

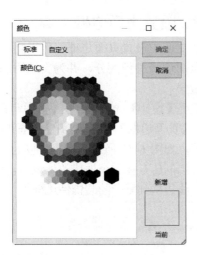

图 6-65

另外，选择【自定义】选项卡，在【颜色】选项区域中选择所需的背景色，或者在【颜色模式】选项区域中通过设置颜色的具体数值来选择所需的颜色，如图 6-66 所示。

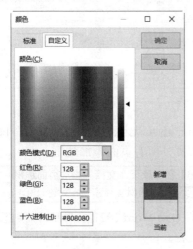

图 6-66

Word 2021 还提供了其他多种填充效果，以满足用户不同的文档设计需求，如渐变背景效果、纹理背景效果、图案背景效果及图片背景效果等。

选择【设计】选项卡，在【页面背景】组中单击【页面颜色】按钮，从弹出的菜单中选择【填充效果】命令，打开【填充效果】对话框，其中包括以下 4 个选项卡。

> 【渐变】选项卡：可以通过选择【单色】或【双色】单选按钮来创建不同类型的渐变效果，在【底纹样式】选项区域中选择渐变的样式，如图 6-67 所示。

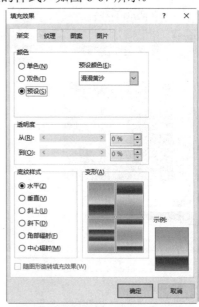

图 6-67

> 【纹理】选项卡：可以在【纹理】选项区域中，选择一种纹理作为文档页面的背景，如图 6-68 所示。单击【其他纹理】按钮，可以添加自定义的纹理作为文档的页面背景。

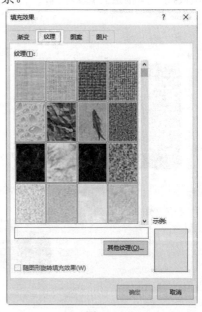

图 6-68

【图案】选项卡：可以在【图案】选项区域中选择一种基准图案，并在【前景】和【背景】下拉列表中选择图案的前景和背景颜色，如图 6-69 所示。

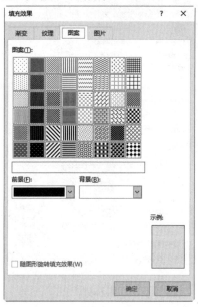

图 6-69

▶ 【图片】选项卡：单击【选择图片】按钮，如图 6-70 所示，可以从打开的窗格中选择计算机上的图片文件，或者从 Word 提供的预设图片库中选择图片文件。

图 6-70

6.5.3　设置页面边框

在文档中设置页面边框，可以将文档内容与页面边缘进行区分，并为文档添加一些装饰效果。

选择【设计】选项卡，在【页面背景】组中单击【页面边框】按钮，打开【边框和底纹】对话框，如图 6-71 所示，用户可以为不同类型的文档创建专业和个性化的外观，包括从简单的实线边框到复杂的装饰性边框。

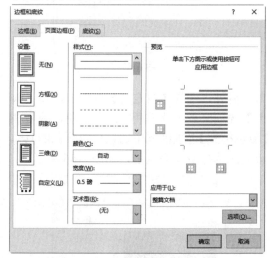

图 6-71

用户还可以为整篇文档、本节、仅首页或除首页外所有页面添加边框。

【例 6-6】在"秋天"文档中添加页面边框。
视频+素材 (素材文件\第 06 章\例 6-6)

step① 启动 Word 2021 应用程序，打开"秋天"文档。

step② 打开【设计】选项卡，在【页面背景】组中单击【页面边框】按钮，如图 6-72 所示。

图 6-72

step③ 打开【边框和底纹】对话框，在【设置】选项区域中选择【方框】选项；在【样

式】列表框中选择一种线型样式；在【宽度】
下拉列表中选择【2.25 磅】选项，然后单击
【确定】按钮，如图 6-73 所示。

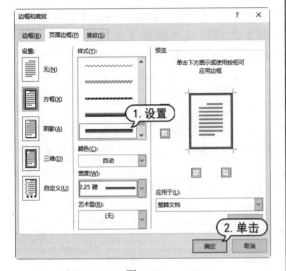

图 6-73

6.6　案例演练

　　本章的案例演练部分为"编辑作文集文档"和"设置散文集文档"这两个综合案例，用户可以通过练习从而巩固本章所学知识。

6.6.1　编辑作文集文档

【例 6-7】为"作文集"文档设置页面版式，并插入分页符、水印以及页眉和页脚等。
视频+素材 (素材文件\第 06 章\例 6-7)

step ① 启动 Word 2021 应用程序，打开"作文集"文档，如图 6-75 所示。

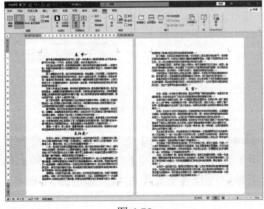

图 6-75

step ④ 此时，即可将边框添加到文档中，每页的页面将显示同样的边框效果，如图 6-74 所示。

图 6-74

step ② 在【布局】选项卡的【页面设置】组中单击【对话框启动器】按钮。

step ③ 打开【页面设置】对话框，选择【纸张】选项卡，单击【纸张大小】下拉按钮，选择【16 开】选项，如图 6-76 所示。

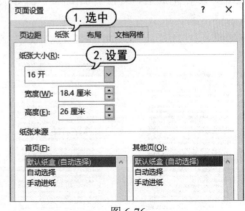

图 6-76

step 4 选择【文档网格】选项卡，在【网格】选项区域中选中【指定行和字符网格】单选按钮；在【字符数】选项区域的【每行】微调框中输入"30"；在【行数】选项区域的【每页】微调框中输入"28"，然后单击【确定】按钮，如图 6-77 所示。

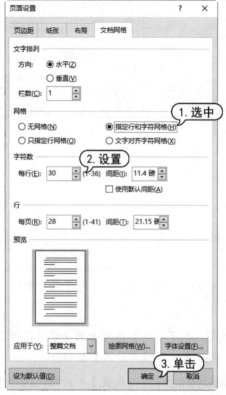

图 6-77

step 5 设置完成后，文档页面效果如图 6-78 所示。

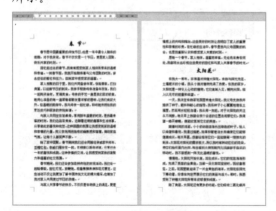

图 6-78

step 6 将插入点定位到第 2 页中的文本"太阳花"前面。

step 7 选择【布局】选项卡，在【页面设置】组中单击【分隔符】按钮，在弹出的【分页符】选项区域中选择【分页符】命令，如图 6-79 所示，或者按 Ctrl+Enter 快捷键。

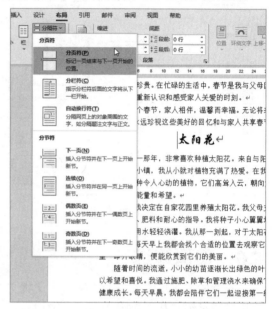

图 6-79

step 8 此时，分页效果如图 6-80 所示。

图 6-80

step 9 选择【插入】选项卡，在【页眉和页脚】组中单击【页眉】下拉按钮，从弹出的菜单中选择【空白】选项，如图 6-81 所示。

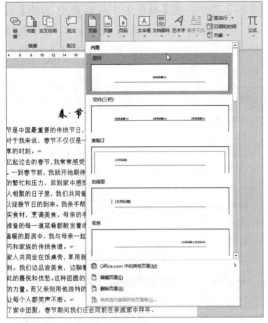

图 6-81

step 10 将光标放置到页眉区中，删除默认的提示文字，并在其中输入文本，设置文字字体为【宋体】、字号为【五号】，文字颜色为【黑色，文字 1】，然后在【段落】组中单击【居中】按钮，如图 6-82 所示。

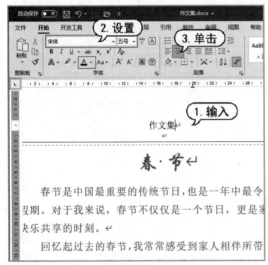

图 6-82

step 11 选择【页眉和页脚】选项卡，在【页眉和页脚】组中单击【页脚】下拉按钮，从弹出的菜单中选择【丝状】样式，如图 6-83 所示。

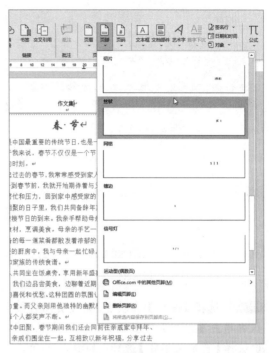

图 6-83

step 12 选择【开始】选项卡，设置页码的字号为【五号】，文字颜色为【黑色，文字 1】，如图 6-84 所示。

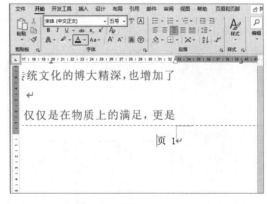

图 6-84

step 13 选择【页眉和页脚】选项卡，在【位置】组的【页脚底端距离】微调框中输入"1.2厘米"。

step 14 在【关闭】组中单击【关闭页眉和页脚】按钮，如图 6-85 所示。

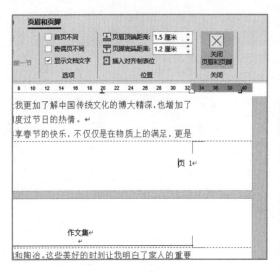

图 6-85

step 15 选择【设计】选项卡，在【页面背景】组中单击【水印】下拉按钮，从弹出的菜单中选择【自定义水印】选项，如图 6-86 所示。

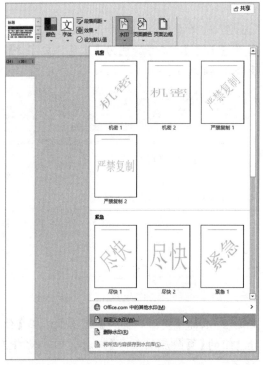

图 6-86

step 16 打开【水印】对话框，选中【文字水印】单选按钮，在【文字】文本框中输入"作文精选"，在【字体】下拉列表中选择【华文

宋体】选项，在【颜色】下拉列表中选择【蓝-灰，文字 2，深色 25%】选项，其他设置项使用默认值即可，然后单击【确定】按钮，如图 6-87 所示。

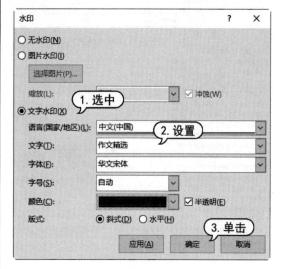

图 6-87

step 17 此时，即可将水印添加到文档中，每页的页面将显示同样的水印，效果如图 6-88 所示。

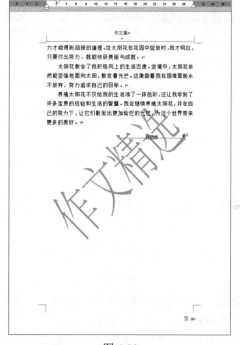

图 6-88

6.6.2 设置散文集文档

【例 6-8】将"散文集"文档分为 3 节，插入页码并设置页面边框。

视频+素材 （素材文件\第 06 章\例 6-8）

step 1 启动 Word 2021 应用程序，打开"散文集"文档，将鼠标插入点放置到第 2 页中的文本"山口"前面。

step 2 选择【布局】选项卡，在【页面设置】组中单击【分隔符】下拉按钮，从弹出的下拉列表中选择【下一页】选项，如图 6-89 所示。

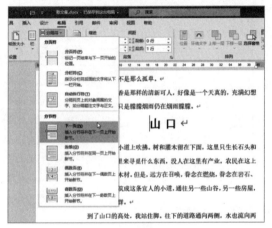

图 6-89

step 3 按照步骤 2 的方法，在第 4 页中的文本"句子摘抄"前面插入一个分节符，效果如图 6-90 所示。

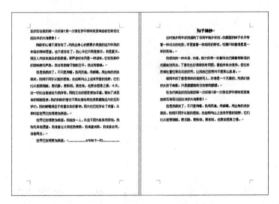

图 6-90

step 4 选择【插入】选项卡，在【页眉和页脚】组中单击【页码】下拉按钮，从弹出的

菜单中选择【页面底端】命令，在【普通数字】类别框中选择【粗线】选项，如图 6-91 所示。

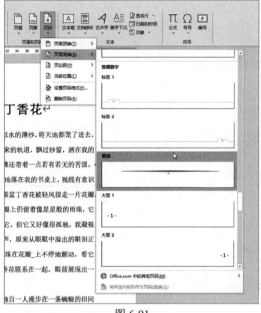

图 6-91

step 5 打开【页眉和页脚】选项卡，在【页眉和页脚】组中单击【页码】按钮，从弹出的菜单中选择【设置页码格式】命令，打开【页码格式】对话框，单击【编号格式】下拉按钮，从弹出的下拉列表中选择【-1-,-2-,-3-,…】选项，单击【确定】按钮，如图 6-92 所示。

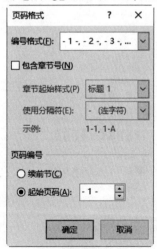

图 6-92

step 6 选择页码，设置其字号为【四号】，文字颜色为【黑色，文字 1】，如图 6-93 所示。

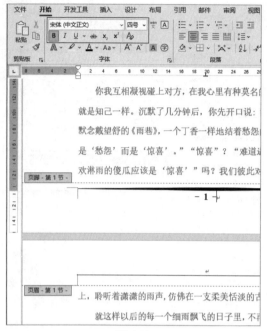

图 6-93

step 7 设置完成后，双击页面即可退出页眉和页脚编辑模式。

step 8 选择【设计】选项卡，在【页面背景】组中单击【页面颜色】下拉按钮，选择【填充效果】选项，如图 6-94 所示。

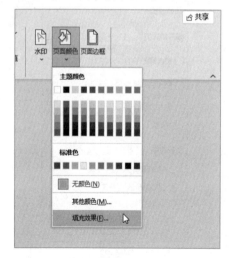

图 6-94

step 9 打开【填充效果】对话框，打开【图片】选项卡，单击其中的【选择图片】按钮，如图 6-95 所示。

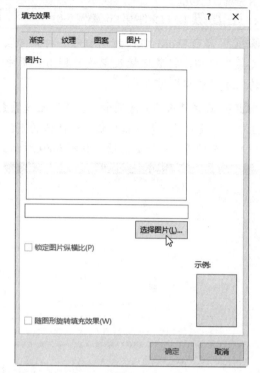

图 6-95

step 10 打开【插入图片】窗格，单击【浏览】按钮，如图 6-96 所示。

图 6-96

step 11 打开【选择图片】对话框，选择"丁香花"图片，单击【插入】按钮，如图 6-97 所示。

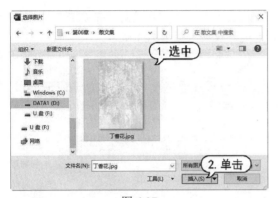

图 6-97

step 12 返回【填充效果】对话框的【图片】选项卡, 查看图片的整体效果, 单击【确定】按钮, 如图 6-98 所示。

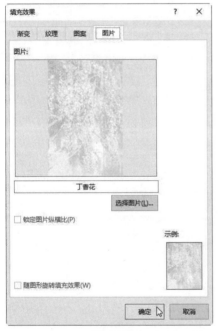

图 6-98

step 13 将鼠标插入点放置到最后一页, 选择【设计】选项卡, 在【页面背景】组中单击【页面边框】按钮, 如图 6-99 所示。

图 6-99

step 14 打开【边框和底纹】对话框, 在【设置】选项区域中选择【三维】选项; 在【样式】列表框中选择一种线型样式; 在【颜色】下拉列表中选择【其他颜色】选项, 如图 6-100 所示。

图 6-100

step 15 打开【颜色】对话框, 在【红色】微调框中输入 "144", 在【绿色】微调框中输入 "121", 在【蓝色】微调框中输入 "180", 然后单击【确定】按钮, 如图 6-101 所示。

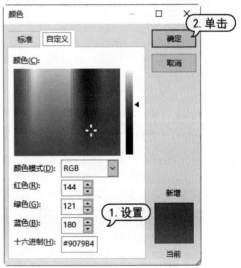

图 6-101

Word 2021文档处理案例教程

step 16 返回【边框和底纹】对话框，单击【应用于】下拉按钮，从弹出的下拉列表中选择【本节】选项，如图 6-102 所示，单击【确定】按钮。

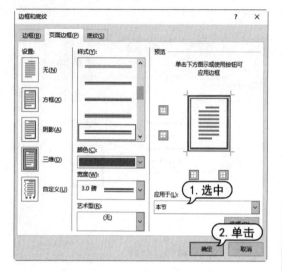

图 6-102

step 17 此时，即可在最后一节的页面中插入边框，效果如图 6-103 所示。

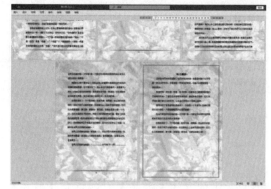

图 6-103

第7章

文档的其他排版功能

　　在日常工作中，基础的编辑操作往往无法满足用户对排版的特殊需求。本章将介绍 Word 2021 提供的排版工具，包括使用模板、样式、特殊格式排版和中文版式等各种方法和技巧，帮助用户提高文档的编排效率。

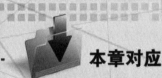 **本章对应视频** -

7.1 使用模板

在 Word 2021 中，模板作为一种预定义的文档格式，包含了预设的布局、字体样式和元素等，帮助用户快速创建出具备统一、专业外观的文档。用户还可以自定义编辑现有的模板，以满足特定的文档需求，用于创建其他类似的文档，而无需花费大量时间重新设计文档。

7.1.1 选择模板

Word 提供了广泛的模板库，包括简历、报告、信件、宣传册等各种类型的模板，便于用户根据自己的需求选择合适的模板，提高文档质量。

选择【文件】选项卡，从弹出的菜单中选择【新建】命令，选择列表中的多种自带模板，如图 7-1 所示。

图 7-1

单击任意一个模板后，将会弹出对话框，如图 7-2 所示，单击【创建】按钮，将会联网下载该模板。

图 7-2

除自带的模板外，用户还可以搜索 Office 官网提供的相关模板。例如在【新建】

窗口界面中的【搜索】文本框中输入"简历"关键字，按 Enter 键，即可搜索到与"简历"相关的模板，如图 7-3 所示。

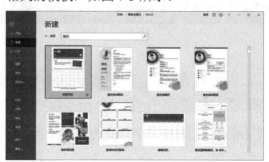

图 7-3

7.1.2 修改模板并创建为新模板

Word 2021 支持用户根据自己的需求修改现有模板，并将其另存为一个模板文件，以便在后续的工作中快速创建格式相近的 Word 文档。

【例 7-1】在"科学博览会规划"模板中修改文本，并将其创建为 "科学展览规划"模板。 ◉视频

step 1 启动 Word 2021 程序，选择【文件】选项卡，在打开的菜单中选择【新建】选项，在【搜索联机模板】文本框中输入文本"规划表"，在打开的页面中选择【科学博览会规划】模板，如图 7-4 所示。

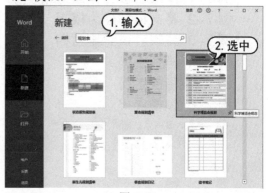

图 7-4

step 2 弹出对话框，单击【创建】按钮，如图 7-5 所示。

图 7-5

step 3 修改现有的模板内容，将其修改为后续工作中所需的模板，如图 7-6 所示。

图 7-6

step 4 单击【文件】按钮，在弹出的菜单中选择【另存为】命令，选择【浏览】选项，如图 7-7 所示。

图 7-7

step 5 打开【另存为】对话框，在【文件名】文本框中输入"科学展览规划"，在【保存类型】下拉列表中选择【Word 模板】选项，单击【保存】按钮，如图 7-8 所示。

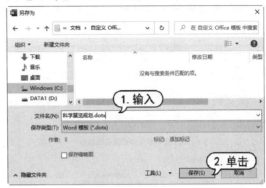

图 7-8

step 6 选择【文件】选项卡，从弹出的菜单中选择【新建】命令，然后在【个人】选项卡中选择新建的模板选项，如图 7-9 所示，即可应用该模板创建文档。

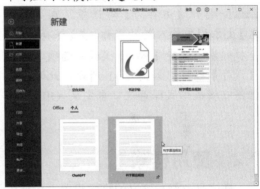

图 7-9

7.1.3　将文档创建为模板

要创建新的模板，可以通过根据现有文档和根据现有模板两种创建方法实现。用户可以先定义好文档的格式、样式和布局，并将其保存下来以供多次使用。

根据现有文档创建模板，是指打开一个已有的与需要创建的模板格式相近的 Word 文档，在对其进行编辑修改后，将其另存为一个模板文件。通俗地讲，当需要用到的文档设置包含在现有的文档中时，就可以以该文档为基础来创建模板。

【例7-2】将"2023 上半年人力资源工作总结"文档创建为模板。

📹视频+素材 (素材文件\第 07 章\例 7-2)

step 1 启动 Word 2021 应用程序，打开"2023 上半年人力资源工作总结"文档，如图 7-10 所示。

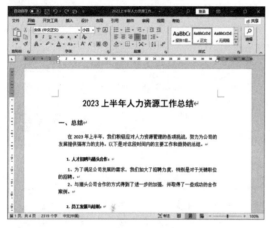

图 7-10

step 2 打开【另存为】对话框，在【文件名】文本框中输入新的名称，在【保存类型】下拉列表中选择【Word 模板】选项，单击【保存】按钮，如图 7-11 所示，此时该文档将以模板形式保存在"自定义 Office 模板"文件夹中。

图 7-11

step 3 选择【文件】选项卡，从弹出的菜单中选择【新建】命令，然后在【个人】选项卡中选择新建的模板选项，如图 7-12 所示，即可应用该模板创建文档。

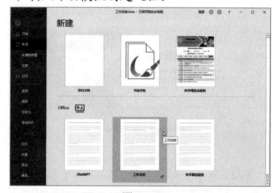

图 7-12

7.2 使用样式

样式是一组预定义的格式设置，包括字体、字号、段落间距、对齐方式等，可以应用于文档中的文本、表格和列表，从而使文档的编辑和排版过程更加便捷和灵活。

7.2.1 应用默认样式

样式可以赋予文档以一致的外观和格式，Word 2021 自带的样式库提供了丰富的内置样式供用户选择，帮助用户快速、准确地设置文本的格式。

在 Word 2021 中，选择要应用某种内置样式的文本，打开【开始】选项卡，在【样式】组中单击【其他】按钮▽，可以从弹出的菜单中选择样式选项，如图 7-13 所示。

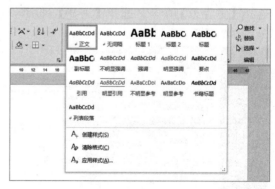

图 7-13

在【样式】组中单击【对话框启动器】按钮，将会打开【样式】任务窗格，在【样式】列表框中同样可以选择样式，如图 7-14 所示。

图 7-14

7.2.2 更改样式

在内置样式的基础上进行更改，能够帮助用户最大限度地编辑和格式化各种类型的文档。在【样式】任务窗格中，单击样式选项的下拉列表旁的箭头按钮，从弹出的菜单中选择【修改】命令，如图 7-15 所示。

图 7-15

在打开的【修改样式】对话框中更改相应的选项即可，如图 7-16 所示。

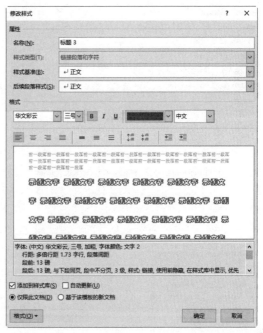

图 7-16

如果多处文本使用相同的样式，可在按 Ctrl 键的同时选取多处文本，在【样式】任务窗格中选择样式，统一应用该样式。

7.2.3 新建样式

如果用户对内置样式不满意，通过新建样式，用户可以自定义一组统一的格式规范。在【样式】任务窗格中，单击【新建样式】按钮，打开【根据格式化创建新样式】对话框，如图 7-17 所示。

在【名称】文本框中输入要新建的样式名称；在【样式类型】下拉列表中选择【字符】和【段落】选项；在【样式基准】下拉列表中选择该样式的基准样式(所谓基准样式就是最基本或原始的样式，文档中的其他样式都以此为基础)；单击【格式】按钮，可以为字符或段落设置格式。

要取消应用的样式，可在选取文本后，打开【开始】选项卡，在【样式】组中单击【其他】按钮，从弹出的菜单中选择【清除格式】命令。

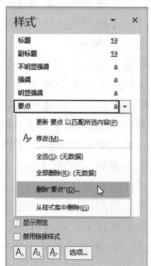

图 7-17

7.2.4 删除样式

有时用户需要删除已应用的样式，使文档回归到原始状态，以便进行更改。需要注意的是，用户无法删除模板的内置样式。

在【样式】任务窗格中，单击需要删除的样式旁的箭头按钮，从弹出的菜单中选择【删除(样式名)】命令，如图 7-18 所示。此处删除的是"要点"样式。

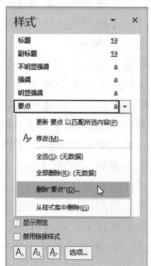

图 7-18

此时将打开确认删除对话框，单击【是】按钮，如图 7-19 所示，即可删除该样式。

图 7-19

另外，在【样式】任务窗格中单击【管理样式】按钮 🗂，打开【管理样式】对话框，在【选择要编辑的样式】列表框中选择要删除的样式，单击【删除】按钮，如图 7-20 所示，同样可以删除选择的样式。

图 7-20

7.2.5 编辑会议纪要文档

【例 7-3】在"会议纪要"文档中为文本应用样式，并根据需要更改、新建及删除样式。
视频+素材（素材文件\第 07 章\例 7-3）

step ❶ 启动 Word 2021 应用程序，打开"会议纪要"文档。

step ❷ 选择需要设置样式的文本，然后选择【开始】选项卡，在【样式】组中选择【标题 1】选项，如图 7-21 所示。

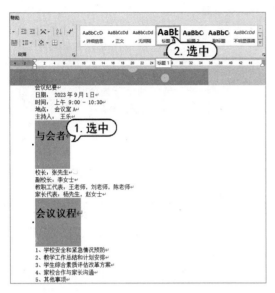

图 7-21

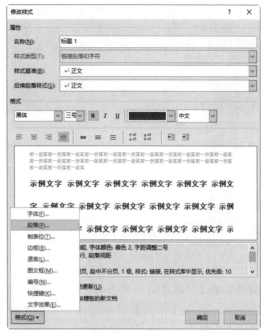

图 7-23

step 3 在【样式】组中单击【对话框启动器】按钮,在文档右侧打开【样式】任务窗格,右击【标题 1】选项,从弹出的菜单中选择【修改】命令,如图 7-22 所示。

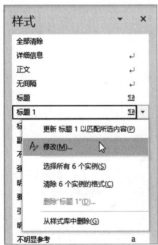

图 7-22

step 4 打开【修改样式】对话框,在【格式】选项区域的【字体】下拉列表中选择【黑体】选项,在【字号】下拉列表中选择【三号】选项,在【字体】颜色下拉面板中选择【橙色,个性色 2,深色 50%】色块,然后单击【格式】按钮,从弹出的菜单中选择【段落】选项,如图 7-23 所示。

step 5 打开【段落】对话框,在【间距】选项区域的【段前】微调框中输入"2 行",在【段后】微调框中输入"1 行",单击【行距】下拉按钮,从弹出的下拉列表中选择【单倍行距】选项,然后单击【确定】按钮,如图 7-24 所示。

图 7-24

step 6 设置完成后,文本显示效果如图 7-25 所示。

图 7-25

step ⑦ 在【样式】组中单击【对话框启动器】按钮，打开【样式】任务窗格，单击【新建样式】按钮，如图 7-26 所示。

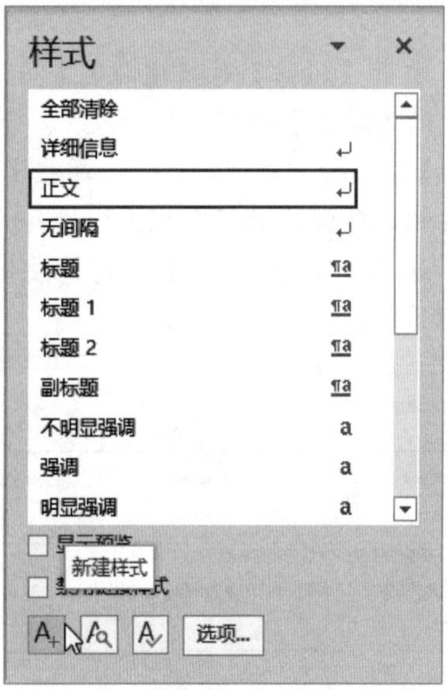

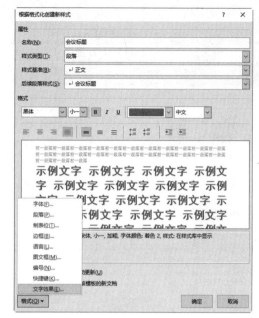

图 7-27

step ⑨ 打开【设置文本效果格式】对话框，选择【文本填充与轮廓】选项卡，展开【文本轮廓】卷展栏，选中【实线】单选按钮，在【颜色】下拉列表中选择【水绿色，个性色 3，深色 25%】色块，在【透明度】微调框中输入"50%"，在【宽度】微调框中输入"1 磅"，然后单击【确定】按钮，如图 7-28 所示。

图 7-26

step ⑧ 打开【根据格式化创建新样式】对话框，在【名称】文本框中输入"会议标题"，然后在【格式】选项区域的【字体】下拉列表中选择【黑体】选项；在【字号】下拉列表中选择【小一】选项，在【字体颜色】下拉列表中选择【橙色，个性色 2，深色 25%】色块，单击【格式】按钮，在弹出的菜单中选择【文字效果】命令，如图 7-27 所示。

图 7-28

step ⑩ 返回到【根据格式化创建新样式】对话框，单击【格式】按钮，在弹出的菜单中选择【段落】命令，如图 7-29 所示。

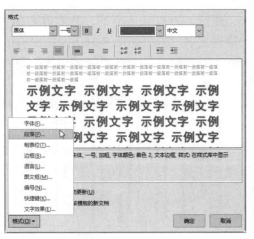

图 7-29

step ⑪ 打开【段落】对话框，在【间距】选项区域的【段前】微调框中输入"4 行"，在【段后】微调框中输入"3 行"，单击【行距】下拉按钮，从弹出的下拉列表中选择【单倍行距】选项，然后单击【确定】按钮，如图 7-30 所示。

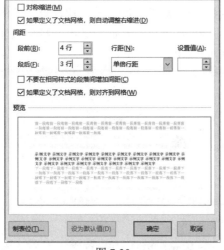

图 7-30

step ⑫ 在文档中选择文本"会议纪要"，然后在【样式】任务窗格中选择【会议标题】选项，如图 7-31 所示，为其应用新建的样式。

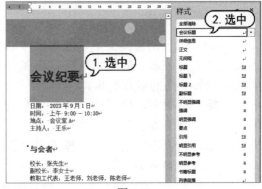

图 7-31

step ⑬ 若用户对新建的样式不满意，可以在【样式】窗格中右击【会议标题】选项，从弹出的菜单中选择【删除"会议标题"】选项，如图 7-32 所示。

图 7-32

step ⑭ 打开确认删除对话框，单击【是】按钮，如图 7-33 所示，即可删除该样式。

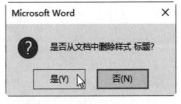

图 7-33

7.3　特殊排版的应用

在工作中，用户经常需要配合使用一些特殊的排版方式来编辑文档。Word 2021 提供了多种特殊的排版方式，如竖排文本、首字下沉和设置分栏等。

7.3.1　竖排文本

Word 2021 的竖排文本功能不仅可以为文档注入一种别样的艺术风格，还能够展现出别具一格的东方韵味。

选择所有文字，然后选择【布局】选项卡，在【页面设置】组中单击【文字方向】按钮，从弹出的菜单中选择【垂直】命令，如图 7-34 所示。

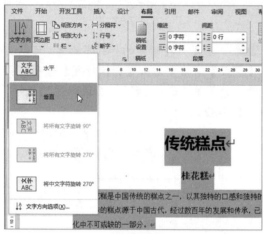

图 7-34

用户还可以选择【文字方向选项】命令，打开【文字方向-主文档】对话框，设置不同类型的竖排文字选项，如图 7-35 所示。

图 7-35

此时，将以从上至下，从右往左的方式排列文字，效果如图 7-36 所示。

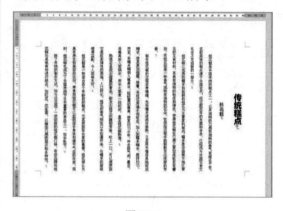

图 7-36

7.3.2　首字下沉

首字下沉通常适用于报纸、杂志和文章等文档，通过将段落开头的首个字母放大并下沉至文字基线以下，占据两行或者三行的位置，其他字符围绕在其右下方，如图 7-37 所示。与传统的排版方式相比，首字下沉在视觉上更加突出，从而营造出一种引人注目的排版效果。

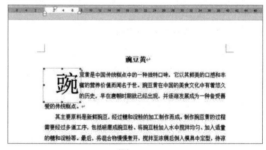

图 7-37

在 Word 2021 中，首字下沉有下沉和悬挂两种不同的方式。

打开【插入】选项卡，在【文本】组中单击【首字下沉】按钮，从弹出的菜单中选择首字下沉样式，如图 7-38 所示。

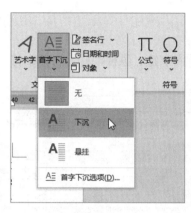

图 7-38

或者选择【首字下沉选项】命令，将打开【首字下沉】对话框，如图 7-39 所示，在其中进行相关的首字下沉设置。

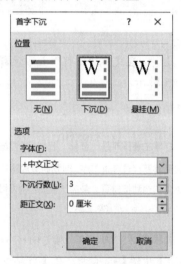

图 7-39

7.3.3　设置分栏

分栏排版可以将文档内容分割成多列，创造出更多的版面空间。在杂志上经常能看到其中许多页面被分成多个独立的栏目，以提高文档的可读性。用户还可以对每一栏文本内容单独进行格式化和版面设计。

要为文档设置分栏，选择【布局】选项卡，在【页面设置】组中单击【栏】按钮，从弹出的菜单中选择分栏选项，如图 7-40 所示。

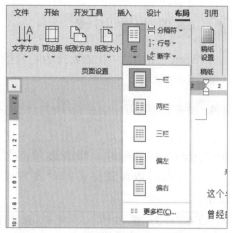

图 7-40

从弹出的菜单中选择【更多栏】命令，打开【栏】对话框，如图 7-41 所示。

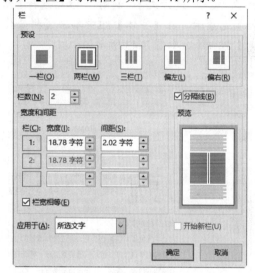

图 7-41

在其中进行相关分栏设置，如栏数、宽度、间距和分隔线等，效果如图 7-42 所示。

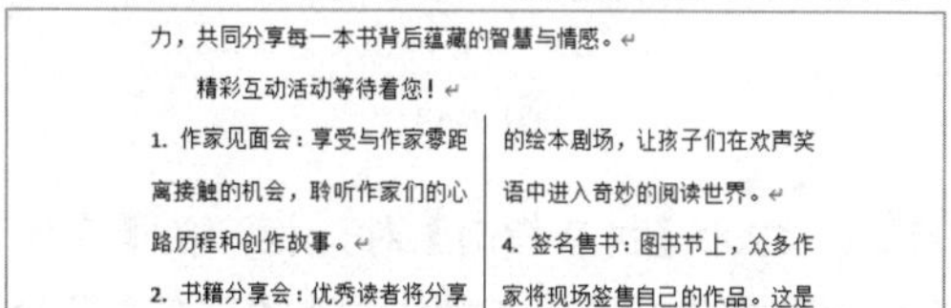

力，共同分享每一本书背后蕴藏的智慧与情感。

精彩互动活动等待着您！

1. 作家见面会：享受与作家零距离接触的机会，聆听作家们的心路历程和创作故事。

2. 书籍分享会：优秀读者将分享他们最喜欢的图书，并推荐给大家。您也可以参与其中，与大家分享自己的阅读心得。

3. 绘本剧场：特别为小读者准备的绘本剧场，让孩子们在欢声笑语中进入奇妙的阅读世界。

4. 签名售书：图书节上，众多作家将现场签售自己的作品。这是一次难得的机会，快来与心仪的作家亲切互动，将他们的图书变成独一无二的收藏品。

此外，还有更多精彩活动等待着您的参与，如文学讲座、诗歌朗

图 7-42

7.4 使用中文版式

在 Word 2021 中，中文版式功能包括拼音指南、带圈字符、纵横混排、合并字符、双行合一和字符缩放等。

7.4.1 拼音指南

拼音指南功能可以帮助用户在中文文档中快速添加拼音标注，拼音显示在文本的上方，并且可以设置拼音的对齐方式和字体格式。

> 【例 7-4】在"会议纪要"文档中，为文本添加拼音，并设置汉字和拼音的格式。
> ◎视频+素材 (素材文件\第 07 章\例 7-4)

step 1 启动 Word 2021 应用程序，打开"豌豆黄"文档，选择文本"新鲜"，然后选择【开始】选项卡，在【字体】组中单击【拼音指南】按钮 ，如图 7-43 所示。

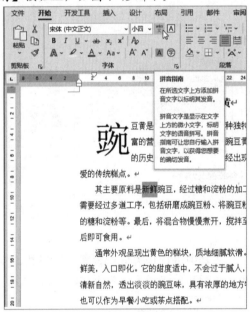

图 7-43

step 2 打开【拼音指南】对话框，在【字体】下拉列表中选择【华文楷体】选项，在【字号】微调框中输入"18"，在【偏移量】微调框中输入"5"（设置针对拼音），单击【组合】按钮，然后单击【确定】按钮，如图 7-44 所示。

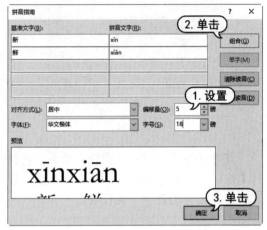

图 7-44

step 3 此时，在文本"新鲜"上方注释拼音，如图 7-45 所示。

爱的传统糕点。↵

其主要原料是 新鲜 豌豆，经过糖和过程需要经过多道工序，包括研磨成豌豆粉适量的糖和淀粉等。最后，将混合物慢慢煮

图 7-45

step 4 选择文本"新鲜"，按 Ctrl+C 组合键，然后选择【开始】选项卡，在【剪贴板】组中单击【粘贴】下拉按钮，从弹出的菜单中选择【选择性粘贴】命令，如图 7-46 所示，或者按 Ctrl+Alt+ V 快捷键。

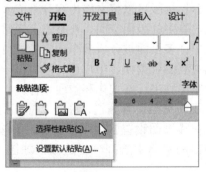

图 7-46

step 5 打开【选择性粘贴】对话框,选择【无格式文本】选项,单击【确定】按钮,如图 7-47 所示。

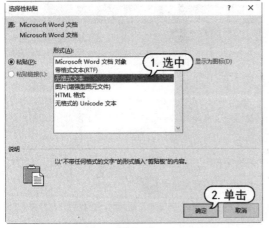

图 7-47

step 6 此时,将把标题文本中的汉字和拼音分离,如图 7-48 所示。

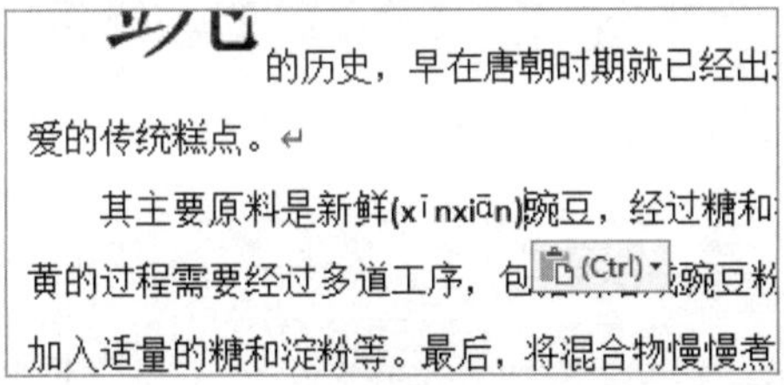

图 7-48

7.4.2 带圈字符

在处理文档时,经常需要使用一些特殊格式来突出其中的文字。在 Word 2021 中,带圈字符功能通过在文字上添加圆圈,能够将特定的文字或字符加以标记,使其在文档中更加醒目。

在 Word 中带圈字符的内容只能是一个汉字或者两个外文字母,超出限制后,Word 自动以第一个汉字或前两个外文字母作为选择对象进行设置。

【例 7-5】在"夏令营"文档中,为正文的首字添加带圈效果。

🔘 视频+素材 (素材文件\第 07 章\例 7-5)

step 1 启动 Word 2021 应用程序,打开"夏令营"文档,选取文本"1",打开【开始】选项卡,在【字体】组中单击【带圈字符】按钮,如图 7-49 所示。

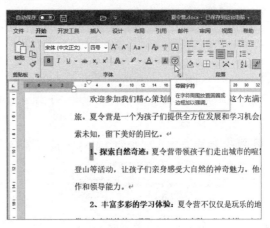

图 7-49

step 2 打开【带圈字符】对话框,在【样式】选项区域中选择【增大圈号】样式,在【圈号】列表框中选择所需的圈号,然后单击【确定】按钮,如图 7-50 所示。

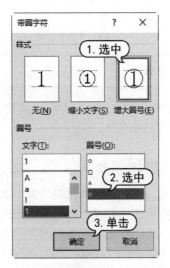

图 7-50

step 3 此时,即可显示设置带圈效果后的首字,删除带圈字符后方的标点符号后,效果如图 7-51 所示。

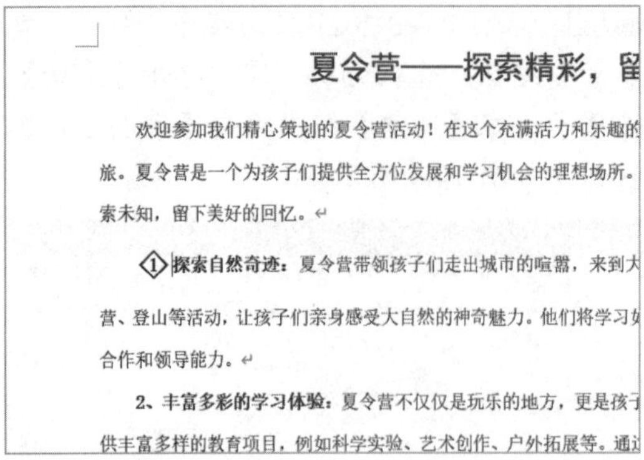

夏令营——探索精彩，留
欢迎参加我们精心策划的夏令营活动！在这个充满活力和乐趣的
旅。夏令营是一个为孩子们提供全方位发展和学习机会的理想场所。
索未知，留下美好的回忆。
①探索自然奇迹：夏令营带领孩子们走出城市的喧嚣，来到大
营、登山等活动，让孩子们亲身感受大自然的神奇魅力。他们将学习如
合作和领导能力。
2、丰富多彩的学习体验：夏令营不仅仅是玩乐的地方，更是孩子
供丰富多样的教育项目，例如科学实验、艺术创作、户外拓展等。通过

图 7-51

step 4 按照步骤1到步骤2的方法设置其他的文本，效果如图7-52所示。

旅。夏令营是一个为孩子们提供全方位发展和学习机会的理想场所。让我们一
索未知，留下美好的回忆。
①探索自然奇迹：夏令营带领孩子们走出城市的喧嚣，来到大自然的怀
营、登山等活动，让孩子们亲身感受大自然的神奇魅力。他们将学习如何与环境
合作和领导能力。
②丰富多彩的学习体验：夏令营不仅仅是玩乐的地方，更是孩子们学习
提供丰富多样的教育项目，例如科学实验、艺术创作、户外拓展等。通过这些活
辑思维和解决问题的能力。
③体育运动与健康生活：夏令营鼓励孩子们参与各种体育运动如足球、篮
孩子们还将了解到团队合作、竞争精神和体育道德的重要性。我们还会提供健康
帮助他们养成健康的生活方式。
④社交技能与人际交往：夏令营是结交新朋友和建立人际关系的黄金机
体生活，孩子们将培养交流能力、沟通技巧和合作精神。他们会在友善、支持和
立持久的友谊。
⑤文化探索和全球视野：夏令营将向孩子们展示世界的多元文化，帮助
化交流、国际游学等活动，让孩子们了解各国的语言、风俗和传统。这将培养他
力。

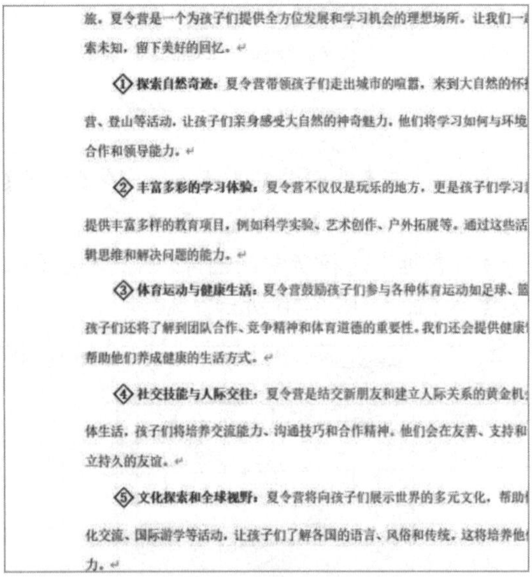

图 7-52

7.4.3 纵横混排

Word 2021的纵横混排功能，为文字赋予了更多的表达方式，不再局限于默认的横向排列。通过将文字垂直和水平方向交织组合，可创建富有层次感的排版布局，以及具有独特视觉效果的文档。

【例7-6】在“夏令营”文档中，为文本添加纵横混排效果。
视频+素材 (素材文件\第07章\例7-6)

step 1 启动Word 2021应用程序，打开“夏令营”文档，选择文本“乐趣”，在【开始】选项卡的【段落】组中单击【中文版式】按钮，从弹出的菜单中选择【纵横混排】命令，如图7-53所示。

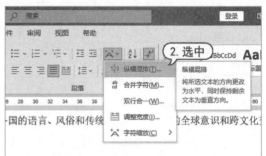

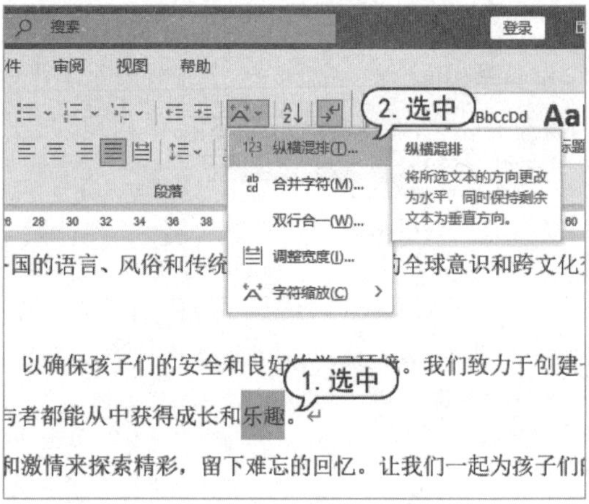

搜索
登录
件
审阅
视图
帮助
2. 选中
AaBbCcDd
纵横混排(T)...
合并字符(M)...
双行合一(W)...
调整宽度(I)...
字符缩放(C)
段落
纵横混排
将所选文本的方向更改为水平，同时保持剩余文本为垂直方向。
国的语言、风俗和传统
的全球意识和跨文化
以确保孩子们的安全和良好
1. 选中
。我们致力于创建
与者都能从中获得成长和乐趣。
和激情来探索精彩，留下难忘的回忆。让我们一起为孩子们

图 7-53

step 2 打开【纵横混排】对话框，在其中选中【适应行宽】复选框，Word将自动调整文本行的宽度，单击【确定】按钮，如图7-54所示。

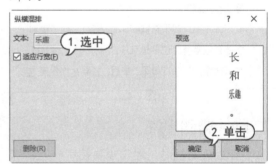

纵横混排
?
×
文本:
乐趣
1. 选中
适应行宽(F)
预览
长
和
乐趣
。
2. 单击
删除(R)
确定
取消

图 7-54

step 3 此时，即可显示纵排文本“乐趣”，并且不超出行宽的范围，如图7-55所示。

确保孩子们的安全和良好的学习环境。
都能从中获得成长和乐趣。
情来探索精彩，留下难忘的回忆。让我

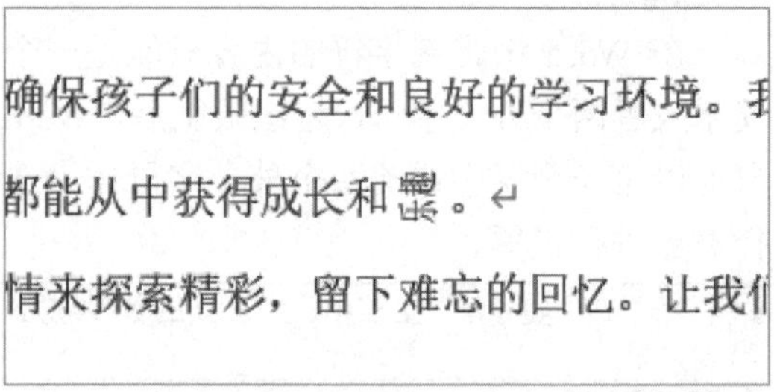

图 7-55

如果在【纵横混排】对话框里不选中【适应行宽】复选框，纵排文本将会保持原有文字大小，超出行宽范围。

7.4.4 合并字符

合并字符将两个或多个字符合并成一个整体,使其在文档中以单一字符的形式显示。这项功能不仅可以用于设计特殊效果,还可以用于调整字母之间的距离。

要为文本设置合并字符效果,可以选择【开始】选项卡,在【段落】组中单击【中文版式】按钮,从弹出的菜单中选择【合并字符】命令,打开【合并字符】对话框,如图 7-56 所示,在该对话框中设置【文字】【字体】【字号】等选项。

图 7-56

【例 7-7】在"夏令营"文档中合并字符。

视频+素材 (素材文件\第 07 章\例 7-7)

step 1 启动 Word 2021 应用程序,打开"夏令营"文档,选择文本"多元文化",在【开始】选项卡的【段落】组中单击【中文版式】按钮,在弹出的菜单中选择【合并字符】命令,如图 7-57 所示。

step 2 打开【合并字符】对话框,在【字体】下拉列表中选择【隶书】选项,在【字号】下拉列表中选择【16】,单击【确定】按钮,如图 7-58 所示。

step 3 此时,即可显示合并文本"多元文化"后的效果,如图 7-59 所示。

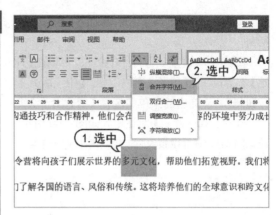

图 7-57

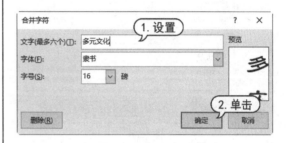

图 7-58

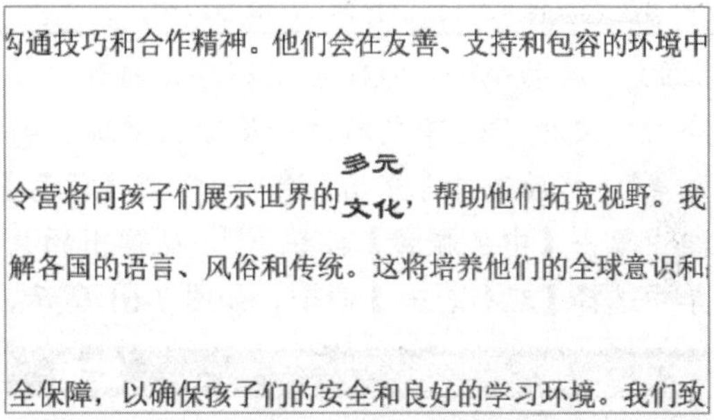

图 7-59

合并的字符不能超过 6 个汉字的宽度或 12 个半角英文字符,超过此长度的字符将被 Word 2021 截断。

7.4.5 双行合一

在 Word 软件中,使用双行合一的功能可以在一行中显示两行文字,有时会在制作特殊格式时用到。在必要的情况下,还可以给双行合一的文本添加不同类型的括号。

要为文本设置双行合一的效果,可以在【开始】选项卡的【段落】组中单击【中文版式】按钮 ，从弹出的菜单中选择【双行合一】命令,打开【双行合一】对话框,如图 7-60 所示,在该对话框中可设置文字内容和括号类型等。

图 7-60

【例 7-8】在 "夏令营" 文档中设置双行合一。

视频+素材 (素材文件\第 07 章\例 7-8)

step 1 启动 Word 2021 应用程序,打开 "夏令营" 文档,选择文本 "如足球、篮球、游泳等",然后选择【开始】选项卡,在【段落】组中单击【中文版式】按钮 ，从弹出的菜单中选择【双行合一】命令,如图 7-61 所示。

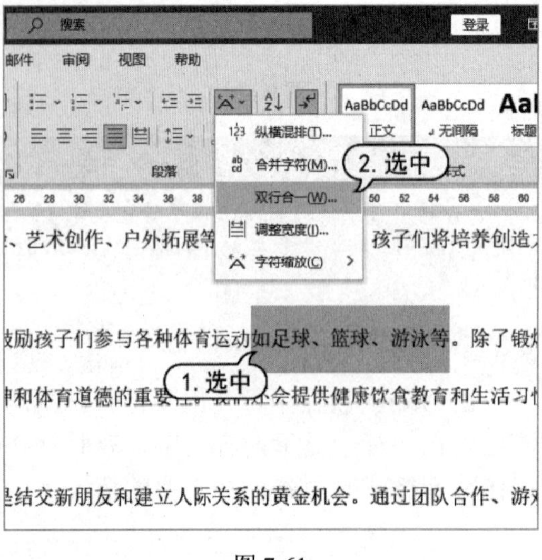

图 7-61

step 2 打开【双行合一】对话框,选中【带括号】复选框,在【括号样式】下拉列表中选择一种括号样式,单击【确定】按钮,如图 7-62 所示。

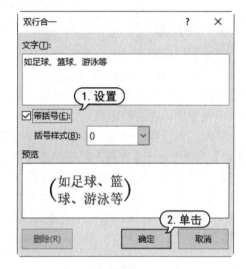

图 7-62

step 3 此时,即可显示双行合一的文本效果,如图 7-63 所示。

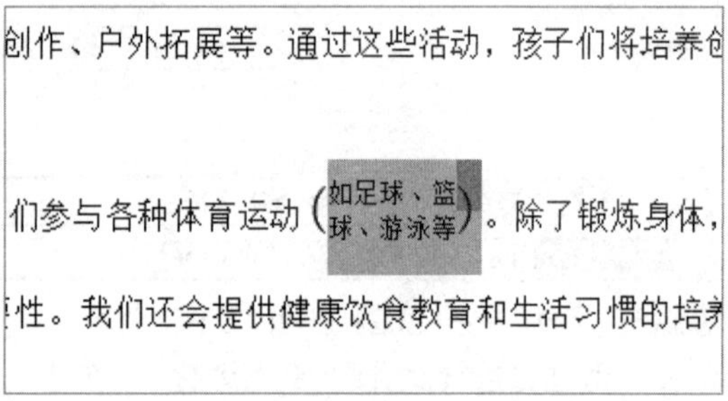

图 7-63

实用技巧

合并字符是将多个字符用两行显示,且将多个字符合并成一个整体;双行合一是在一行的空间显示两行文字,且不受字符数限制。

7.4.6 调整宽度和字符缩放

无论是编辑文档还是进行排版设计,根据文档需求调整字符的大小和按比例缩放字符,能帮助用户更好地控制字符的外观,实现文档整体布局的平衡与协调。

【例 7-9】在"会议纪要"文档中调整文本的宽度，以及对文本进行字符缩放。

🔴 视频+素材 (素材文件\第 07 章\例 7-9)

step 1 启动 Word 2021 应用程序，打开"夏令营"文档，选择文本"夏令营"，选择【开始】选项卡，在【段落】组中单击【中文版式】按钮 ᴬ⌄，从弹出的菜单中选择【调整宽度】命令，如图 7-64 所示。

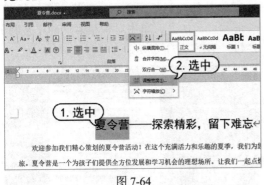

图 7-64

step 2 打开【调整宽度】对话框，显示当前文字宽度，用户可以在【新文字宽度】微调框中调整文字宽度，然后单击【确定】按钮，如图 7-65 所示。

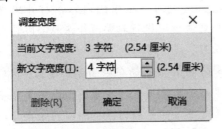

图 7-65

step 3 选择文本"探索精彩，留下难忘"，然后选择【开始】选项卡，在【段落】组中单击【中文版式】按钮 ᴬ⌄，从弹出的菜单中选择【字符缩放】命令，打开下拉菜单，选择【其他】命令，如图 7-66 所示。

step 4 打开【字体】对话框的【高级】选项卡，在【缩放】下拉列表中选择"120%"，单击【间距】下拉按钮，从弹出的下拉列表中选择【加宽】选项，在【磅值】微调框中输入"2 磅"，然后单击【确定】按钮，如图 7-67 所示。

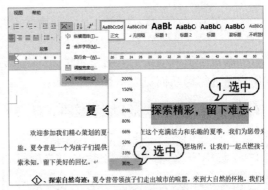

图 7-66

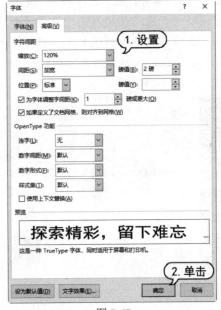

图 7-67

step 5 设置完成后，文本显示效果如图 7-68 所示。

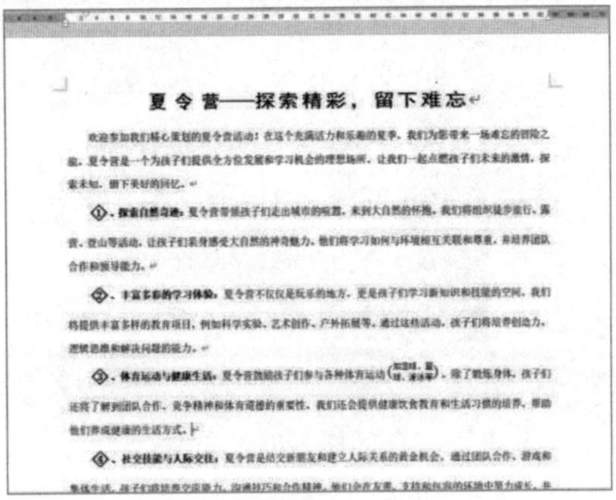

图 7-68

7.5 案例演练

本章的案例演练为"制作团建活动宣传册"和"编辑校园文化节文档"这两个综合案例，用户通过练习从而巩固本章所学知识。

7.5.1 制作团建活动宣传册

【例7-10】在"团建活动宣传册"文档中新建并修改模板，使用特殊格式和中文版式排版，并将文档保存为模板。

■〇●视频+素材 (素材文件\第07章\例7-10)

step 1 启动Word 2021应用程序，选择【文件】选项卡，在打开的界面中选择【新建】命令，在【搜索联机模板】文本框中输入文本"旅行"，在打开的界面中选择【旅行简讯】模板，如图7-69所示。

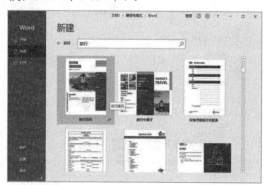

图7-69

step 2 弹出对话框，单击【创建】按钮，联网下载该模板，将其另存为一个名为"社团活动宣传册"的文档，结果如图7-70所示。

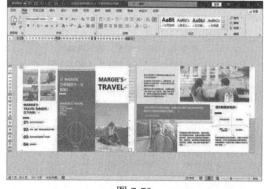

图7-70

step 3 打开ChatGPT界面，在文本框中输入文本"写一份团建旅行活动大纲"，然后按Enter键。

step 4 稍等片刻后，ChatGPT将会根据提问给出相应的回复，单击对话框右侧的【复制】按钮，如图7-71所示。

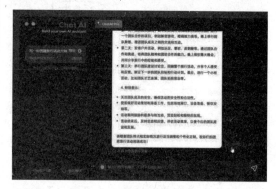

图7-71

step 5 复制对话框中的内容，打开文档按Ctrl+V快捷键进行粘贴，并按照实际情况对模板内容进行修改。

step 6 选择活动简介中的文本内容，然后选择【布局】选项卡，在【页面设置】组中单击【文字方向】按钮，在弹出的菜单中选择【垂直】命令，如图7-72所示。

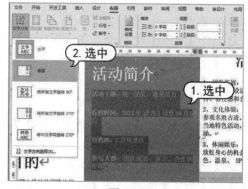

图7-72

step ⑦　此时，被选择的文本内容将以从上至下，从右往左的方式排列。

step ⑧　选择【布局】选项卡，在【对齐方式】组中单击【中部两端对齐】按钮，如图 7-73 所示。

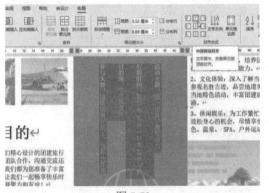

图 7-73

step ⑨　选择文本"2023"，在【开始】选项卡的【段落】组中单击【中文版式】按钮，从弹出的菜单中选择【纵横混排】命令，如图 7-74 所示。

图 7-74

step ⑩　打开【纵横混排】对话框，取消选中【适应行宽】复选框，然后单击【确定】按钮，如图 7-75 所示。

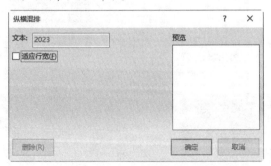

图 7-75

step ⑪　选择文本"10"，按照步骤 9 的方法，打开【纵横混排】对话框，选择【适应行宽】复选框，然后单击【确定】按钮，如图 7-76 所示。

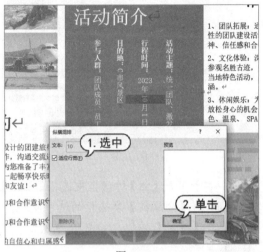

图 7-76

step ⑫　选择文本"10"，然后选择【开始】选项卡，在【剪贴板】组中单击【格式刷】按钮，当鼠标指针变为形状时，拖动鼠标分别选择文本"1""10""5""C"，如图 7-77 所示，应用文本"10"的格式。

图 7-77

step ⑬　选择第 2 页和第 3 页的文本内容，选择【布局】选项卡，在【页面设置】组中单击【栏】下拉按钮，从弹出的下拉菜单中选择【更多栏】命令，如图 7-78 所示。

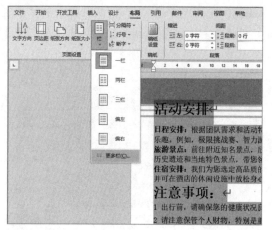

图 7-78

step ⑭ 在打开的【栏】对话框中选择【三栏】选项，取消【分隔线】复选框的选中状态，然后单击【确定】按钮，如图 7-79 所示。

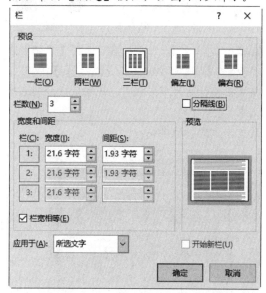

图 7-79

step ⑮ 将光标放置到分栏段落的开始位置，选择【布局】选项卡，在【页面设置】组中单击【分隔符】下拉按钮，选择【分栏符】选项，如图 7-80 所示。

step ⑯ 此时，光标后方的文字被放置在下一个分栏中，如图 7-81 所示。

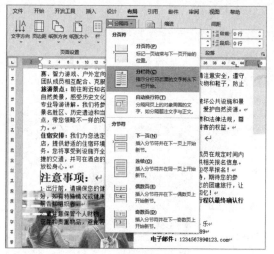

图 7-80

图 7-81

step ⑰ 按照步骤 15 的方法，在文本"报名方式"前面插入一个分栏符，效果如图 7-82 所示。

图 7-82

step⑱ 选择文本"1",选择【开始】选项卡,在【字体】组中单击【带圈字符】按钮,如图 7-83 所示。

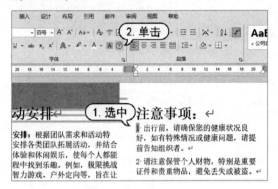

图 7-83

step⑲ 打开【带圈字符】对话框,在【样式】选项区域中选择【增大圈号】样式;在【圈号】列表框中选择所需的圈号,单击【确定】按钮,如图 7-84 所示。

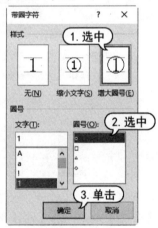

图 7-84

step⑳ 此时,即可显示设置带圈效果的首字,如图 7-85 所示。

图 7-85

step㉑ 按照步骤 19 的方法,设置其余的文本,效果如图 7-86 所示。

图 7-86

step㉒ 选择文本"张敏杰王 乐",选择【开始】选项卡,在【段落】组中单击【中文版式】按钮 Ａ,从弹出的菜单中选择【双行合一】命令,如图 7-87 所示。

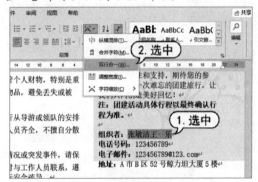

图 7-87

step㉓ 打开【双行合一】对话框,然后单击【确定】按钮,如图 7-88 所示。

图 7-88

step㉔ 此时,即可显示双行合一文本的效果,如图 7-89 所示。

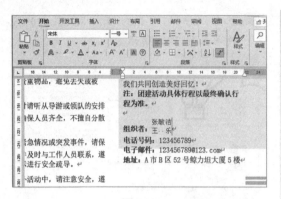

图 7-89

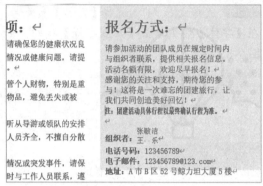

图 7-92

step㉕ 选择需要调整宽度的文本，然后选择【开始】选项卡，在【段落】组中单击【中文版式】按钮，从弹出的菜单中选择【调整宽度】命令，如图 7-90 所示。

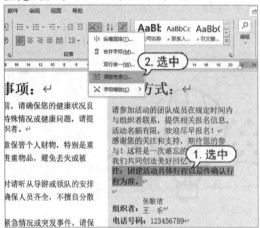

图 7-90

step㉖ 打开【调整宽度】对话框，在【新文字宽度】微调框中输入"15 字符"，然后单击【确定】按钮，如图 7-91 所示。

图 7-91

step㉗ 此时，文本显示效果如图 7-92 所示。

step㉘ 选择【文件】选项卡，选择【另存为】命令，然后选择【浏览】选项。

step㉙ 打开【另存为】对话框，在【文件名】文本框中输入新的名称，在【保存类型】下拉列表中选择【Word 模板】选项，单击【保存】按钮，如图 7-93 所示，此时该文档将以模板形式保存在"自定义 Office 模板"文件夹中。

图 7-93

step㉚ 选择【文件】选项卡，从弹出的菜单中选择【新建】命令，然后在【个人】选项卡中选择新建的模板选项，如图 7-94 所示，即可应用该模板创建文档。

图 7-94

7.5.2 编辑校园文化节文档

【例 7-11】制作"校园文化节"文档，应用样式、首字下沉及中文版式排版文档。

视频+素材 (素材文件\第 07 章\例 7-11)

step 1 启动 Word 2021 应用程序，打开"校园文化节"文档。

step 2 打开【开始】选项卡，在【样式】组中单击【其他】按钮，从弹出的菜单中选择【强调】样式，如图 7-95 所示。

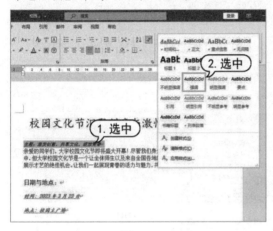

图 7-95

step 3 将鼠标光标放置到【强调】样式，右击并从弹出的菜单中选择【修改】命令，如图 7-96 所示。

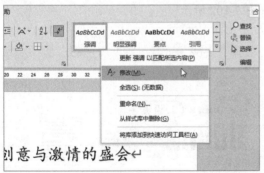

图 7-96

step 4 打开【修改样式】对话框，在【格式】选项区域的【字体】下拉列表中选择【华文新魏】选项，在【字号】下拉列表中选择【三号】选项，然后单击【确定】按钮，

如图 7-97 所示。

图 7-97

step 5 选择文本"精彩内容"下方的文本内容，如图 7-98 所示。

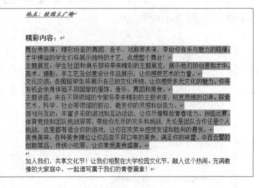

图 7-98

step 6 在【开始】选项卡的【样式】组中，单击【对话框启动器】按钮，打开【样式】任务窗格，单击【新建样式】按钮，打开【根据格式化创建新样式】对话框，在【名称】文本框中输入"活动内容"，然后单击【格式】按钮，在弹出的菜单中选择【段落】命令，如图 7-99 所示。

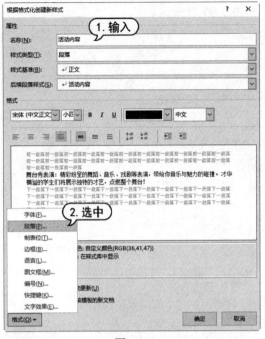

图 7-99

step 7 打开【段落】对话框的【缩进和间距】选项卡，单击【特殊】下拉按钮，从弹出的下拉列表中选择【首行】选项，在【段后】微调框中输入"0.5 行"，然后单击【确定】按钮，如图 7-100 所示。

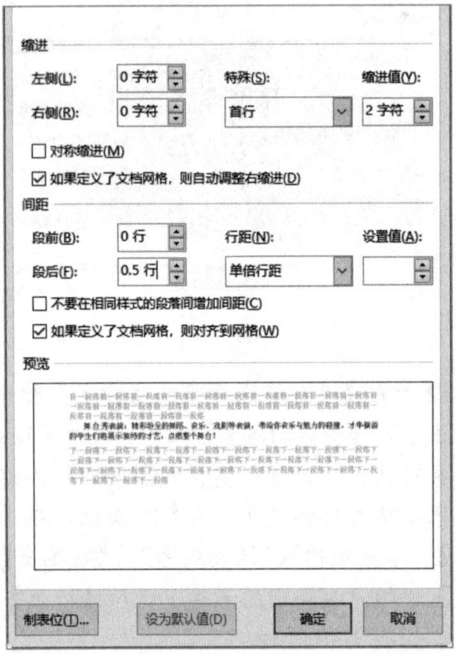

图 7-100

step 8 返回到【根据格式化创建新样式】对话框，单击【格式】按钮，在弹出的菜单中选择【边框】命令，如图 7-101 所示。

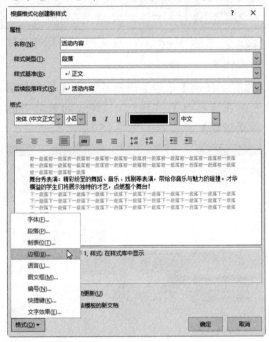

图 7-101

step 9 打开【边框和底纹】对话框，选择【底纹】选项卡，单击【填充】下拉按钮，从弹出的颜色面板中选择【蓝色，个性色 5，淡色 80%】色块，然后单击【确定】按钮，如图 7-102 所示。

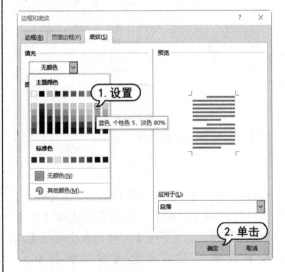

图 7-102

step ⑩ 此时，为文档中所有段落添加了一种浅蓝色的底纹，效果如图 7-103 所示。

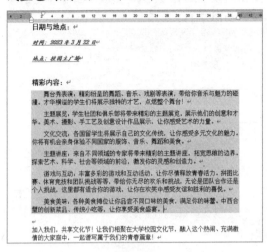

图 7-103

step ⑪ 选择第 2 段首字"亲"，选择【插入】选项卡，在【文本】组中单击【首字下沉】按钮，从弹出的菜单中选择【首字下沉选项】命令，如图 7-104 所示。

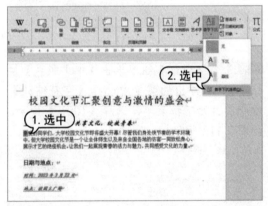

图 7-104

step ⑫ 打开【首字下沉】对话框，单击【字体】下拉按钮，从弹出的下拉列表中选择【幼圆】选项，选择【下沉】选项，在【下沉行数】微调框中输入"3"，在【距正文】微调框中输入"0.4 厘米"，然后单击【确定】按钮，如图 7-105 所示。

图 7-105

step ⑬ 此时，正文第 2 段中的首字将以"幼圆"字体下沉 3 行的形式显示，效果如图 7-106 所示。

图 7-106

step ⑭ 选择文本"日期与地点"，选择【开始】选项卡，在【字体】组中单击【拼音指南】按钮，如图 7-107 所示。

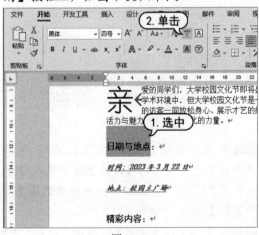

图 7-107

step 15 打开【拼音指南】对话框,在【字体】下拉列表中选择【黑体】选项,在【字号】微调框中输入"12",然后单击【确定】按钮,如图7-108所示。

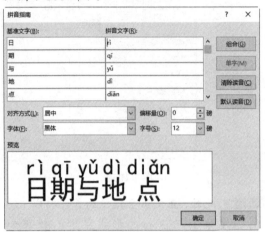

图 7-108

step 16 使用同样的方法,为其他文本添加拼音注释,效果如图7-109所示。

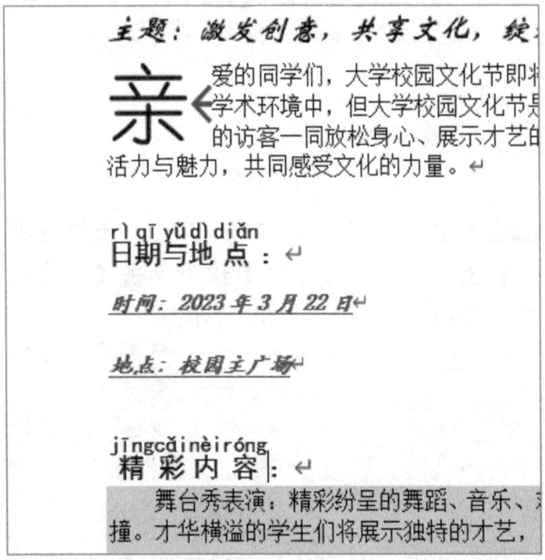

图 7-109

step 17 选择标题文本"校园文化节",选择【开始】选项卡,在【段落】组中单击【中文版式】按钮 A·,从弹出的菜单中选择【合并字符】命令,如图7-110所示。

step 18 打开【合并字符】对话框,在【字体】

下拉列表中选择【楷体】选项,在【字号】下拉列表中选择【36】,然后单击【确定】按钮,如图7-111所示。

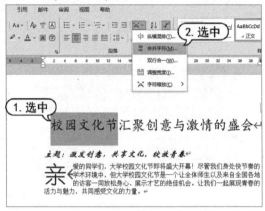

图 7-110

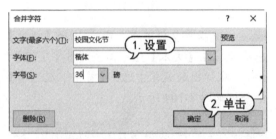

图 7-111

step 19 在【段落】组中单击【中文版式】按钮 A·,从弹出的菜单中选择【字符缩放】命令,打开下拉菜单,选择【100%】命令,如图7-112所示。

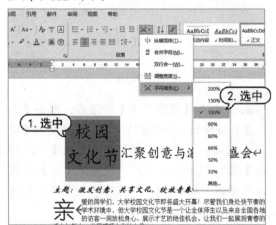

图 7-112

第8章

编排 Word 长文档

借助 Word 2021 提供的处理和查看长文档，插入封面和目录，使用书签，插入题注、脚注和尾注等排版功能，本章将为用户介绍如何快速了解文档结构，快速定位阅读位置，以及理解文档内容等。

本章对应视频

8.1 处理和查看长文档

在处理复杂文档时，Word 2021 提供了大纲视图功能，帮助用户更好地组织和管理文档的结构，同时还提供了导航窗格功能以方便用户查看文档的各个部分。

8.1.1 设置文档大纲级别

大纲级别是用于组织和结构化文档内容的层次结构，反映其在整个文档中的逻辑关系和重要性级别。大纲级别通常与标题样式一起使用，以定义标题和子标题之间的层次关系。

【例 8-1】设置"公司年终总结报告"文档的大纲级别。

视频+素材 (素材文件\第 08 章\例 8-1)

step 1 启动 Word 2021 应用程序，打开"公司年终总结报告"文档，标题前面带有大写序号的是 1 级标题，在文档中选择这类标题，如图 8-1 所示。

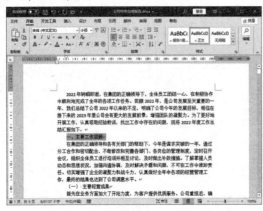

图 8-1

step 2 选择【开始】选项卡，在【段落】组中单击【对话框启动器】按钮，打开【段落】对话框，单击【对齐方式】下拉按钮，选择【两端对齐】选项，单击【大纲级别】下拉按钮，选择【1 级】选项，设置【段前】和【段后】微调框数值均为【1 行】，单击【行距】下拉按钮，选择【固定值】选项，设置【设置值】微调框数值为"30 磅"，然后单击【确定】按钮，如图 8-2 所示。

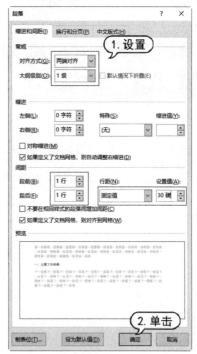

图 8-2

step 3 标题前面带有括号序号的是 2 级标题，在文档中选择这类标题，选择【开始】选项卡，在【样式】组中选择【标题 2】选项，如图 8-3 所示。

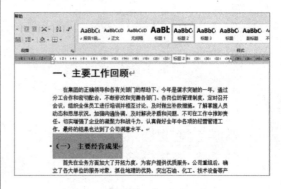

图 8-3

step 4 选择【视图】选项卡，在【文档视图】组中单击【大纲】按钮，如图 8-4 所示。

图 8-4

step 5 选择所有的 3 级标题，在【大纲工具】组中单击【大纲级别】下拉按钮，从弹出的下拉列表中选择【3 级】选项，如图 8-5 所示。

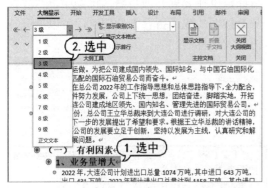

图 8-5

step 6 选择需要应用多级列表样式的标题，选择【开始】选项卡，在【段落】组中单击【多级列表】下拉按钮，从弹出的菜单中选择一种列表样式，如图 8-6 所示。

图 8-6

8.1.2　使用大纲视图处理文档

在创建的大纲视图中，用户可以对文档内容进行修改与调整。

1. 选择大纲的内容

在大纲视图模式下的选择操作是进行其他操作的前提和基础。选择的对象主要是标题和正文。

▶ 选择标题：如果仅仅选择一个标题，并不包括它的子标题和正文，可以将鼠标光标移至此标题的左端空白处，当鼠标光标变成一个斜向上的箭头形状时，单击即可选择该标题。

▶ 选择一个正文段落：如果仅仅选择一个正文段落，可以将鼠标光标移至此段落的左端空白处，当鼠标光标变成一个斜向上箭头的形状时单击，或者单击此段落前的符号●，选择该正文段落。

▶ 同时选择标题和正文：如果要选择一个标题及其所有的子标题和正文，就双击此标题前的符号⊕；如果要选择多个连续的标题和段落，进行拖动选择即可。

2. 更改文本的大纲级别

文本的大纲级别并不是一成不变的，可以按需要对其进行升级或降级操作。

▶ 每按一次 Tab 键，标题就会降低一个级别；每按一次 Shift+Tab 键，标题就会提升一个级别。

▶ 在【大纲显示】选项卡的【大纲工具】组中单击【升级】按钮←或【降级】按钮→，对该标题实现层次级别的升或降；如果要将标题降级为正文，可单击【降级为正文】按钮»；如果要将正文提升至标题 1，单击【提升至标题 1】按钮«。

▶ 按 Alt+Shift+←组合键，可将该标题的层次级别提高一级；按 Alt+Shift+→组合键，可将该标题的层次级别降低一级。按 Alt+Ctrl+1 或 2 或 3 键，可使该标题的级别达到 1 级或 2 级或 3 级。

▶ 用鼠标左键拖动符号⊕或●向左移或向右移可提高或降低标题的级别。首先将鼠标光标移到该标题前面的符号⊕或●处，待光标变成四箭头形状✛后，进行拖动，如图

8-7 所示。在拖动的过程中，每当经过一个标题级别时，都有一条竖线和横线出现。如果想把该标题置于这样的标题级别，可在此时释放鼠标。

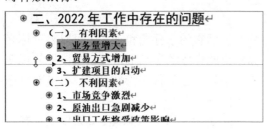

图 8-7

3．移动大纲标题

在 Word 2021 中既可以移动特定的标题到另一位置，也可以连同该标题下的所有内容一起移动；可以一次只移动一个标题，也可以一次移动多个连续的标题。

要移动一个或多个标题，首先选择要移动的标题内容，然后在标题上按下并拖动鼠标右键。移到目标位置后释放鼠标，从弹出的快捷菜单中选择【移动到此位置】命令即可，如图 8-8 所示。

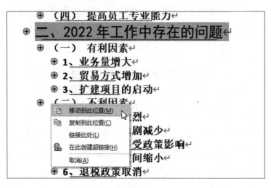

图 8-8

实用技巧

如果要将标题及该标题下的内容一起移动，必须先将该标题折叠，然后再进行移动。如果在展开的状态下直接移动，将只移动标题而不会移动内容。

8.1.3 使用大纲视图查看文档

大纲视图以层次结构的方式展示了文档的章节和子章节，通过设置标题级别和缩进，

能够直观地了解整个文档的组织结构。不仅使得文档的创建、编辑和重排变得更加简单和直观，而且还大大提高了处理长篇文档或需要频繁移动内容的效率。

选择【视图】选项卡，在【视图】组中单击【大纲】按钮，就可以切换到大纲视图模式。此时，【大纲显示】选项卡出现在窗口中，如图 8-9 所示，在【大纲工具】组的【显示级别】下拉列表中选择显示级别；将鼠标指针定位在要展开或折叠的标题中，单击【展开】按钮╋或【折叠】按钮━，可以展开或折叠大纲标题。

图 8-9

【例 8-2】将"公司年终总结报告"文档切换到大纲视图查看结构和内容。

视频+素材（素材文件\第 08 章\例 8-2）

step 1 启动 Word 2021 应用程序，打开"公司年终总结报告"文档。

step 2 选择【大纲】选项卡，在【大纲工具】组中单击【显示级别】下拉按钮，在弹出的下拉列表中选择【1 级】选项，如图 8-10 所示，此时标题 1 以后的标题或正文文本都将被折叠。

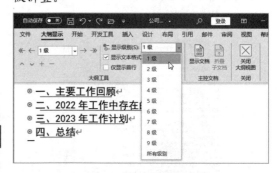

图 8-10

step 3 将鼠标指针移至标题"二、2022 年工作中存在的问题"前的符号╋处双击，即可展开其后的下属文本内容，如图 8-11 所示。

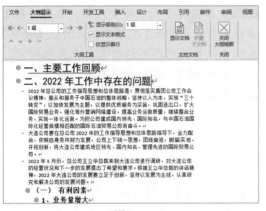

图 8-11

知识点滴

在大纲视图中,文本前有符号⊕,表示在该文本后有正文或级别较低的标题;文本前有符号●,表示该文本后没有正文或级别较低的标题。

step 4 在【大纲工具】组的【显示级别】下拉列表中选择【所有级别】选项,如图 8-12 所示,此时将显示所有的文档内容。

图 8-12

step 5 选择文本"一、主要工作回顾",在【大纲工具】组中单击【降级】按钮→,如图 8-13 所示,将其降至 2 级标题。

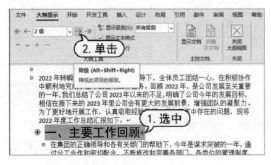

图 8-13

8.1.4 使用导航窗格查看文档

Word 2021 提供了导航窗格功能,用户不仅可以通过搜索功能快速找到特定的内容,还可以快速定位到目标标题和章节。

【例 8-3】使用导航窗格查看"公司年终总结报告"文档结构。

视频+素材 (素材文件\第 08 章\例 8-3)

step 1 启动 Word 2021 应用程序,打开"公司年终总结报告"文档。

step 2 选择【视图】选项卡,在【显示】组中选中【导航窗格】复选框,如图 8-14 所示,在文档的左侧打开【导航】窗格。

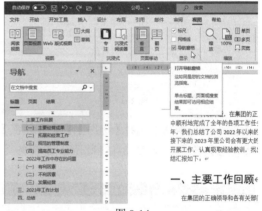

图 8-14

step 3 在【导航】窗格中查看文档的结构。单击"(四) 提高员工专业能力"标题按钮,右侧的文档页面将跳转到对应的正文部分,如图 8-15 所示。

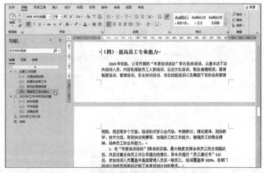

图 8-15

step 4 在【视图】组中单击【阅读视图】按钮,如图 8-16 所示。

图 8-16

step 5 进入阅读视图状态，单击界面中左右的箭头按钮即可完成翻屏，如图 8-17 所示。

图 8-17

step 6 在菜单栏中选择【视图】|【页面颜色】|【褐色】命令，如图 8-18 所示，可调整页面颜色。

图 8-18

step 7 单击【页面视图】按钮，在【导航】窗格中打开【页面】选项卡，此时在【导航】窗格中以页面缩略图的形式显示文档内容，如图 8-19 所示，拖动滚动条可以快速地浏览文档内容。

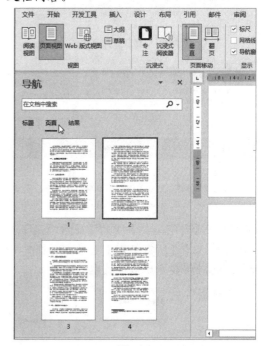

图 8-19

step 9 在【导航】窗格中的搜索框里输入文本"扩建"，即可搜索整个文档，并显示"扩建"文本所在位置，如图 8-20 所示。

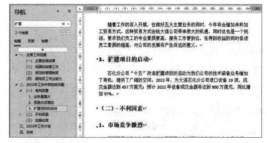

图 8-20

8.2　制作文档封面

　　封面是文档中的重要元素，能够提供清晰的概要，使读者快速了解文档的内容和背景。Word 2021 提供了丰富的封面设计和编辑功能，封面通常包括文件的标题、副标题、作者信息、公司名称、日期等相关信息。

【例8-4】在"公司年终总结报告"文档中插入封面。

🔵视频+素材 (素材文件\第 08 章\例 8-4)

step 1　启动 Word 2021 应用程序，打开"公司年终总结报告"文档，选择【插入】选项卡，在【页面】组中单击【封面】下拉按钮，在弹出的下拉列表中选择【离子(浅色)】选项，如图 8-21 所示。

图 8-21

step 2　此时即可在文档的第一页中自动插入所选的封面样式，如图 8-22 所示。

图 8-22

step 3　修改封面文本框中的文本内容，并分别为其设置不同的字体格式，如图 8-23 所示。

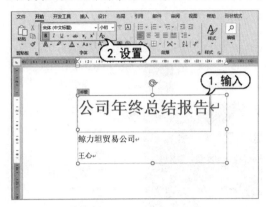

图 8-23

step 4　选择【插入】选项卡，在【插图】组中选择【图片】|【此设备】命令，如图 8-24 所示。

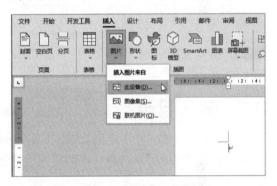

图 8-24

step 5　打开【插入图片】对话框，选择图片文件，然后单击【插入】按钮，如图 8-25 所示。

图 8-25

Word 2021 文档处理案例教程

step 6 单击图片右上角的【布局选项】按钮 ^，从弹出的菜单中选择【衬于文字下方】选项，如图 8-26 所示。

图 8-26

step 7 调整图片的大小和位置，效果如图 8-27 所示。

图 8-27

8.3 插入目录

目录用于显示文档中不同章节的标题和对应页码的列表，使读者可以迅速找到所需的章节。在文档中使用目录功能，能够帮助用户创建出更加专业且有条理的文档。

8.3.1 创建目录

目录通常位于正文前，Word 2021 提供了自动生成目录的功能，用户可以根据文档中的标题样式自动创建目录，还可以根据需要选择内置目录或者自定义目录的样式和格式。

将鼠标插入点定位在需要插入目录的位置，选择【引用】选项卡，在【目录】组中单击【目录】按钮，从弹出的菜单中选择想要的目录样式，如图 8-28 所示。

图 8-28

ᅳ

ᅳ

ᅳ

ᅳ

ᅳ

ᅳ

ᅳ

ᅳ

ᅳ

ᅳ

ᅳ

ᅳ

ᅳ

ᅳ

ᅳ

然后，即可在文档中插入一级和二级标题的目录，如图 8-29 所示，只需按 Ctrl 键，再单击目录中的某个页码，就可以将插入点快速跳转到该页的标题处。

图 8-29

8.3.2 设置目录格式

在创建目录时，用户可以根据需要设置目录中各个级别的文本格式。

选择【自定义目录】命令，打开【目录】对话框，如图 8-30 所示，在对话框中用户可以设置页码、目录显示格式、目录显示级别等。

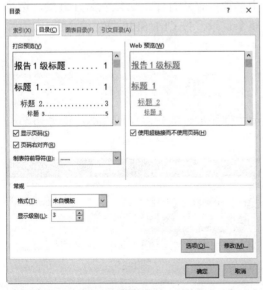

图 8-30

单击【选项】按钮，打开【目录选项】对话框，如图 8-31 所示。在【目录级别】中，

使用数字 1、2、3 的方式设置文档中标题的不同级别。

图 8-31

在【目录】对话框中单击【修改】按钮，可打开【样式】对话框，如图 8-32 所示。在此对话框中，显示的为文档目录中各级标题的样式。在其中，用户可以灵活地设置目录中不同级别标题的格式和外观。

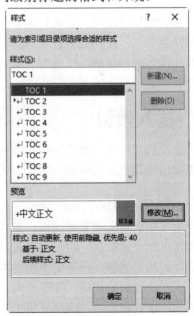

图 8-32

在【样式】对话框中单击【修改】按钮，打开【修改样式】对话框，如图 8-33 所示。

用户可在该对话框中进一步调整目录的字体、字号、行距和对齐方式等。

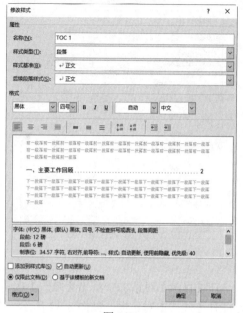

图 8-33

8.3.3 更新目录

创建完目录后，如果用户对正文中标题或内容结构进行了修改，那么标题和页码都有可能发生变化，使用更新目录即可自动根据文档的内容进行更新，以确保目录与文档内容一致。

在 Word 2021 中有三种更新目录的方法，第一种，将鼠标插入点放置到目录中，按 F9 键；第二种，选择【引用】选项卡，在【目录】组中单击【更新目录】按钮；第三种，在目录任意处右击，从弹出的快捷菜单中选择【更新域】命令，这三种方法都可以打开【更新目录】对话框进行设置，如图 8-34 所示。

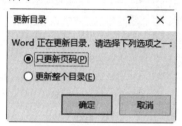

图 8-34

如果只更新页码，而不想更新已应用于目录的格式，可以选中【只更新页码】单选按钮；如果在创建目录后，对文档做了具体修改，可以选中【更新整个目录】单选按钮，将更新整个目录。

若要将整个目录文件复制到另一个文件中单独保存或打印，必须先断开链接，选择整个目录，按 Ctrl+Shift+ F9 组合键。

8.4 插入索引

当涉及长文档或文献的组织和查找时，索引是一种非常有效和方便的方法，能够帮助用户组织和快速查找文档中的关键词、术语或短语。

8.4.1 标记索引

使用【标记索引项】对话框，将单词、词组或短语标记索引项，用户可以通过索引轻松查找到标记内容。标记索引项的本质就是插入了一个隐藏的代码，便于查询。

在文档中选择文本，选择【引用】选项卡，在【索引】组中单击【标记条目】按钮，如图 8-35 所示。

图 8-35

打开【标记索引项】对话框，单击【标记全部】按钮，如图 8-36 所示。

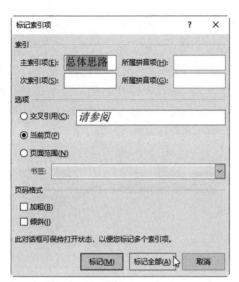

图 8-36

单击【关闭】按钮，此时，在文档中所有的"总体思路"文本后方以 XE 域的形式显示，如图 8-37 所示。如果文档中未能显示 XE 域，可以打开【开始】选项卡，在【段落】组中单击【显示/隐藏编辑标记】按钮。

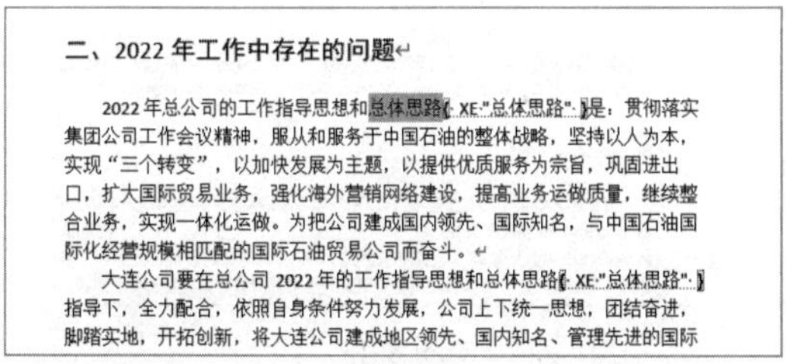

二、2022 年工作中存在的问题

2022 年总公司的工作指导思想和**总体思路**{ XE."总体思路". }是，贯彻落实集团公司工作会议精神，服从和服务于中国石油的整体战略，坚持以人为本，实现"三个转变"，以加快发展为主题，以提供优质服务为宗旨，巩固进出口，扩大国际贸易业务，强化海外营销网络建设，提高业务运营质量，继续整合业务，实现一体化运做。为把公司建成国内领先、国际知名，与中国石油国际化经营规模相匹配的国际石油贸易公司而奋斗。

大连公司要在总公司 2022 年的工作指导思想和总体思路{ XE."总体思路". }指导下，全力配合，依照自身条件努力发展，公司上下统一思想，团结奋进，脚踏实地，开拓创新，将大连公司建成地区领先、国内知名、管理先进的国际

图 8-37

8.4.2　在文档中插入索引

在文档中标记好所有的索引项后，可以插入自定义的索引。通常情况下，Word 2021会根据标记的索引项自动创建和更新索引，并引用其页码。

【例 8-5】在"公司年终总结报告"文档中，为标记的索引项创建索引。
视频+素材（素材文件\第 08 章\例 8-5）

step 1　启动 Word 2021 应用程序，打开"公司年终总结报告"文档，将插入点定位在文档末尾处，选择【引用】选项卡，在【索引】组中单击【插入索引】按钮，如图 8-38 所示。

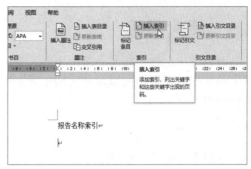

图 8-38

step 2　打开【索引】对话框，在【格式】下拉列表中选择【古典】选项；在右侧的【类型】选项中选中【缩进式】单选按钮；在【栏数】文本框中输入"1"；在【排序依据】下拉列表中选择【拼音】选项，单击【确定】按钮，如图 8-39 所示。

图 8-39

step 3　此时，在文档中将显示插入的索引信息，如图 8-40 所示。

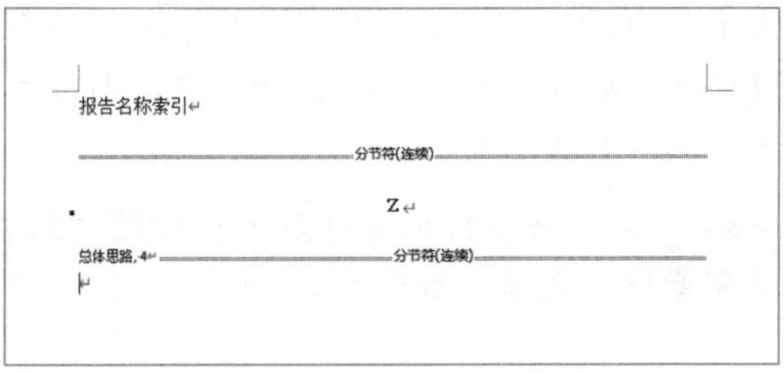

报告名称索引
分节符(连续)
Z
总体思路，4
分节符(连续)

图 8-40

8.5 插入书签

书签可用于标识和命名文档中的文本，帮助用户记录和导航到文档中的指定位置。其类似于书籍中的书签，用于命名文档中指定的段落、章节、图表及表格开始处，而不必手动滚动或搜索。

8.5.1 添加书签

通过 Word 2021 中的书签功能，用户可以在指定区域中插入若干书签标记，不仅方便随时定位到标记位置，还可以用于共享和协作，方便与他人交流和讨论特定的段落或部分。

【例 8-6】在“公司年终总结报告”文档中输入书签。
视频+素材 (素材文件\第 08 章\例 8-6)

step 1 启动 Word 2021 应用程序，打开“公司年终总结报告”文档，将插入点定位到第 10 页的文本“8、队伍素质”后，选择【插入】选项卡，在【链接】组中单击【书签】按钮，如图 8-41 所示。

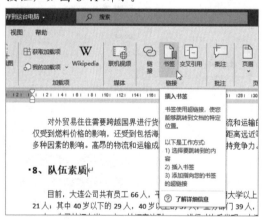

存到这台电脑
搜索
视图
帮助
获取加载项
我的加载项
Wikipedia
联机视频
链接
书签
交叉引用
批注
页眉
加载项
媒体
链接
批注
插入书签
书签使用超链接，使您能够跳转到文档的特定位置。
以下是工作方式：
1) 选择要跳转到的内容
2) 插入书签
3) 添加指向您的书签的超链接
了解详细信息
·8、队伍素质

图 8-41

step 2 打开【书签】对话框，在【书签名】文本框中输入书签的名称“队伍素质”，单击【添加】按钮，如图 8-42 所示，将该书签添加到书签列表框中。

step 3 此时书签标记 I 将显示在标题“8、队伍素质”之后，如图 8-43 所示。

书签
书签名(B):
队伍素质
队伍素质
添加(A)
删除(D)
定位(G)
排序依据: 名称(N)
位置(L)
隐藏书签(H)
取消

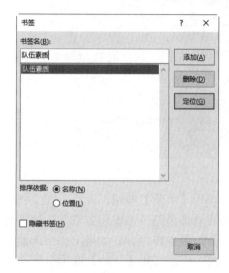

图 8-42

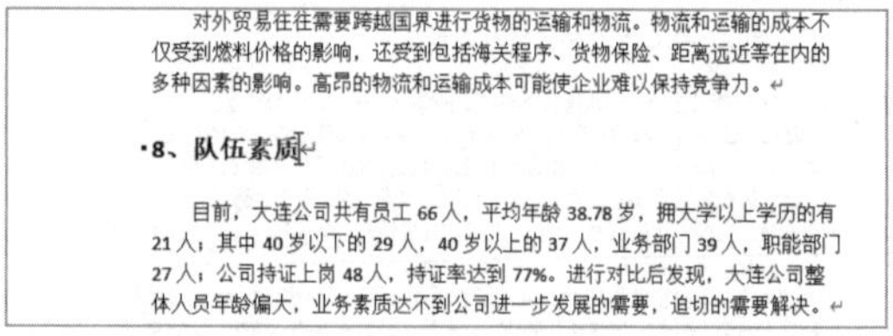

对外贸易往往需要跨越国界进行货物的运输和物流。物流和运输的成本不仅受到燃料价格的影响，还受到包括海关程序、货物保险、距离远近等在内的多种因素的影响。高昂的物流和运输成本可能使企业难以保持竞争力。
·8、队伍素质
目前，大连公司共有员工 66 人，平均年龄 38.78 岁，拥大学以上学历的有 21 人；其中 40 岁以下的 29 人，40 岁以上的 37 人，业务部门 39 人，职能部门 27 人；公司持证上岗 48 人，持证率达到 77%。进行对比后发现，大连公司整体人员年龄偏大，业务素质达不到公司进一步发展的需要，迫切的需要解决。

图 8-43

实用技巧

书签的名称最长可达 40 个字符，可以包含数字，但数字不能出现在第一个字符中，书签只能以字母或文字开头。另外，在书签名称中不能有空格，但是可以采用下画线来分隔文字。

8.5.2 隐藏和显示书签

在编辑文档时，隐藏和显示书签是一种常用的方式，通过隐藏书签，以便在阅读或打印文档时不会干扰内容的呈现；在需要编辑或更新书签时，显示书签则让用户能够快速定位至特定位置并进行必要的修改。

选择【文件】选项卡，在弹出的菜单中选择【选项】命令，打开【Word 选项】对话框，在左侧的列表框中选择【高级】选项，在打开的【显示文档内容】选项区域中，取消选中【显示书签】复选框，然后单击【确定】按钮，如图 8-44 所示。

图 8-44

此时，在文档中将不显示标题"8、队伍素质"之后的书签标记，如图 8-45 所示。

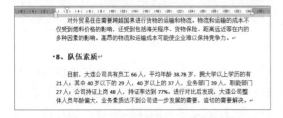

图 8-45

8.5.3　定位书签

Word 2021 提供了书签定位功能，方便用户准确定位到书签所标记的位置。下面将以实例来介绍定位书签的操作方法。

打开【开始】选项卡，在【编辑】组中，单击【查找】下拉按钮，从弹出的菜单中选择【转到】命令，如图 8-46 所示。

图 8-46

打开【查找和替换】对话框，如图 8-47所示，选择【定位】选项卡，在【定位目标】列表框中选择【书签】选项，在【请输入书签名称】下拉列表中选择书签名称【队伍素质】，单击【定位】按钮，即可自动定位到书签位置。

图 8-47

8.6　插入题注、脚注和尾注

在 Word 2021 中，插入题注、脚注和尾注能够为文档提供专业且清晰的注释与引用方式。这些功能在编辑论文、研究报告或其他专业文档时非常有用。

8.6.1　插入题注

题注可以为文档中的图表、插图、表格或其他项目对象自动进行顺序编号。读者也更容易根据编号快速定位和理解文档中的各个对象。

【例 8-7】在 "2023 年工作计划" 文档中插入题注。

视频+素材 (素材文件\第 08 章\例 8-7)

step 1 启动 Word 2021 应用程序，打开"2023年工作计划"文档，将插入点定位在表格后，选择【引用】选项卡，在【题注】组中单击【插入题注】按钮，如图 8-48 所示。

图 8-48

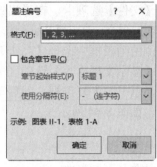

图 8-51

step 2 打开【题注】对话框,单击【新建标签】按钮,如图 8-49 所示。

step 5 返回【题注】对话框,单击【确定】按钮,完成所有设置。

step 6 此时,即可在插入点位置插入设置的题注,如图 8-52 所示。

图 8-49

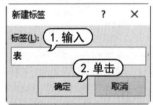

图 8-52

step 3 打开【新建标签】对话框,在【标签】文本框中输入文本"表",然后单击【确定】按钮,如图 8-50 所示。

在【题注】对话框中若单击【自动插入题注】按钮,可打开【自动插入题注】对话框,选择需要插入题注的项目,如表格、图表和公式等,就可以设置在插入这些项目时自动为其添加题注,然后单击【确定】按钮,如图 8-53 所示。

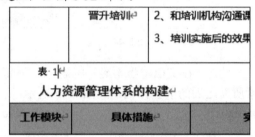

图 8-50

step 4 返回【题注】对话框,单击【编号】按钮,打开【题注编号】对话框,在【格式】下拉列表中选择一种格式,然后单击【确定】按钮,如图 8-51 所示。

图 8-53

8.6.2 插入脚注和尾注

　　脚注通常出现在文档页面的底部，而尾注则出现在整个文档的末尾。通过插入脚注，作者可以提供解释性或引用性的信息，而尾注则更适用于提供详细的背景资料、引证参考或进一步阅读的材料。

【例 8-8】在"公司年终总结报告"文档中插入脚注和尾注。

🔵 视频+素材 (素材文件\第 08 章\例 8-8)

step ① 启动 Word 2021 应用程序，打开"公司年终总结报告"文档。

step ② 将插入点定位在要插入脚注的文本"年度培训活动"后，然后打开【引用】选项卡，在【脚注】组中单击【插入脚注】按钮，如图 8-54 所示。

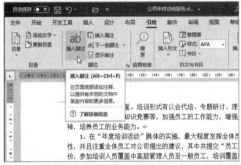

图 8-54

step ③ 此时，在该页面出现脚注编辑区，直接输入文本，如图 8-55 所示。

图 8-55

step ④ 插入脚注后，文本"年度培训活动"后将出现脚注引用标记，将鼠标指针移至该标记，将显示脚注内容，如图 8-56 所示。

step ⑤ 选择第 9 页中的文本"开拓信息渠道和合作渠道"，在【引用】选项卡的【脚注】组中单击【插入尾注】按钮，如图 8-57 所示。

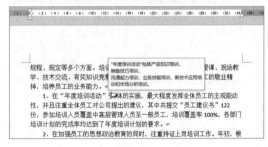

图 8-56

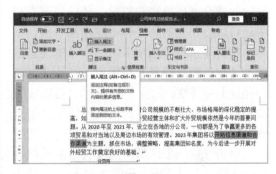

图 8-57

step ⑥ 此时，在整篇文档的末尾处出现尾注编辑区，输入尾注文本"《2023 年企业外贸发展计划书》"，如图 8-58 所示。

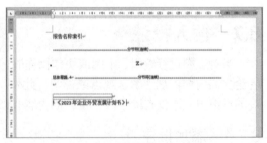

图 8-58

step ⑦ 插入尾注后，在插入尾注的文本中将出现尾注引用标记，将鼠标指针移至该标记，将显示尾注内容，如图 8-59 所示。

图 8-59

> **知识点滴**
>
> 要移动、复制或删除脚注或尾注，首先要在文档中选择注释引用标记。在文档中移动、复制和删除脚注或尾注时，它们会自动调整编号。要移动脚注或尾注，可以把注释标记拖到另一位置；要复制脚注或尾注，按住 Ctrl 键，再移动注释标记；要删除脚注或尾注，在选择注释引用标记后，按 Delete 键。

8.6.3 设置脚注和尾注

在文档中通过设置脚注和尾注，可以使其更加符合文档风格和要求。此外，在文档中还可以将已有的脚注和尾注相互转换。

选择【引用】选项卡，单击【脚注】组中的【对话框启动器】按钮，打开【脚注和尾注】对话框，如图 8-60 所示，可以设置脚注中的格式和布局。如果要设置尾注，则在【位置】区域中选中【尾注】单选按钮。

单击【格式】区域中的【符号】按钮，打开【符号】对话框，如图 8-61 所示，从中选择需要的符号，单击【确定】按钮，返回【脚注和尾注】对话框，将选择符号更改为脚注或尾注的编号形式。

图 8-60

图 8-61

8.7 插入批注

当对文档进行编辑、审阅或协作操作时，插入批注是一个不可或缺的功能。批注允许审阅者给文档内容添加注解、观点或说明。此外，Word 还提供了答复和解决批注的功能，这种直观的反馈方式不仅有助于改善文档的内容和质量，还促进了团队成员之间的有效沟通和合作。

8.7.1 添加批注

通过插入批注，用户可以在文本旁边或底部添加额外的信息，而不会直接修改原始文本。这对于团队合作、审阅过程和文档修订非常有利。

要插入批注，首先将插入点定位在要添加批注的位置或选择要添加批注的文本，选择【审阅】选项卡，在【批注】组中单击【新建批注】按钮，如图 8-62 所示。

图 8-62

在文档的右侧会出现【批注】窗格，在批注框中输入批注内容即可，如图 8-63 所示。

图 8-63

图 8-64

8.7.2　编辑文档中的批注

插入批注后，还可以对其进行查看或删除、显示或隐藏、设置格式等操作，以便用户进行更精确的反馈和修订。

【例 8-9】在"图书馆规章制度"文档中，设置批注格式。

🎬 视频+素材 (素材文件\第 08 章\例 8-9)

step 1 启动 Word 2021 应用程序，打开"图书馆规章制度"文档。选择第 1 个批注框中的文本，在【批注】组中单击【下一条】按钮，如图 8-64 所示，即可快速跳转到下一条批注信息。

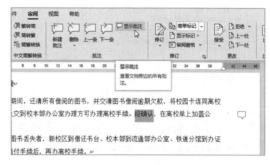

图 8-65

step 2 在【批注】组中，单击【显示批注】按钮，如图 8-65 所示，即可将批注信息隐藏。

step 3 在【修订】组中单击【显示标记】下拉按钮，选择【特定人员】选项，可以在弹出的列表中查看所有审阅者的名称，如图 8-66 所示。

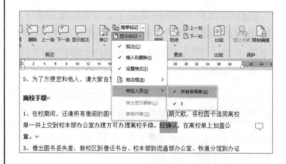

图 8-66

8.8　插入修订

Word 2021 提供的修订功能，使得文档编辑和协作过程更加高效和精确。当多个用户同时进行编辑时，修订功能可以对不同作者进行标识。此外，用户可以将修改的每项操作以不同的颜色标识出来，方便区分原始文本和所做的更改。

8.8.1　添加修订

在 Word 中启用修订模式，用户可以轻松地添加批注或删除不必要的部分，使得文档的修改和审阅过程更加高效。

选择【审阅】选项卡，在【修订】组中，单击【修订】按钮，如图 8-67 所示，进入修订状态。

图 8-67

启用修订后，审阅者就可以在文档中对文档内容进行编辑，若是添加文本内容，则在后方出现一条红色横线标记，而被删除的文字会被画上一条红色横线标记，如图 8-68 所示。

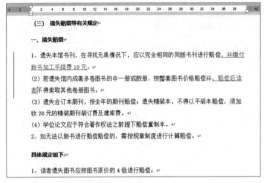

图 8-68

当所有的修订工作完成后，单击【修订】组中的【修订】按钮，即可退出修订状态。

8.8.2 在修订状态下修改文档

在长文档中添加修订后，为了方便查看与修改，可以使用审阅窗格以浏览文档中的修订内容。查看完毕后，可根据需要接受或拒绝这些修改。

【例 8-10】在"图书馆规章制度"文档中编辑修订。
（视频+素材）（素材文件\第 08 章\例 8-10）

step 1 启动 Word 2021 应用程序，打开"图书馆规章制度"文档。

step 2 在【修订】组中单击【显示标记】下拉按钮，选择【批注框】|【在批注框中显示修订】选项，如图 8-69 所示，在文档的右侧会出现批注框并显示修订内容。

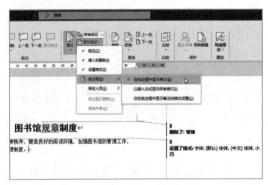

图 8-69

step 3 选择【审阅】选项卡，在【修订】组中单击【审阅窗格】下拉按钮，从弹出的菜单中选择【垂直审阅窗格】命令，如图 8-70 所示，打开垂直审阅窗格。

图 8-70

step 4 在审阅窗格中单击修订，即可切换到相对应的修订文本位置进行查看，如图 8-71 所示。

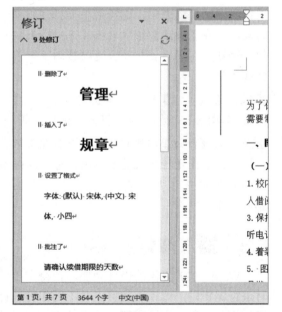

图 8-71

step 5 在【更改】组中单击【下一处修订】按钮，可以逐条查看有过修订的内容，如图 8-72 所示。

step 6 在垂直审阅窗格中，选择字体格式的修订，右击并从弹出的快捷菜单中选择【拒绝格式更改】命令，如图 8-73 所示，即可拒绝文本格式的修改。

图 8-72

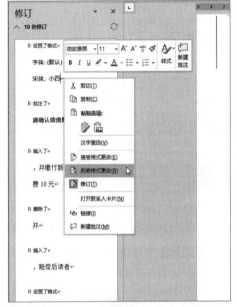

图 8-73

step 7 将文本插入点定位到输入的文本"赔偿后读者"位置,在【更改】组中单击【接受】按钮,如图 8-74 所示,接受输入的字符。

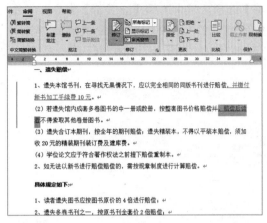

图 8-74

8.9 案例演练

本章的案例演练部分为制作汽车市场调查报告和编排管理规章制度文档两个综合案例操作,用户通过练习从而巩固本章所学知识。

8.9.1 制作汽车市场调查报告

【例 8-11】设置"汽车市场调查报告"文档的大纲级别,并插入封面、目录、索引和书签。

视频+素材 (素材文件\第 08 章\例 8-11)

step 1 启动 Word 2021 应用程序,打开"汽车市场调查报告"文档。

step 2 选择【视图】选项卡,在【显示】组中选中【导航窗格】复选框,在文档的左侧打开【导航】窗格,如图 8-75 所示,可查看文档的结构层次。

图 8-75

Word 2021 文档处理案例教程

step 3 将鼠标插入点放置到正文最开始的位置，选择【布局】选项卡，在【页面设置】组中单击【分隔符】按钮，在弹出的【分页符】选项区域中选择【分页符】命令，如图8-76所示，或者按 Ctrl+Enter 快捷键。

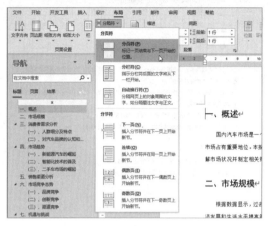

图 8-76

step 4 在插入的空白页中输入文本【目录】，选择【开始】选项卡，在【字体】组中设置字体为【黑体】、字号为【小二】，在【段落】组中单击【居中】按钮，然后右击并从弹出的快捷菜单中选择【段落】命令，如图8-77所示。

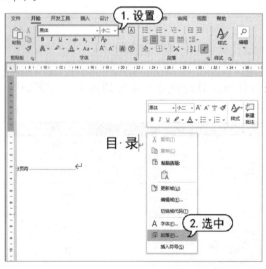

图 8-77

step 5 打开【段落】对话框，设置【段后】微调框数值为【12 磅】，单击【行距】下拉

按钮，选择【多倍行距】命令，在【设置值】微调框中输入"1.2"，然后单击【确定】按钮，如图8-78所示。

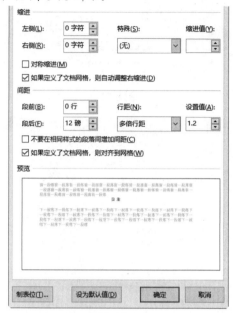

图 8-78

step 6 选择【引用】选项卡，在【目录】组中单击【目录】下拉按钮，选择【自定义目录】命令，如图8-79所示。

图 8-79

step 7　打开【目录】对话框，在【制表符前导符】下拉列表中选择【制表符前导符】类型，在【常规】选项区域中单击【格式】下拉按钮，选择【来自模板】选项，然后单击【确定】按钮，如图 8-80 所示。

图 8-80

step 8　按住 Ctrl 键加选所有二级标题，右击并选择【段落】命令，如图 8-81 所示。

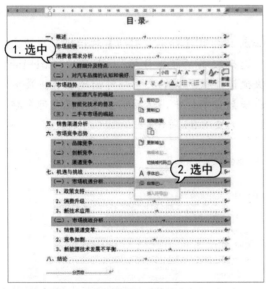

图 8-81

step 9　打开【段落】对话框，设置【段后】微调框数值为【8 磅】，单击【行距】下拉按

钮，从弹出的下拉列表中选择【多倍行距】，设置【设置值】为【1.2】，如图 8-82 所示。

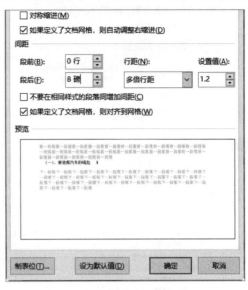

图 8-82

step 10　选择所有三级标题，选择【开始】选项卡，在【样式】组中选择【正文】选项，如图 8-83 所示。

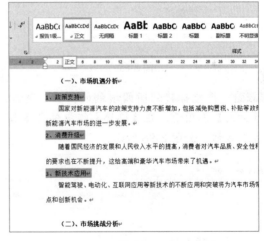

图 8-83

step 11　将鼠标插入点放置到目录中，选择【引用】选项卡，在【目录】组中单击【更新目录】按钮，或者按 F9 键打开【更新目录】对话框，选中【更新整个目录】单选按钮，然后单击【确定】按钮，如图 8-84 所示。

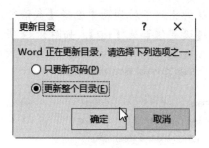

图 8-84

step ⑫ 更新后的目录如图 8-85 所示。

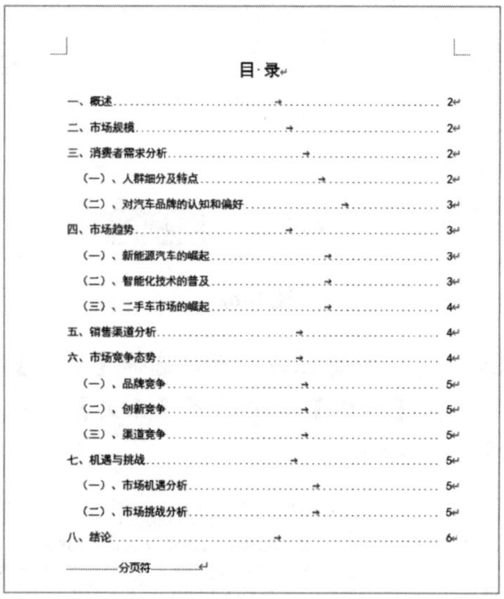

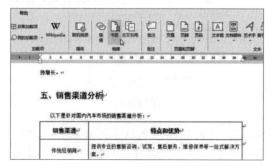

图 8-85

step ⑬ 将光标移到所阅读到的位置，选择【插入】选项卡，在【链接】组中单击【书签】按钮，如图 8-86 所示。

图 8-86

step ⑭ 打开【书签】对话框，在【书签名】文本框中输入"结论"，然后单击【添加】按钮，如图 8-87 所示。

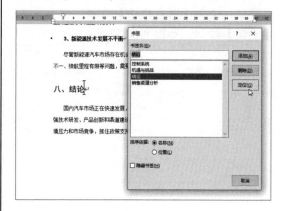

图 8-87

step ⑮ 将光标放置在第 3 页中，在【索引】组中单击【标记条目】按钮，如图 8-88 所示。

图 8-88

step ⑯ 打开【标记索引项】对话框，在正文中选择文本"数据分析"，或者按 Ctrl+Tab 快捷键，被选择的文字即可出现在【主要索引项】文本框中，然后单击【标记全部】按钮，如图 8-89 所示。

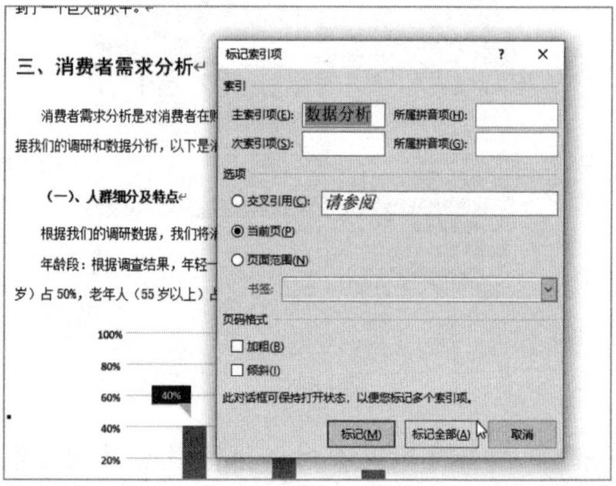

图 8-89

step 17 按照步骤 16 的方法标记正文中其余的文本，将光标放置到正文最后，选择【布局】选项卡，在【页面设置】组中单击【分隔符】下拉按钮，从弹出的菜单中选择【分页符】选项，然后输入文本"报告名称索引"，如图 8-90 所示。

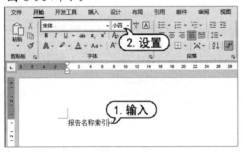

图 8-90

step 18 按 Enter 键进行换行，选择【引用】选项卡，在【索引】组中单击【插入索引】按钮。

step 19 打开【索引】对话框，单击【格式】下拉按钮，选择【来自模板】选项，然后单击【确定】按钮，如图 8-91 所示。

step 20 此时，自动在插入点处插入索引，效果如图 8-92 所示。

step 21 选择文档中的第一张图片，选择【引用】选项卡，在【题注】组中单击【插入题注】按钮，如图 8-93 所示。

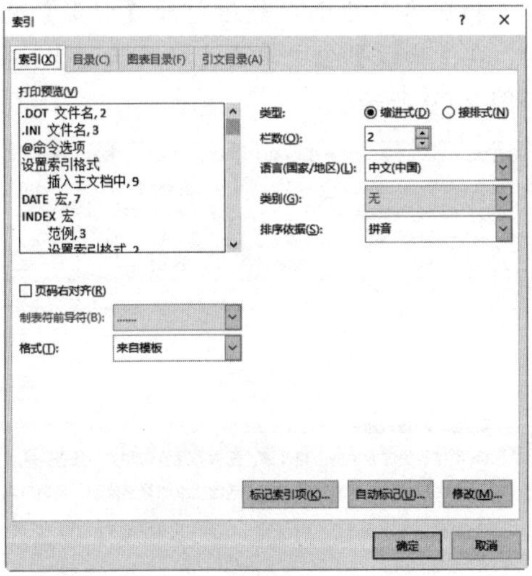

图 8-91

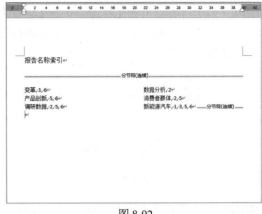

图 8-92

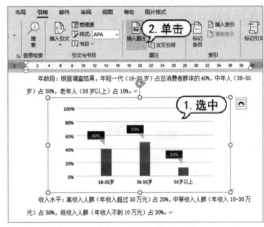

图 8-93

step 22 打开【题注】对话框，单击【位置】下拉按钮，在弹出的下拉列表中选择【所选项目下方】选项，然后单击【新建标签】按钮，如图 8-94 所示。

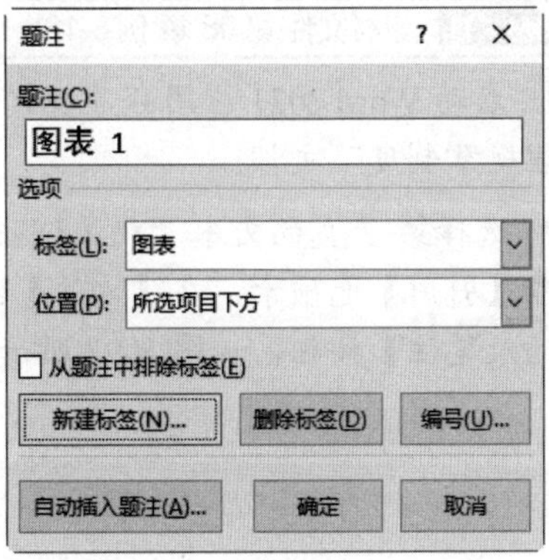

图 8-94

step㉓ 打开【新建标签】对话框，在【标签】文本框中输入新标签名称"图"，然后单击【确定】按钮，如图 8-95 所示。

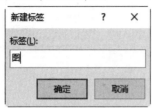

图 8-95

step㉔ 再次单击【确定】按钮，返回文档，即可看到在所选图片的下方添加了"图"标签，在后方输入图片的名称，如图 8-96 所示，按照同样的方法添加其他图片的题注。

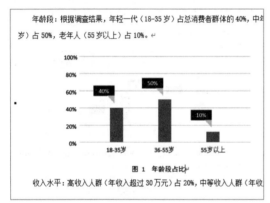

图 8-96

8.9.2　编排管理规章制度文档

【例 8-12】在"班级管理规章制度"文档中插入批注、修订、脚注和尾注。

⬤ 视频+素材 (素材文件\第 08 章\例 8-12)

step① 启动 Word 2021 应用程序，打开"班级管理规章制度"文档。

step② 选择第 2 页的文本"相关证明"，然后选择【引用】选项卡，在【脚注】组中单击【插入尾注】按钮，如图 8-97 所示。

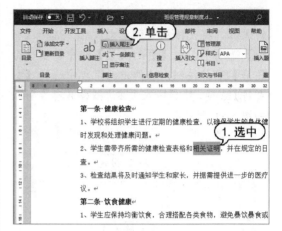

图 8-97

step③ 此时，在整篇文档的末尾处出现尾注编辑区，输入尾注文本内容，如图 8-98 所示。

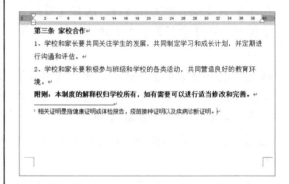

图 8-98

step④ 将插入点定位在要插入脚注的文本"支持服务"后面，然后打开【引用】选项卡，在【脚注】组中单击【插入脚注】按钮，如图 8-99 所示。

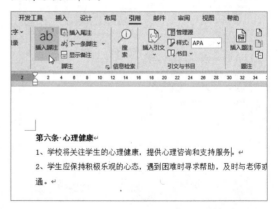

图 8-99

step 5 此时，在该页面出现的脚注编辑区输入文本，如图 8-100 所示。

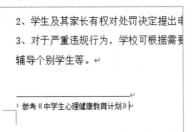

图 8-100

step 6 选择【引用】选项卡，单击【脚注】组中的【对话框启动器】按钮，打开【脚注和尾注】对话框，单击【编号格式】下拉按钮，从弹出的下拉列表中选择"1,2,3,..."选项，然后单击【转换】选项，如图 8-101 所示。

step 7 打开【转换注释】对话框，选中【脚注和尾注相互转换】单选按钮，然后单击【确定】按钮，如图 8-102 所示。

step 8 返回【脚注和尾注】对话框，单击【应用】按钮，此时，可以看到原脚注转换为尾注，如图 8-103 所示。

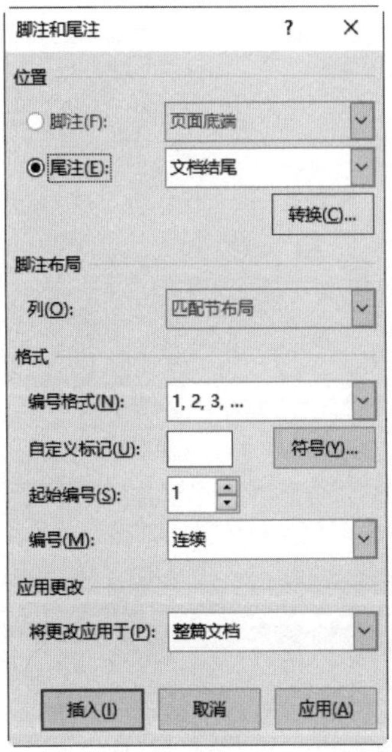

图 8-102

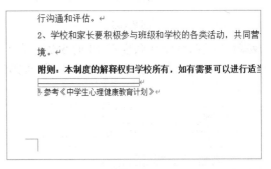

图 8-103

step 9 选取第 1 页中的文本"停课"，选择【审阅】选项卡，在【批注】组中单击【新建批注】按钮。在文档的右侧打开【批注】窗格，在批注框中输入批注内容，效果如图 8-104 所示。

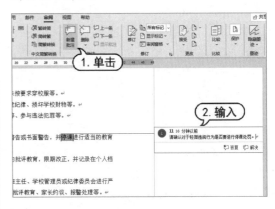

图 8-104

step 10 打开【审阅】选项卡，在【修订】组中单击【修订】按钮，进入修订模式，删除错误的文本，并更改文本内容，如图 8-105 所示。

图 8-101

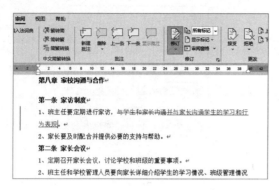

图 8-105

step 11 按照步骤 9 到步骤 10 的方法，添加其他批注框，并修订文档内容，如图 8-106 所示。

图 8-106

step 12 文档审阅结束后，单击【更改】组中的【接受】按钮，在下拉列菜单中选择【接受所有修订】命令，如图 8-107 所示，完成文档修订。

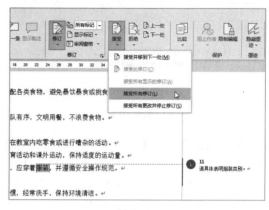

图 8-107

第9章

使用宏、域和公式

在 Word 2021 中进行自动化操作时，宏、域和公式都是不可或缺的工具。本章将主要介绍如何在 Word 文档中运用宏、域和公式，使文档在表达和处理上展现出更大的优势和创造力。

本章对应视频

例 9-1 使用宏编辑文档　　　　例 9-4 制作差旅费报销单

例 9-2 在文档中使用域　　　　例 9-5 制作数学公式文档

例 9-3 制作物理公式文档

9.1 使用宏

宏是一种自动化执行特定任务的工具，由一系列指令和操作组成。使用宏可以记录和执行一系列的操作，帮助用户自动完成烦琐任务，提高工作效率。

9.1.1 认识宏

宏是使用VBA(Visual Basic for Applications)编写的，VBA 是一种强大的编程语言，可用于创建和修改宏代码。用户可以将一个宏指定到工具栏、菜单或者快捷键上，并通过单击一个按钮或者快捷键来运行宏。

通过 Word 内置的宏编辑器，用户可以创建、编辑和管理宏。在编辑器中，用户可以编写 VBA 代码来实现更复杂的操作。

用户可以通过按钮、快捷键或菜单项等调用宏，一旦调用了宏，Word 将自动执行宏中定义的操作。用户还可以将宏保存在个人宏库或共享宏库中，以便在不同的文档或计算机上重复使用。

使用宏可以完成很多的功能。例如，加速日常编辑和格式的设置；快速插入具有指定尺寸和边框、指定行数和列数的表格；使某个对话框中的选项更易于访问等。

在 Word 2021 中，要使用宏，首先需要选择【开发工具】选项卡，如图 9-1 所示。

图 9-1

【开发工具】选项卡主要用于 Word 的二次开发，默认情况下该选项卡不显示在主选项卡中，用户可以通过自定义【主选项卡】使之可见。单击【文件】按钮，在弹出的菜单中选择【选项】命令，打开【Word 选项】对话框，如图 9-2 所示，切换至【自定义功能区】选项卡。在右侧的【主选项卡】选项区域中选中【开发工具】复选框，然后单击【确定】按钮，即可在 Word 界面中显示【开发工具】选项卡。

图 9-2

9.1.2 录制宏

通过录制宏，将自动捕捉用户的鼠标单击、键盘输入和其他操作，然后将其转化为可重复执行的代码。

选择【开发工具】选项卡，在【代码】组中单击【录制宏】按钮，打开【录制宏】对话框，如图 9-3 所示，用户可以指定宏的名称、快捷键和存储位置等。

图 9-3

宏可以保存在文档模板或单个 Word 文档中。将宏存储到模板上的方式有两种：一种是全面宏，存储在普通模板中，可以在任何文档中使用；另一种是模板宏，存储在特殊模板上。创建宏的最好的方法就是使用键盘和鼠标录制许多操作，然后在宏编辑窗口中进行编辑，并添加一些 Visual Basic 命令。

在【录制宏】对话框中单击【按钮】按钮，打开【Word 选项】对话框的【快速访问工具栏】选项卡，在【自定义快速访问工具栏】列表框中将显示输入的宏的名称。选择该宏命令，然后单击【添加】按钮，将该名称添加到快速访问工具栏上，如图 9-4 所示。

图 9-4

如要指定宏的快捷键，单击【键盘】按钮，打开【自定义键盘】对话框，在【请按新快捷键】文本框中按下快捷键 Alt+0，然后单击【指定】按钮，如图 9-5 所示。

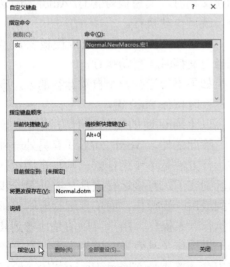

图 9-5

指定成功后，在【当前快捷键】列表框中即可看到设置的快捷键，若要将其删除，单击【删除】按钮即可，如图 9-6 所示。

图 9-6

在使用宏录制器创建宏时，要注意以下几点。

➤ 录制宏时要尽量减少不必要的步骤和操作。不要执行任何与宏目标无关的操作，以免录制了过长或无用的操作步骤。

➤ 宏录制器不记录执行的操作，只录制命令操作的结果。录制器不能记录鼠标在文档中的移动，要录制如移动光标或选择、移动、复制等操作，只能用键盘进行。

➤ 在默认情况下，Word 将宏存储在 Normal 模板内，这样每一个 Word 文档都可以使用它。如果只是需要在某个文档中使用宏，则可将宏存储在该文档中。

➤ 在录制宏期间，确保按照正确的顺序执行操作。任何错误或多余步骤都会在宏中被录制下来。用户可以在录制结束后，在 Visual Basic 编辑器中将不必要的操作代码修改和删除。

➤ 宏可以通过键盘快捷键来触发，因此使用录制宏之前确认相应的快捷键是否被其他功能占用，避免与现有的快捷键冲突。因此，在给宏命名之前，最好打开【视图】选项卡,在【宏】组中单击【宏】按钮,在弹出的菜单中选择【查看宏】命令,打开【宏】对话框,并在【宏的位置】下拉列表中选择【Word 命令】选项。此时,列表框中将列出 Word 所有的标准宏,如图 9-7 所示。

图 9-7

9.1.3 运行宏

在 Word 中宏的运行需要通过用户手动触发,用户可以通过按下特定的快捷键组合、单击工具栏上的按钮或者选择菜单中的特定选项来执行宏,宏会自动按照事先设定的顺序和逻辑执行各项操作。如果要运行在特殊模板上创建的宏,则应首先打开该模板或基于该模板创建的文档;如果要运行针对某一选择条目创建的宏,则应首先选择该条目,然后再运行宏。

宏的运行不仅仅局限于当前文档,还可以应用于不同的文档或者整个 Word 应用程序。这意味着用户可以在多个项目中共享和重复使用宏,为整个团队带来更高效的工作方式。实际上,Word 命令在本质上也是宏,下面将为读者介绍 3 种宏的运行方法。

第一种方法,选择【开发工具】选项卡,在【代码】组中单击【宏】按钮,打开【宏】对话框,在【宏名】列表框中,选择需要运行的宏的名称,单击【运行】按钮,如图 9-8 所示。

图 9-8

第二种方法,按 Alt+F11 快捷键,打开 Microsoft Visual Basic 编辑器,将光标定位至要运行的宏过程中,单击【标准】工具栏中的【运行】按钮▶或按 F5 键,即可运行代码。

第三种方法,使用设置的快捷键。

Word 允许创建自动运行宏,要创建自动运行宏,对宏命令必须采取下列方式之一。

➢ AutoExec:全局宏,打开或退出 Word 时将立即运行。

➢ AutoOpen:全局宏或模板宏,当打开其存在的文档时,立即执行。

➢ AutoNew:全局宏或模板宏,当用户创建文档时,其模板若含有 AutoNew 宏命令,就可自动执行。

➢ AutoClose:全局宏或模板宏,当关闭当前文档时,自动执行。

如果不想运行一个自动运行的宏,则可在运行时按住 Shift 键。

以上所讲述的宏的运行方法是直接运行,除此之外,Word 2021 还有另外一种宏的运行方法是单步运行宏。其与直接运行宏的区别在于:直接运行宏是从宏的第一步执行到最后一步操作,而单步运行宏则是每次只执行一条操作,用户可以清楚地看到其中每一步操作及其效果。因为宏是一系列操作的集合,本质是 Visual Basic 代码。所以,可以用 Visual Basic 编辑器打开宏并单步运行宏。

要单步运行宏，在【宏】对话框中选择要运行的宏命令，然后单击【单步执行】按钮即可。

9.1.4 编辑宏

有时录制的宏并不完美，并且功能和范围非常有限，需要根据实际情况进行修改。编辑宏包括修改宏代码、删除或添加步骤，或调整操作的顺序，可以帮助用户精确地调整和优化宏的执行效果。

选择【开发工具】选项卡，在【代码】组中单击 Visual Basic 按钮，或者按 Alt+F11 快捷键，打开 Visual Basic 编辑窗口，在 Visual Basic 编辑器中，即可对宏的源代码进行修改，添加或删除宏的源代码。

在 Visual Basic 编辑窗口左侧的工程资源管理器任务窗格中单击节点展开录制宏所在的模块(如 NewMacros)，然后双击该模块，即可打开如图 9-9 所示的代码窗口，在此窗口中显示已录制的宏。

图 9-9

编辑完毕后，可以在 Visual Basic 编辑器中选择【文件】|【关闭并返回到 Microsoft Word】命令，返回 Word，Visual Basic 将自动保存所做的修改。

9.1.5 复制并重命名宏

当用户需要在不同的文档或模板中创建类似的宏时，利用【管理器】对话框，可以将其复制到目标文档或模板，并为其设置新的名称。需要注意的是，宏通常以组的形式保存在模板或组中，不能传递单个宏，只能传递一组宏。这是为了确保宏之间的一致性和相关性，以及保持宏的完整性。

要在模板或文档中复制宏，打开【宏】对话框，单击【管理器】按钮，如图 9-10 所示。

图 9-10

打开【管理器】对话框的【宏方案项】选项卡，左边列表框中显示的是当前活动文档使用的宏组，右边列表框中显示的是 Normal 模板中的宏。在右侧列表框中选择要复制的宏组 NewMacros，单击【复制】按钮，将选定的宏组复制到左边的当前活动文档中，如图 9-11 所示。

图 9-11

单击【关闭】按钮，完成宏的复制。此

时，在新文档中可以使用该宏命令。如果要复制别的模板中的宏，可以单击【管理器】对话框中的【关闭文件】按钮，关闭 Normal 模板。此时，【关闭文件】按钮变成【打开文件】按钮，单击该按钮，即可在打开的对话框中选择要复制的宏的模板或文件。

重命名宏或宏组的过程不同，要重命名单步宏，必须在 Visual Basic 编辑器中重命名。选择【开发工具】选项卡，在【代码】组中单击【宏】按钮，打开【宏】对话框，在列表框中找到要重命名的宏。单击右侧的【编辑】按钮，将打开 Visual Basic 编辑窗口，同时打开用户的宏组，以便进行编辑。找到想要重新命名的宏，修改宏的名称即可。

宏组能在宏管理器中直接重命名，修改第 1 行内容即可。例如，将正文格式改为修改正文格式，如图 9-12 所示。

图 9-12

要重命名宏组，可以先打开包含需要重命名宏组的文档或模板，选择【开发工具】选项卡，在【代码】组中单击【宏】按钮，在打开的【宏】对话框中单击【管理器】按钮，打开【管理器】对话框的【宏方案项】选项卡，选中需要重命名的宏组，单击【重命名】按钮，在打开的【重命名】对话框中输入新名称即可，如图 9-13 所示。

图 9-13

9.1.6 删除宏

随着时间的推移，文档或模板中的一些无用宏可能会影响到我们的工作流程，及时将其删除以确保我们的工作环境始终保持整洁和高效。

打开包含需要删除宏的文档或模板，选择【开发工具】选项卡，在【代码】组中单击【宏】按钮，打开【宏】对话框，如图 9-14 所示，在【宏名】列表框中选择要删除的宏，然后单击【删除】按钮。

图 9-14

此时，系统将打开消息对话框，在该对话框中单击【是】按钮，如图 9-15 所示，即可删除该宏。

图 9-15

9.1.7 使用宏编辑文档

【例 9-1】使用宏编辑文档。

视频+素材 (素材文件\第 07 章\例 9-1)

step 1 启动 Word 2021 应用程序，打开"汽车市场调研报告"文档，选择【开发工具】选项卡，在【代码】组中单击【录制宏】按钮，如图 9-16 所示，开始录制宏。

图 9-16

step 2 打开【录制宏】对话框,在【宏名】文本框中输入"隐藏图片",然后单击【确定】按钮,如图 9-17 所示。

图 9-17

step 3 单击【文件】按钮,从弹出的菜单中选择【选项】命令,打开【Word 选项】对话框,选择【高级】选项卡,在【显示文档内容】选项区域中取消选中【显示图片框】复选框,然后单击【确定】按钮,如图 9-18 所示。

图 9-18

step 4 设置完成后,在【代码】组中单击【停止录制】按钮,如图 9-19 所示,停止录制宏。

图 9-19

step 5 此时,文档中的图片即可被隐藏,并只显示图片的外框,如图 9-20 所示,以防图片过多,影响读者阅读速度。

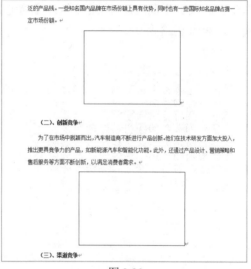

图 9-20

step 6 在功能区空白处右击,从弹出的菜单中选择【自定义功能区】命令,如图 9-21 所示。

图 9-21

step 7 打开【Word 选项】对话框,单击下方的【新建选项卡】按钮,在【从下列位置选择命令】下拉列表中选择【宏】选项,在下方的列表框中选择【隐藏图片】选项,单击【添加】按钮,即可将其添加到新建的【自定义新建组】组中,然后单击【重命名】按钮,如图 9-22 所示。

图 9-22

step 8 打开【重命名】对话框，在【符号】
列表框中选择一种符号，在【显示名称】文
本框中输入"隐藏图片"，然后单击【确定】
按钮，如图 9-23 所示。

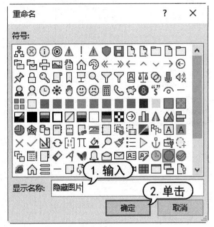

图 9-23

step 9 返回 Word 2021 工作界面，此时选择
【新建选项卡】选项卡，即可在【新建组】
组中看到【隐藏图片】按钮，如图 9-24 所示。

图 9-24

step 10 按照步骤 1 到步骤 4 的方法，录制一

个名为"显示图片"的宏，如图 9-25 所示。

图 9-25

step 11 按照步骤 6 到步骤 8 的方法，将【显
示图片】命令按钮添加到【新建选项卡】选
项卡，然后在【新建组】组中单击【显示图
片】按钮，如图 9-26 所示。

图 9-26

step 12 此时，即可在文档中显示图片，效果
如图 9-27 所示。

图 9-27

9.2 使用域

在 Word 中，域是一种特殊的代码，用于在文档中插入内容或执行特定操作。域能插入
包括日期、页码、索引、目录和某些特定的文字内容或图形等，并根据文档中的其他信息进
行更新。

9.2.1　插入域

域的应用范围广泛，是文档中可能发生变化的数据或邮件合并文档中套用信函、标签的占位符。域以花括号表示，其中包含域代码和域结果，域代码是代表域的符号，类似于表达式；域结果是根据域代码进行运算得到的结果。

当文档中的相关因素发生变化时，域会自动更新。例如，用户可以创建一个带有自动编号章节标题的法律文件模板。当插入新的章节时，域会自动更新编号。同时，可以在文档中的其他地方引用这些章节，并且当章节编号发生变化时，引用也会自动更新。可以根据文档中的其他信息进行实时更新，确保文档保持最新状态。

在文档中插入域可以使用【域】对话框或手动插入域两种方法。

第一种方法，将光标放置在需要插入域的位置，选择【插入】选项卡，在【文本】组中单击【文档部件】下拉按钮，从弹出的菜单中选择【域】命令，如图 9-28 所示。

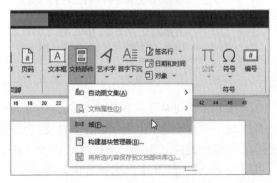

图 9-28

打开【域】对话框，如图 9-29 所示，用户在【请选择域】选项区域中可以选择要插入的域类型；在【域属性】选项区域中可以设置或编辑所选域的属性；在【域选项】选项区域中可以对所选的域进行更高级的设置；【更新时保留原格式】复选框用于设置更新域时是否保留设置的原格式。

图 9-29

第二种方法，若用户熟练掌握域的用法，可以直接手动输入域代码来创建域。按 Ctrl+F9 快捷键，可以在文档中插入一个空域 {|}，将鼠标插入点放置到花括号内，输入域代码，例如在花括号中输入"SEQ list"，域内容将显示为灰色，如图 9-30 所示。

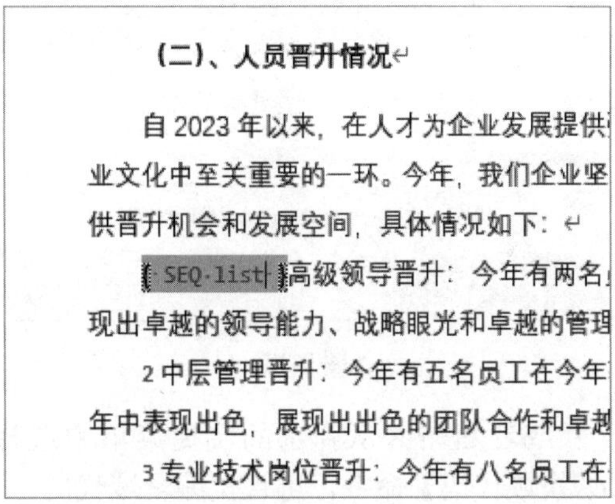

（二）、人员晋升情况

自 2023 年以来，在人才为企业发展提供业文化中至关重要的一环。今年，我们企业坚供晋升机会和发展空间，具体情况如下：

{ SEQ·list }高级领导晋升：今年有两名现出卓越的领导能力、战略眼光和卓越的管理

2 中层管理晋升：今年有五名员工在今年年中表现出色，展现出出色的团队合作和卓越

3 专业技术岗位晋升：今年有八名员工在

图 9-30

9.2.2　编辑域

如果文档或模板中的一些无用宏影响到了我们的工作流程，应及时将其删除以确保我们的工作环境始终保持整洁和高效。

将鼠标光标放置到需要修改的域上，右击并从弹出的快捷菜单中选择【编辑域】命令，如图 9-31 所示。

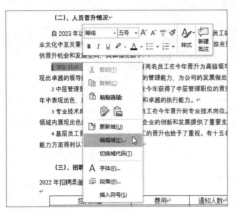

图 9-31

打开【域】对话框,如图 9-32 所示,在对话框中可以看到当前所选内容的域代码和域选项,用户可按照需求编辑域。

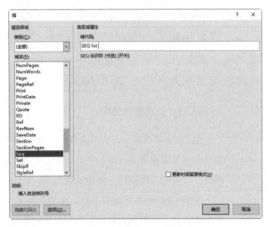

图 9-32

或者右击并从弹出的快捷菜单中选择【切换域代码】命令,可直接编辑域代码。

▶ 选择域,按 Shift+F9 组合键可切换至域代码,再次按 Shift+F9 组合键会显示域结果。

▶ 若要显示文档中所有域的域代码,可直接按 Alt+F9 组合键,再次按 Alt+F9 组合键可显示所有域结果。

9.2.3 更新、查找和删除域

在工作中,有时需要更新、查找和删除域,以便用户更好地处理文档中的特定内容和信息,提高编辑的效率和准确性。

选择域代码,右击并从弹出的快捷菜单中选择【更新域】命令,如图 9-33 所示,或者按 F9 键进行更新。若要更新所有域,按 Ctrl+A 组合键选择所有文档内容,按 F9 键即可更新文档中所有的域。

图 9-33

此时,更新后的域结果显示为数字“1”等,如图 9-34 所示。

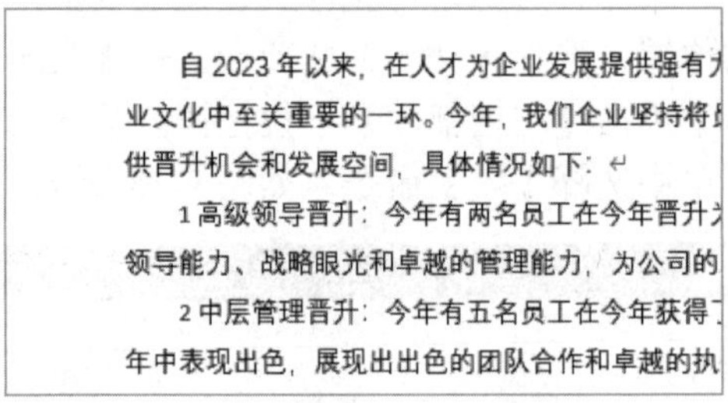

自 2023 年以来,在人才为企业发展提供强有力业文化中至关重要的一环。今年,我们企业坚持将员供晋升机会和发展空间,具体情况如下:

1 高级领导晋升:今年有两名员工在今年晋升为领导能力、战略眼光和卓越的管理能力,为公司的

2 中层管理晋升:今年有五名员工在今年获得年中表现出色,展现出出色的团队合作和卓越的执

图 9-34

按 F11 键可从当前位置向文档结尾方向查找域,并自动选择,按 Shift+F11 组合键可从当前位置向开头方向查找域。此外,还可以按 F5 键,打开【查找和替换】对话框,如图 9-35 所示,在【定位】选项卡下定位域。

图 9-35

将鼠标光标放置在域开头，按两次 Delete 键，或者将鼠标光标放置在域结尾，按两次 Backspace 键，都可以删除域。

如果要删除文档中的所有域，可按 Alt+F9 组合键显示所有域代码，然后打开【查找和替换】对话框的【替换】选项卡，在【查找内容】文本框中输入需要替换的文本内容，例如输入文本"数据分析"，然后单击【更多】按钮，从展开的对话框中单击【特殊格式】按钮，从弹出的菜单中选择【域】命令，如图 9-36 所示。

图 9-36

此时，文本"数据分析"后即会出现域符号，在【替换为】文本框中不输入任何内容，然后单击【全部替换】按钮，如图 9-37 所示，即可删除域。

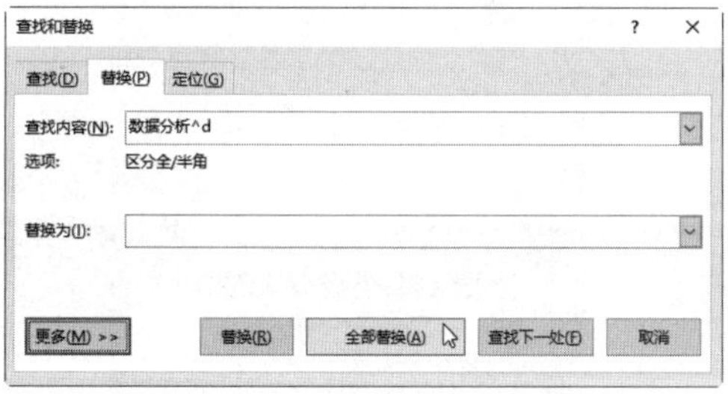

图 9-37

9.2.4 在文档中使用域

【例 9-2】在"2023 年人力资源部年终报告"文档中插入页码，并修改域。

视频+素材 (素材文件\第 09 章\例 9-2)

step 1 启动 Word 2021 应用程序，打开"2023 年人力资源部年终报告"文档，双击页脚处，进入【页眉和页脚】编辑状态。

step 2 在页脚处按 Ctrl+F9 组合键插入一个空域，输入 "{IF { PAGE } > 1 { = {PAGE} -1}""}"，如图 9-38 所示。

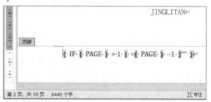

图 9-38

step 3 按 F9 键更新域，此时，文档中首页不显示页码，第 2 页页码开始从 1 开始，如图 9-39 所示，然后在文档中双击任意处，退出【页眉和页脚】编辑状态。

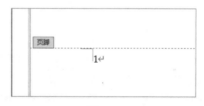

图 9-39

step 4 按 F5 键，打开【查找和替换】对话框，选择【定位】选项卡，在【定位目标】列表框中选择【域】选项，单击【请输入域名】下拉按钮，从弹出的下拉列表中选择【DATE】选项，然后单击【下一处】按钮，如图 9-40 所示。

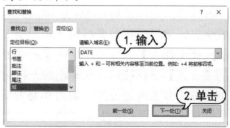

图 9-40

step 5 找到符合域名的域，选择域，右击并从弹出的快捷菜单中选择【编辑域】命令，如图 9-41 所示。

图 9-41

step 6 打开【域】对话框，单击【类别】下拉按钮，从弹出的下拉列表中选择【日期和时间】选项，在【域名】列表框中选择【Date】选项，单击对话框下方的【域代码】选项，如图 9-42 所示。

图 9-42

step 7 在【域代码】文本框中输入代码，然后单击【确定】按钮，如图 9-43 所示。

图 9-43

step 8 此时，文档中的日期即会发生更改，并会在下次打开文档时，自动更新为当天的日期，如图 9-44 所示。

图 9-44

9.3 使用公式

Word 2021 的公式编辑器为用户提供了丰富的数学符号和操作符号选项，通过内置的公式或者手动输入即可快速生成复杂的公式。

9.3.1 使用内置公式创建公式

内置公式功能使得在 Word 中插入复杂的数学公式和科学符号变得简单和便捷。

选择【插入】选项卡，单击【符号】组中的【公式】下拉按钮，在弹出的下拉列表框中预设了多款内置公式，如图 9-45 所示。这里选择【傅里叶级数】公式样式。此时，即可在文档中插入该内置公式。

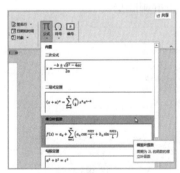

图 9-45

随后即可打开【公式编辑器】窗口和【公式】工具栏，如图 9-46 所示。

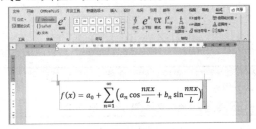

图 9-46

选择【Office.com 中的其他公式】选项，从弹出的下拉列表中可以选择更多的公式，如图 9-47 所示。

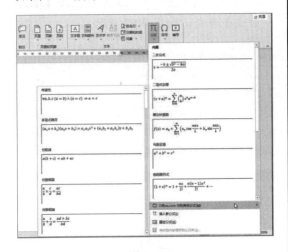

图 9-47

若【公式】下拉按钮为灰色，无法使用，用户可以选择【文件】选项卡，在打开的界面中选择【信息】选项，打开【信息】界面，选择【转换】选项，如图 9-48 所示。

图 9-48

实用技巧

在文档中双击创建的公式，打开【公式编辑器】窗口和【公式】工具栏，即可重新编辑公式。

9.3.2 使用命令创建公式

通过使用 Word 的公式编辑器，用户可以在文档中准确地插入数学符号、上下标、分数、矩阵等。

选择【插入】选项卡，在【符号】组中单击【公式】下拉按钮，从弹出的下拉菜单中选择【插入新公式】命令，打开【公式工具】窗口中的【设计】选项卡，在该窗口的【在此处键入公式】提示框中，可以进行公式编辑，如图 9-49 所示。

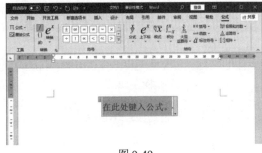

图 9-49

在【符号】组中，内置了多种符号，供用户输入公式。单击【其他】按钮，在弹出的列表框中单击【基础数学】下拉按钮，从弹出的菜单中可以选择其他类别的符号，如图 9-50 所示。

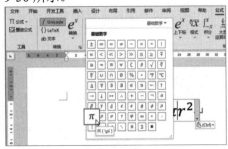

图 9-50

另外，用户还可以使用 LaTex 公式进行输入，在【转换】组中单击【{}LaTex】按钮，然后输入 "\frac{a}{b+c}"，如图 9-51 所示。

Word 2021 文档处理案例教程

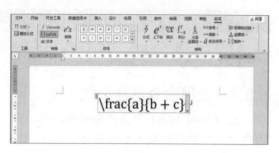

图 9-51

选择【公式】选项卡，在【转换】组中单击【转换】下拉按钮，选择【当前-专业】选项，或者按 Ctrl+=组合键，效果如图 9-52 所示。

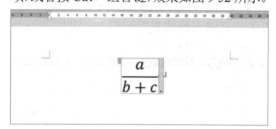

图 9-52

9.3.3　使用墨迹公式创建公式

使用墨迹公式功能，用户可以使用手写笔或触摸屏来书写公式，从而快捷地创建复杂的公式。

选择【插入】选项卡，在【符号】组中单击【公式】下拉按钮，从弹出的下拉菜单中选择【墨迹公式】命令，打开【数学输入控件】对话框，如图 9-53 所示。在该对话框的【在此处键入公式】提示框中可以进行公式的编辑。

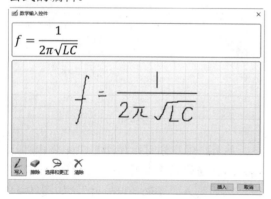

图 9-53

输入公式后，Word 会智能识别用户的手写内容，并实时将其转换为标准的数学符号和公式。

9.3.4　制作物理公式文档

【例 9-3】在"物理公式"文档中输入公式，并插入相关符号。

🎬 视频+素材 (素材文件\第 09 章\例 9-3)

step ① 启动 Word 2021 应用程序，打开"物理公式"文档。

step ② 将鼠标指针定位在文档中，选择【插入】选项卡，在【符号】组中单击【公式】下拉按钮，从弹出的下拉菜单中选择【插入新公式】命令，如图 9-54 所示。

图 9-54

step ③ 此时在文档中出现【在此处键入公式】提示框，输入"T=2"，如图 9-55 所示并在【符号】组中单击 π 按钮。

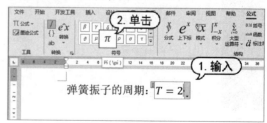

图 9-55

220

step 4 选择【公式】选项卡，在【结构】组中单击【根式】下拉按钮，从弹出的菜单中选择【平方根】命令，如图 9-56 所示。

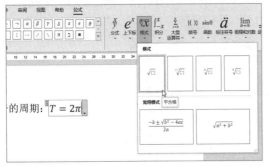

图 9-56

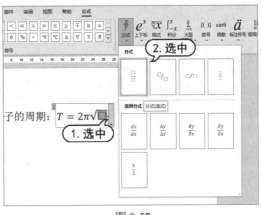

图 9-57

step 5 选择根号下面的方框，在【结构】组中单击【分式】下拉按钮，从弹出的菜单中选择【分式(竖式)】命令，如图 9-57 所示。

step 6 选择分数下面的方框，输入 "k"，然后选择分数上面的方框，输入 "m"，如图 9-58 所示。

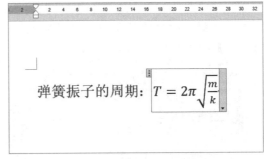

弹簧振子的周期：$T = 2\pi\sqrt{\dfrac{m}{k}}$

图 9-58

9.4 案例演练

本章将通过制作差旅费报销单和制作数学公式文档两个案例，学习如何灵活运用宏、域和公式来解决实际工作中可能遇到的问题。

9.4.1 制作差旅费报销单

【例 9-4】通过宏和域的结合，制作 "差旅费报销单" 文档。

视频+素材 (素材文件\第 09 章\例 9-4)

step 1 打开 ChatGPT 界面，在文本框中输入文本 "编写一份宏代码，设置文档中所有表格的单元格行距为 0.8 厘米，表格中前三行的文字加粗，宏名为统一表格格式"，然后按 Enter 键。

step 2 稍等片刻后，ChatGPT 将会根据提问给出相应的回复，单击对话框右上角的【复制】按钮，如图 9-59 所示。

图 9-59

step 3 启动 Word 2021 应用程序，打开 "差旅费报销单" 文档，选择【开发工具】选项卡，在【代码】组中单击 Visual Basic 按钮，如图 9-60 所示，或者按 Alt+F11 组合键。

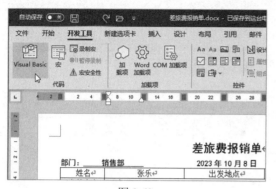

图 9-60

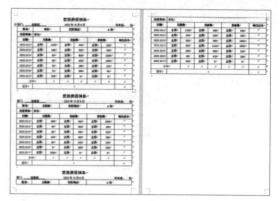

图 9-63

step 4 打开 Visual Basic 编辑窗口，在【工程-Normal】任务窗格中选择【模块 1】选项，右击并从弹出的快捷菜单中选择【插入】|【模块】选项，如图 9-61 所示。

step 7 将光标放置到 "1200" 单元格中，右击并从弹出的快捷菜单中选择【表格属性】命令，如图 9-64 所示。

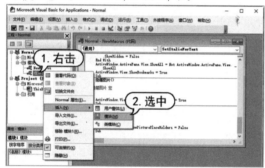

图 9-61

图 9-64

step 5 新建一个模块 2，按 Ctrl+V 组合键将复制的代码粘贴到【Normal 模块 2(代码)】窗口中，然后单击【运行子过程/用户窗体】按钮▶，如图 9-62 所示，运行代码。

step 8 打开【表格属性】对话框，选择【行】选项卡，可以看到所选的单元格处于第几行，如图 9-65 所示。

图 9-62

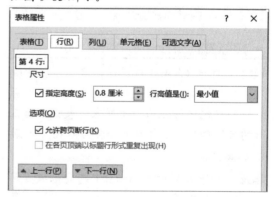

图 9-65

step 6 此时，文档中所有表格将自动统一进行修改，如图 9-63 所示。

step 9 选择【列】选项卡，可以看到所选的单元格处于第几列，然后单击【确定】按钮，如图 9-66 所示。

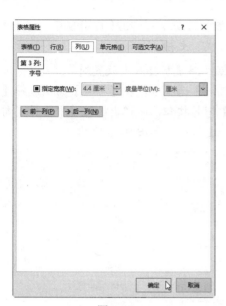

图 9-66

step **10**　将光标放置到需要进行计算的单元格中，按 Ctrl+F9 组合键插入空域，输入公式 "=sum(C4:G4)"，如图 9-67 所示。

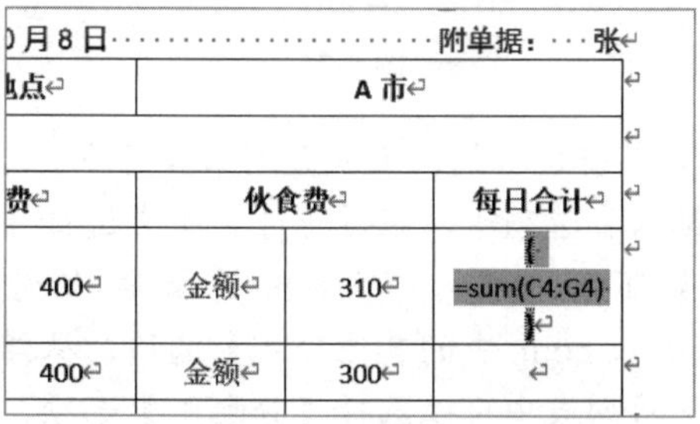

图 9-67

step **11**　删除 "C4" 中的数字 4，然后按 Ctrl+F9 组合键插入空域，输入如图 9-68 所示的公式。

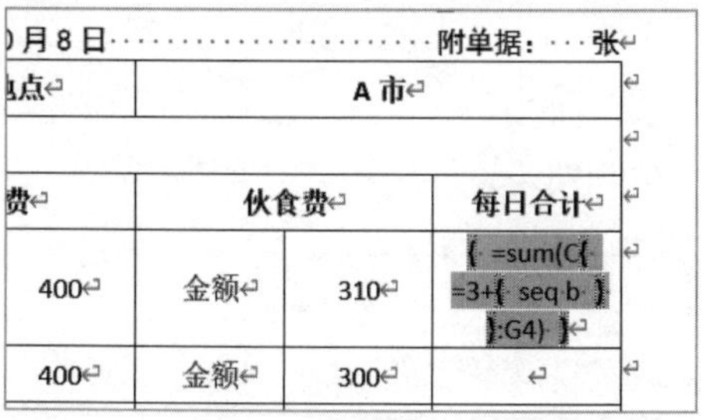

图 9-68

step **12**　删除 "G4" 中的数字 4，然后按 Ctrl+F9 组合键插入空域，输入如图 9-69 所示的公式。

图 9-69

step **13**　选择如图 9-70 所示的公式范围。

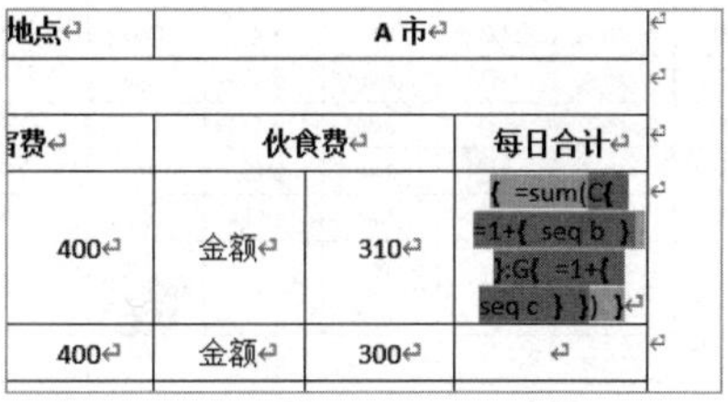

图 9-70

step **14**　按 Ctrl+F9 组合键插入域，然后输入如图 9-71 所示的公式。

图 9-71

step **15**　选择域中所有的内容，按 Ctrl+C 组合键进行复制，然后选择其余需要进行每日合计的单元格，按 Ctrl+V 组合键粘贴内容。

step **16**　按 Ctrl+A 组合键全选表格中的数据，如图 9-72 所示。

图 9-72

step **17**　按 F9 键进行更新，即可快速计算出其余每日合计的数据。

step 18 按照步骤 10 的方法，在小计一行的单元格中插入空域，并输入求和公式，如图 9-73 所示。

差旅费报销单						
销售部		2023 年 10 月 8 日			附单据：	张
张乐		出发地点		A市		
由	开会					
	交通费		住宿费		伙食费	每日合计
0.1	金额	1200	金额	400	金额 310	1910
0.2	金额	100	金额	400	金额 300	800
0.3	金额	60	金额	800	金额 2000	2860
0.4	金额	80	金额	400	金额 1860	2340
0.5	金额	50	金额	380	金额 125	555
0.6	金额	53	金额	380	金额 96	529
0.7	金额	500	金额	{	金额 0	500
小计		=sum(C4: C10)		=sum(E4:E 10)	=sum(G4: G10)	

图 9-73

step 19 在最后总计一行的单元格中插入空域，并输入求和公式，如图 9-74 所示。

0	金额	0	500
{		{	
sum(E4:E 10)		=sum(G4: G10)	
		{	=sum(above)

图 9-74

step 20 按 Ctrl+A 组合键全选表格中的数据，然后按 F9 键进行更新，即可快速计算出表格中所有的数据，如图 9-75 所示。

80	金额	400	金额	1860	2340
50	金额	380	金额	125	555
53	金额	380	金额	96	529
500	金额	0	金额	0	500
2043		2760		4691	
					9494

图 9-75

9.4.2 制作数学公式文档

【例 9-5】 在"数学公式"文档中通过不同的方法输入公式，并使用域对公式进行排序操作。

🎬 视频+素材 (素材文件\第 09 章\例 9-5)

step 1 启动 Word 2021 应用程序，打开"数学公式"文档。

step 2 将鼠标插入点放置到第二行中，选择【插入】选项卡，在【符号】组中选择【公式】下拉按钮，从弹出的菜单中选择【勾股定理】选项，如图 9-76 所示。

图 9-76

step 3 将鼠标插入点放置到第 4 行中，选择【插入】选项卡，在【符号】组中选择【公式】下拉按钮，从弹出的菜单中选择【Office.com 中的其他公式】选项，从弹出的下拉列表中可以选择【分配率】选项，如图 9-77 所示。

图 9-77

step 4 在【符号】组中单击【公式】下拉按钮,从弹出的下拉菜单中选择【插入新公式】命令,选择【公式】选项卡,在【结构】组中单击【积分】下拉按钮,从弹出的菜单中选择【积分】选项,如图 9-78 所示。

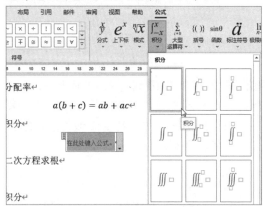

图 9-78

step 5 选择小方框,在【结构】组中单击【函数】下拉按钮,从弹出的菜单中选择【余弦函数】选项,如图 9-79 所示。

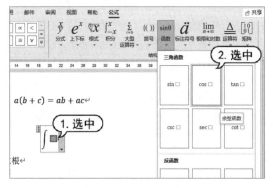

图 9-79

step 6 选择"cos"右侧的小方框,输入"xdx",如图 9-80 所示。

图 9-80

step 7 按键盘上的方向键→,继续输入"=",然后在【结构】组中单击【函数】下拉按钮,

从弹出的菜单中选择【正弦函数】选项,如图 9-81 所示。

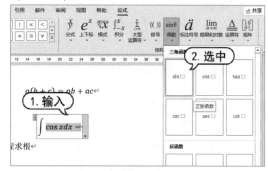

图 9-81

step 8 选择"sin"右侧的小方框,输入"x",然后按键盘上的方向键→,继续输入"+C",如图 9-82 所示。

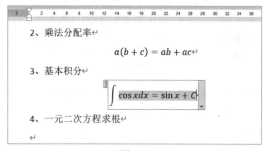

图 9-82

step 9 按照步骤 2 到步骤 8 的方法输入其他数学公式,如图 9-83 所示。

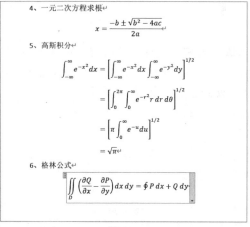

图 9-83

step 10 选择第一个数学公式,将光标插入点放置到公式后,输入"#(1)",如图 9-84 所示。

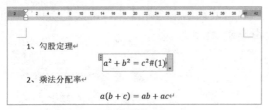

图 9-84

step 11 选择【公式】选项卡，在【转换】组中单击【转换】下拉按钮，选择【当前-专业】选项，如图 9-85 所示，或者按 Ctrl+=组合键。

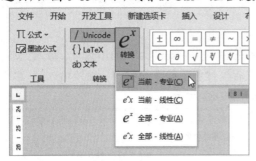

图 9-85

step 12 此时，即可将当前格式转换为专业格式，效果如图 9-86 所示。

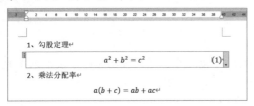

图 9-86

step 13 若要公式编号自动增加和减少，删除数字 "1"，按 Ctrl+F9 组合键插入空域，输入 "seq eq"，如图 9-87 所示。

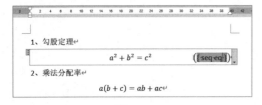

图 9-87

step 14 按 F9 键进行更新，即可显示数字 "(1)"，如图 9-88 所示。

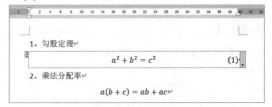

图 9-88

step 15 按照步骤 10 到步骤 14 的方法，为其他的公式插入空域，并按顺序显示编号，效果如图 9-89 所示。若后续要添加或者删除公式，编号将会自动增加或减少。

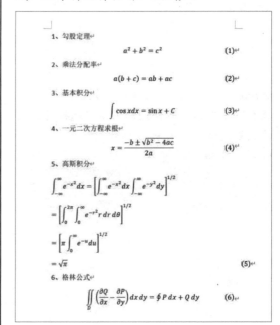

图 9-89

第 10 章

Word 的交互与发布

　　Word 2021 不仅拥有强大的文本编辑和排版功能，还支持与其他应用程序的交互和平台的发布。本章将主要介绍在 Word 文档中应用超链接、邮件合并，制作中文信封和发布至博客等功能。

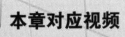

本章对应视频

10.1 应用超链接

超链接可以将文本或图像与其他文档、网页，或与电子邮件地址之间建立链接。通过单击添加的超链接，即可跳转到所关联的目标，用户可以快速访问所需的信息。

10.1.1 创建超链接

超链接通常在文档中显示为蓝色文本并且带有下画线，以便与普通文本进行区分。

将插入点定位在需要插入超链接的位置，选择【插入】选项卡，在【链接】组中单击【链接】按钮，如图10-1所示，或者按Ctrl+K组合键。

图 10-1

打开【插入超链接】对话框，如图10-2所示，可以帮助用户创建和编辑超链接。

图 10-2

▶【链接到】列表框：用于选择链接的目标位置。

▶【查找范围】列表框：用于选择链接的具体位置。

▶【要显示的文字】文本框：用于输入超链接的名称。

▶【地址】下拉列表：用于指定超链接的路径。

▶【屏幕提示】按钮：单击该按钮，打开【设置超链接屏幕提示】对话框。在其中可以自定义屏幕提示的文本内容，当鼠标悬停在链接上时，即可显示出该超链接的屏幕提示。

▶【书签】按钮：在文档中创建书签后，单击该按钮，可以将超链接直接指定到该书签。

▶【目标框架】按钮：单击该按钮，可用于指定链接在何种方式下打开。例如，在当前窗口中打开链接，或在新的窗口或标签页中打开链接。

10.1.2 自动更正超链接

手动添加超链接对于长篇文档和复杂的网页链接是一项烦琐的任务。为了帮助用户更加高效地处理超链接，Word提供了自动更正超链接的功能。当输入Internet网址或电子邮件地址后，系统会自动将其转换为超链接，并以蓝色下画线表示该超链接。

单击【文件】按钮，从弹出的菜单中选择【选项】命令，打开【Word选项】对话框，选择【校对】选项卡，单击【自动更正选项】按钮，如图10-3所示。

图 10-3

打开【自动更正】对话框，打开【键入时自动套用格式】选项卡，并在【键入时自动替换】选项区域中选中【Internet及网络

路径替换为超链接】复选框，单击【确定】
按钮，如图 10-4 所示。

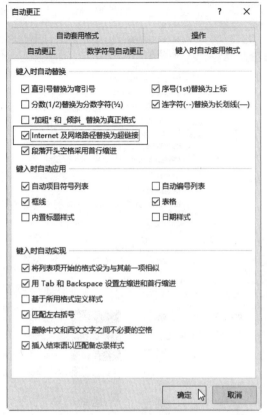

图 10-4

在文档中输入网址，按空格键或者 Enter
键，前面输入的文本自动变为超链接，效果
如图 10-5 所示。

图 10-5

10.1.3　编辑超链接

创建好超链接后，用户还可以设置链接
的样式、目标窗口以及在单击后进行的操作。

在 Word 中不仅可以插入超链接，还可
以对超链接进行编辑，如修改超链接的网址
及其提示文本，修改默认的超链接外观等。

1. 更改超链接目标位置

将鼠标光标放置到修改超链接的网址及
其提示文本，右击并从弹出的快捷菜单中选
择【编辑超链接】命令，如图 10-6 所示，打
开【编辑超链接】对话框，可以进行相应的
修改。

图 10-6

2. 更改超链接的样式

要修改超链接的外观样式，首先选择超
链接，然后对其进行格式化，如修改字体、
字号、颜色、下画线等。

选取超链接"三、2023 年工作计划"，
然后选择【开始】选项卡，在【字体】组中
单击【下画线】下拉按钮，从弹出的菜单
中选择【虚下画线】选项，然后单击【字体
颜色】下拉按钮，从弹出的菜单中选择【紫
色】色块，如图 10-7 所示。

在【字体】组中单击【字体颜色】下拉
按钮，从弹出的菜单中选择【浅蓝】色块，
单击【下画线】下拉按钮，从弹出的菜单
中选择【双下画线】选项，如图 10-8 所示。

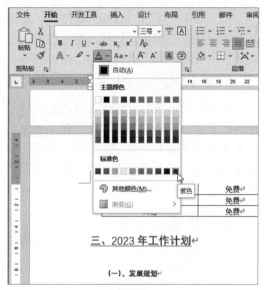

图 10-7

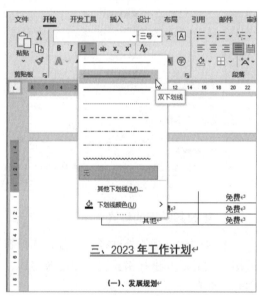

图 10-8

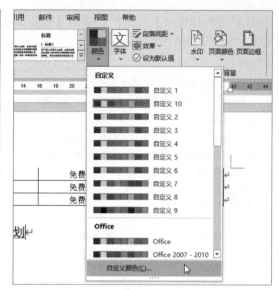

图 10-9

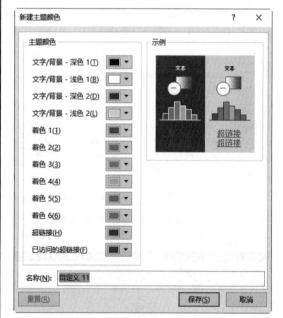

图 10-10

选择【设计】选项卡，单击【颜色】按钮，在弹出的菜单中选择【自定义颜色】选项，如图 10-9 所示。

打开【新建主题颜色】对话框，如图 10-10所示，在【名称】文本框中可以自定义主题颜色的名称，在【主题颜色】组中显示了当前主题的文字、背景等颜色配色方案，用户可以根据需求更改其中的颜色，然后单击【保存】按钮。

实用技巧

设置一个超链接的格式后，还可以使用格式刷对其他超链接应用同样的外观。此外，如果需要修改文档中所有的超链接，可以使用【样式】任务窗格，一次性更改整个文档中的超链接的样式。

3. 取消超链接

插入一个超链接后，可以随时将超链接转换为普通文本。右击超链接，从弹出的快捷菜单中选择【取消超链接】命令,如图 10-11 所示,或者按 Ctrl+Shift+ F9 组合键。

图 10-11

10.1.4　在文档中使用超链接

【例 10-1】将"探索月球之谜"文档中插入超链接,并编辑超链接。

视频+素材 (素材文件\第 10 章\例 10-1)

step 1　启动 Word 2021 应用程序,打开"探索月球之谜"文档,将鼠标插入点放置到第 2 段的正文文本"月球"后面,输入网址。

step 2　当该行预留的位置不够链接的长度时,网址将会自动进行换行,效果如图 10-12 所示。

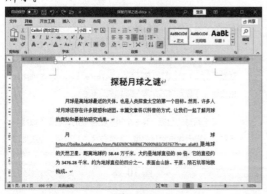

图 10-12

step 3　将光标放置到该自然段任意处,选择

【开始】选项卡,在【段落】组中单击【对话框启动器】按钮,打开【段落】对话框,选择【中文版式】选项卡,选中【允许西文在单词中间换行】复选框,然后单击【确定】按钮,如图 10-13 所示。

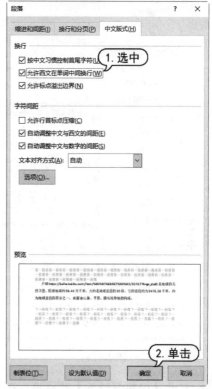

图 10-13

step 4　回到文档中,此时输入的网址已自动换行,如图 10-14 所示。

图 10-14

step ⑤ 右击超链接，并从弹出的快捷菜单中选择【编辑超链接】命令，如图 10-15 所示。

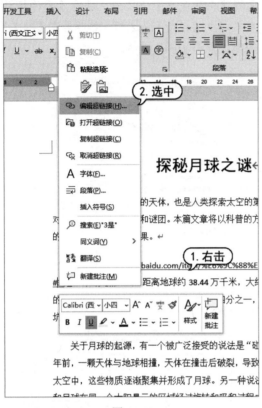

图 10-15

step ⑥ 打开【编辑超链接】对话框，在【要显示的文字】文本框中输入"月球百度百科"，然后单击【确定】按钮，如图 10-16 所示，修改超链接的名称。

图 10-16

step ⑦ 回到文档中，即可看到超链接的名称已发生改变，如图 10-17 所示。

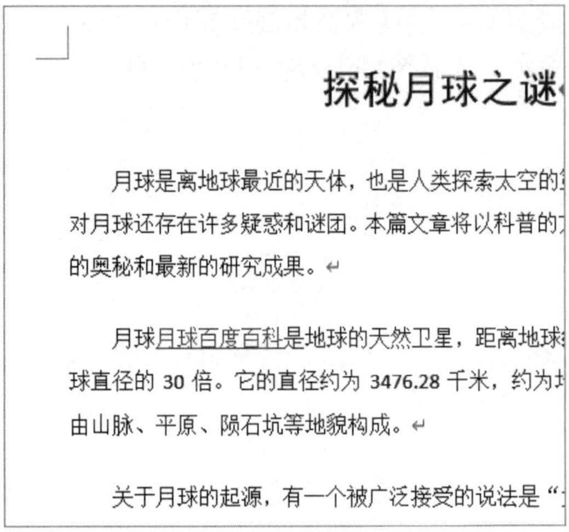

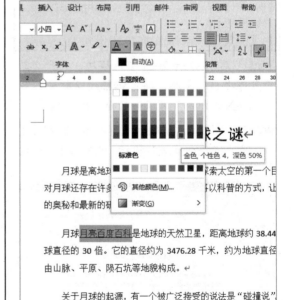

图 10-17

step ⑧ 选择超链接"月球百度百科"，然后选择【开始】选项卡，在【字体】组中单击【字体颜色】下拉按钮 A▾，从弹出的菜单中选择【金色，个性色 4，深色 50%】色块，如图 10-18 所示。

图 10-18

step ⑨ 单击【下画线】下拉按钮 ∪▾，从弹出的菜单中选择【波浪线】选项，如图 10-19所示。

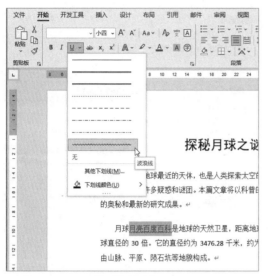

图 10-19

若不需要该超链接，右击该超链接并
从弹出的快捷菜单中选择【取消超链接】命
令，如图 10-20 所示。

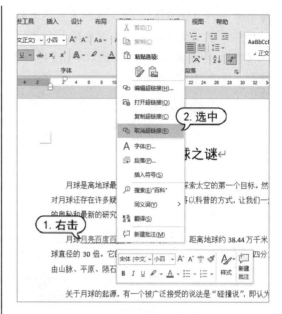

图 10-20

10.2　邮件合并

邮件合并操作的主要过程包括创建数据源与主文档、导入数据源和合并文档等。通过邮
件合并，可以根据主文档和收信人信息组成的数据源，快速生成个性化的电子邮件，如通知
书、邀请函、成绩单、毕业证书等，并自动将其发送给列表中指定的收件人，减少手动编写
和发送大量类似邮件的工作量。

10.2.1　创建数据源与主文档

主文档中主要包含邮件正文及收件人的姓
名或者公司名称的数据源两部分内容，下面将
具体介绍常用的创建主文档的几种方法。

1. 创建数据源文档

数据源文档相当于一个信息存储库，保
存着邮件合并时所需的所有数据。这些数据
包括收件人的姓名、电话和地址等信息，通
常以表格形式组成。

在 Word 中，建立一个数据源文档，可
以有效地组织和管理大量收件人信息，而不
必将其逐个输入每封邮件中。

【例 10-2】创建一个"收件人名单"文档作为数据源。
视频+素材 (素材文件\第 10 章\例 10-2)

step ① 启动 Word 2021 应用程序，新建一个
文档，使用表格创建一个收件人名单，如
图 10-21 所示。

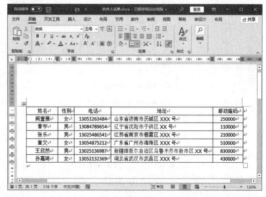

图 10-21

step ② 选择【文件】选项卡，从弹出的界面
中选择【另存为】命令，在中间的【另存为】

Word 2021 文档处理案例教程

窗格中选择【浏览】选项，打开【另存为】对话框，在【文件名】文本框中输入"收件人名单"，并设置保存路径，然后单击【保存】按钮，如图 10-22 所示。

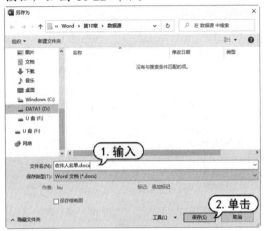

图 10-22

2. 新建文档作为主文档

新建一篇 Word 文档，选择【邮件】选项卡，在【开始邮件合并】组中单击【开始邮件合并】按钮，从弹出的菜单中选择文档类型，例如，选择【信封】命令，如图 10-23 所示。

图 10-23

在打开的【信封选项】对话框中，提供了多种信封尺寸的预设选项，用户根据需求可以自定义尺寸。除此之外，用户还可以设置地址的字体、大小、颜色等格式，以及调整地址在信封中的位置，如图 10-24 所示。

图 10-24

实用技巧

如果主文档类型使用【普通 Word 文档】，那么数据源每条记录合并生成的内容后面都有【下一页】的分页符，每条记录所生成的合并内容都会从新页面开始。如果想节省版面，可以选择【目录】类型，这样合并后每条记录之前的分页符会自动设置为【连续】。

3. 使用模板作为主文档

用户还可以从内置的模板库中选择一个设计精美的电子邮件模板，然后根据需求进行修改。

【例 10-3】使用模板作为主文档。

视频+素材 (素材文件\第 10 章\例 10-3)

step 1 启动 Word 2021 应用程序，选择【文件】选项卡，在打开的界面中选择【新建】命令，在【搜索联机模板】文本框中输入文本"信封"，单击【开始搜索】按钮，在打开的界面中选择【商务信头和配套的信封】模板，如图 10-25 所示。

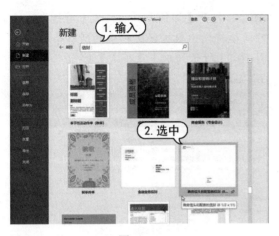

图 10-25

step 2 弹出对话框后，单击其中的【创建】按钮，如图 10-26 所示，将会联网下载该模板。

图 10-26

step 3 下载成功后，模板中包含了收件人姓名、寄件人姓名和地址等相关信息，如图 10-27 所示。

图 10-27

4. 将已有文档转换为主文档

打开一篇已有的文档，在其中导入数据源，就可以将该文档转换为主文档。

【例 10-4】打开"中秋节慰问信"文档，将其转换为信函类型的主文档。

📀 视频+素材 (素材文件\第 10 章\例 10-4)

step 1 启动 Word 2021 应用程序，打开"中秋节慰问信"文档，选择【邮件】选项卡，在【开始邮件合并】组中单击【开始邮件合并】按钮，从弹出的菜单中选择【邮件合并分步向导】命令，如图 10-28 所示。

图 10-28

step 2 打开【邮件合并】任务窗格，选择【信函】单选按钮，单击【下一步：开始文档】链接，如图 10-29 所示。

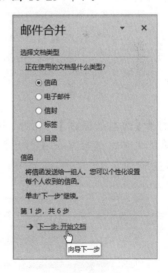

图 10-29

step 3 在第 2 步中，选中【使用当前文档】单选按钮，然后单击【下一步：选择收件人】链接，如图 10-30 所示。

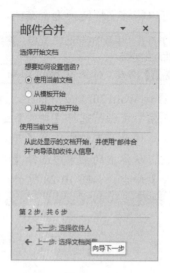

图 10-30

step④ 在第 3 步中，单击【浏览】链接，如图 10-31 所示。

图 10-31

step⑤ 打开【选取数据源】对话框，选择"收件人名单"文件，然后单击【打开】按钮，如图 10-32 所示。

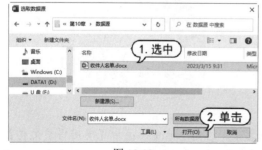

图 10-32

step⑥ 打开【邮件合并收件人】对话框，该对话框将列出数据源文档中的所有条目，如图 10-33 所示，单击【确定】按钮。

图 10-33

step⑦ 用户还可以在【开始邮件合并】组中单击【选择收件人】下拉按钮，从弹出的菜单中选择【使用现有列表】选项，如图 10-34所示，导入现有的数据源。

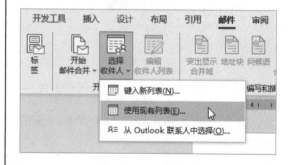

图 10-34

10.2.2　导入数据源

导入数据源有助于用户灵活地处理大量收件人信息，并为每位收件人创建不同的邮件内容。例如，可以根据收件人的姓名自动插入称呼。

在导入数据源之前，需要确保数据源中的字段与邮件模板中的字段相匹配。

【例 10-5】将数据源导入"中秋节慰问信"文档中。

视频+素材（素材文件\第 10 章\例 10-5）

step ① 启动 Word 2021 应用程序，打开"中秋节慰问信"文档，若需要设置多个收件者，将光标放置在需要导入数据源的位置。

step ② 选择【邮件】选项卡，在【开始邮件合并】组中单击【选择收件人】下拉按钮，在弹出的下拉列表中选择【使用现有列表】选项，如图 10-35 所示。

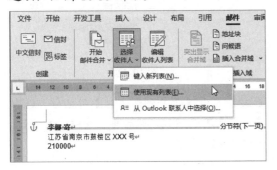

图 10-35

step ③ 打开【选取数据源】对话框，选择"收件人名单"文档，然后单击【打开】按钮，如图 10-36 所示。

图 10-36

10.2.3　插入合并域

合并域可以帮助用户将邮件中的特定信息替换为不同的内容。而且，如果数据源中的某些字段有更新，只需更新数据源，然后重新进行合并即可，无须手动逐个修改邮件内容。

【例 10-6】在"中秋节慰问信"文档中插入合并域。

视频+素材 (素材文件\第 10 章\例 10-6)

step ① 启动 Word 2021 应用程序，打开"中秋节慰问信"文档，选择【邮件】选项卡，

在【编写和插入域】组中单击【插入合并域】下拉按钮，选择【姓名】命令，插入收件人姓名，如图 10-37 所示。

图 10-37

step ② 此时，文档中即可插入一个【姓名】域，如图 10-38 所示。

图 10-38

step ③ 按 Enter 键切换至下一行，按照步骤 1 的方法，分别插入收件人地址和邮政编码。

step ④ 将光标放置到文本《《姓名》》后，在【编写和插入域】组中单击【规则】下拉按钮，选择【如果…那么…否则…】命令，如图 10-39 所示。

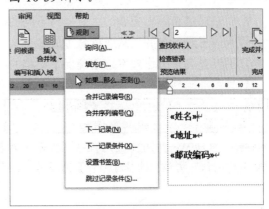

图 10-39

step 5 打开【插入 Word 域:如果】对话框，单击【域名】下拉按钮，选择【性别】选项，单击【比较条件】下拉按钮，选择【等于】选项，在【比较对象】文本框中输入"男"，在【则插入此文字】文本框中输入"先生"，在【否则插入此文字】文本框中输入"小姐"，然后单击【确定】按钮，如图 10-40 所示。

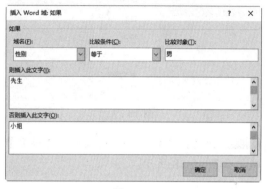

图 10-40

step 6 设置完成后会自动在收件人姓名后方按照性别显示称呼，在姓名后方按 Space 键，输入文本"收"，如图 10-41 所示。

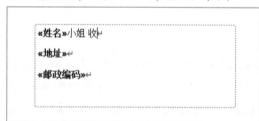

图 10-41

10.2.4 合并文档

用户通过将编辑完成的主文档与不同的收件人信息进行合并，从而批量生成多个文档，不仅提高了工作效率，还确保了文档的一致性和准确性。

【例 10-7】完成"中秋节慰问信"文档的合并。
🔴 视频+素材 (素材文件\第 10 章\例 10-7)

step 1 启动 Word 2021 应用程序，打开"中秋节慰问信"文档，选择【邮件】选项卡，在

【完成】组中单击【完成并合并】下拉按钮，选择【编辑单个文档】命令，如图 10-42 所示。

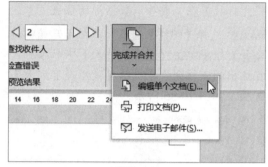

图 10-42

step 2 打开【合并到新文档】对话框，选中【全部】单选按钮，然后单击【确定】按钮，如图 10-43 所示。

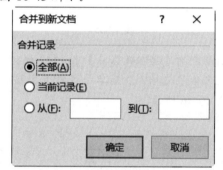

图 10-43

step 3 此时，各个文档的显示效果如图 10-44 所示，用户可以对文件进行单独修改。

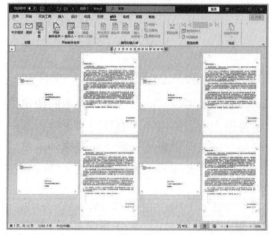

图 10-44

10.3　制作中文信封

使用 Word 2021 提供的中文信封功能，用户无须手动绘制和调整信封格式，只需输入邮政编码、地址和收信人等相关信息，Word 将自动生成符合国家标准的信封。

【例 10-8】使用 Word 2021 的中文信封功能制作"信封"文档。

视频+素材 (素材文件\第 10 章\例 10-8)

step 1 启动 Word 2021，创建一个空白文档。选择【邮件】选项卡，在【创建】组中单击【中文信封】按钮，如图 10-45 所示。

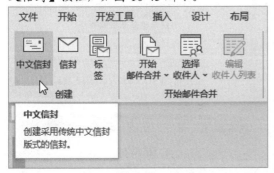

图 10-45

step 2 打开【信封制作向导】对话框，单击【下一步】按钮，如图 10-46 所示。

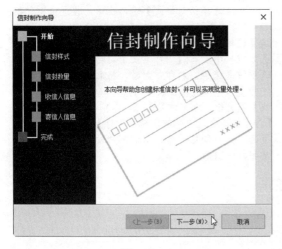

图 10-46

step 3 打开【选择信封样式】对话框，在【信封样式】下拉列表中选择符合国家标准的信封型号，并选择所有的复选框，单击【下一步】按钮，如图 10-47 所示。

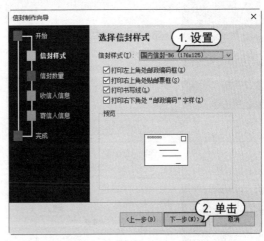

图 10-47

step 4 打开【选择生成信封的方式和数量】对话框，保持默认设置后，单击【下一步】按钮，如图 10-48 所示。

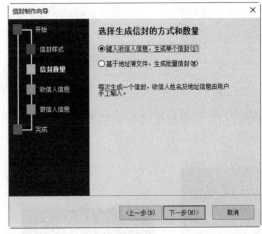

图 10-48

step 5 打开【输入收信人信息】对话框，输入收信人信息，单击【下一步】按钮，如图 10-49 所示。

step 6 打开【输入寄信人信息】对话框，输入寄信人信息，单击【下一步】按钮，如图 10-50 所示。

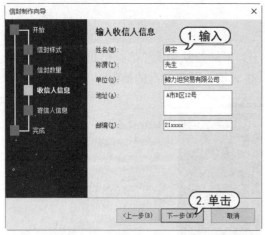

图 10-49

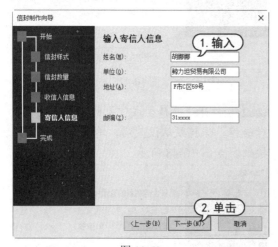

图 10-50

step 7 在打开的对话框中单击【完成】按钮，如图 10-51 所示。

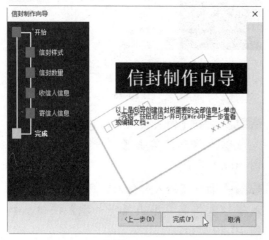

图 10-51

step 8 完成信封的制作后，会自动打开信封 Word 文档，选择文本"鲸力坦贸易有限公司"，设置字体为【华文新魏】，字号为【二号】，如图 10-52 所示。

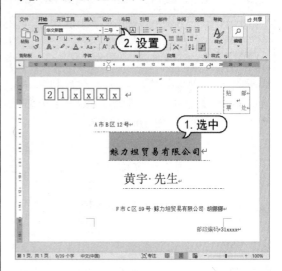

图 10-52

step 9 在快速访问工具栏中单击【保存】按钮，将文档以"信封"为名进行保存。

实用技巧

在【选择信封样式】对话框中，各复选框的功能如下。【打印左上角处邮政编码框】复选框：选中该复选框，打印信封时，将左上角邮政编码处的红色方框打印出来；【打印右上角处贴邮票框】复选框：选中该复选框，打印信封时，将右上角处的邮票框打印出来，该邮票框提示用户粘贴邮票；【打印书写线】复选框：选中该复选框，以辅助用户书写信息；【打印右下角处"邮政编码"字样】复选框：选中该复选框，打印信封时，将右下角处的"邮政编码"四字打印出来。

10.4 发布至博客

Word 中的发布至博客功能提供了一种便捷的方式帮助用户将编写的文档,直接发布到自己的博客平台中,用户能够更加高效地将自己的文章分享给更多的读者。

Word 的发布至博客功能还具备自动更新和同步的特点。一旦文章发布到博客上,任何对于文档的修改和更新都能自动同步到博客中,保持博客内容的最新状态。

【例10-9】将当前文档以博客文章的方法发布到网站。

视频+素材 (素材文件\第 10 章\例 10-9)

step 1 启动 Word 2021,打开一个空白文档,单击【文件】按钮,从弹出的菜单中选择【共享】命令,选择【发布至博客】选项,然后单击右侧的【发布至博客】按钮,如图 10-53 所示。

图 10-53

step 2 打开【注册博客账户】对话框,单击【以后注册】按钮,如图 10-54 所示,关闭【注册博客账户】对话框。

图 10-54

step 3 在博客创建窗口中输入博客文章标题和内容,如图 10-55 所示。

图 10-55

step 4 博客文档创建完成后,在【博客文章】选项卡的【博客】组中单击【发布】按钮,从弹出的下拉菜单中选择【发布】命令,如图 10-56 所示。

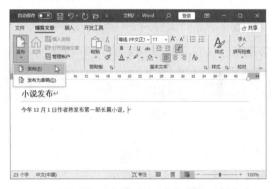

图 10-56

实用技巧

在博客文档编辑窗口中,可以通过【基本文本】组中的相应功能按钮来设置字体格式。另外,打开【插入】选项卡,单击相应的功能按钮,可以在博客中插入表格、艺术字和图片等。

step 5 打开【注册博客账户】对话框,单击【注册账户】按钮,如图 10-57 所示。

图 10-57

step **6** 打开【新建博客账户】对话框，在【博客】下拉列表中选择【其他】选项，单击【下一步】按钮，如图 10-58 所示。

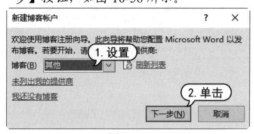

图 10-58

step **7** 打开【新建账户】对话框，在其中输入博客地址、用户名和密码，单击【确定】按钮，即可完成 Word 与博客账户的关联设置，如图 10-59 所示。

图 10-59

step **8** Word 将当前文档发布到博客网站，用户可以通过网页浏览器登录到博客页面查看发布的文章。

10.5 案例演练

本章的案例演练部分为制作图片超链接文档和批量制作录取通知书这两个综合案例操作，可帮助用户更加灵活地处理文档，实现更好的沟通和共享。

10.5.1 制作图片超链接文档

【例 10-10】在"雪山"文档中插入图片超链接，并更改超链接的样式。

📀 视频+素材 (素材文件\第 10 章\例 10-10)

step **1** 启动 Word 2021 应用程序，打开"雪山"文档，选择第一段的文本"雪山"，选择【插入】选项卡，在【链接】组中单击【链接】按钮，如图 10-60 所示。

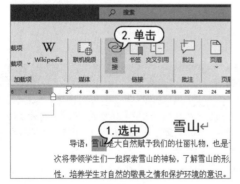

图 10-60

step **2** 打开【插入超链接】对话框，在【链接到】列表框中选择【现有文件或网页】选项，然后在右侧的列表框中选择【雪山】图片，然后单击【确定】按钮，如图 10-61 所示。

图 10-61

step **3** 将鼠标光标放置在第一段的文本"雪山"上，即可看到该超链接的屏幕提示，如图 10-62 所示。

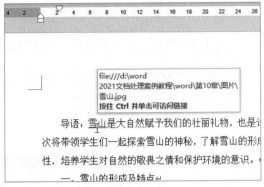

图 10-62

step ④ 右击超链接，从弹出的快捷菜单中选择【编辑超链接】命令，如图 10-63 所示。

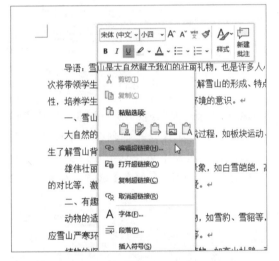

图 10-63

step ⑤ 打开【编辑超链接】对话框，单击【屏幕提示】按钮，如图 10-64 所示。

图 10-64

step ⑥ 打开【设置超链接屏幕提示】对话框，在【屏幕提示文字】文本框中输入文本"雪山图片"，然后单击【确定】按钮，如图 10-65 所示。

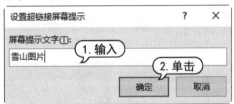

图 10-65

step ⑦ 将鼠标光标放置在第一段的文本"雪山"上，即可看到该超链接修改后的屏幕提示，如图 10-66 所示。

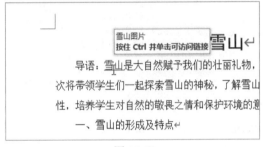

图 10-66

step ⑧ 选择【设计】选项卡，在【文档格式】组中单击【颜色】下拉按钮，从弹出的菜单中选择【蓝色】选项，如图 10-67 所示。

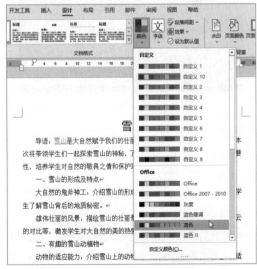

图 10-67

step 9 选择【自定义颜色】选项，打开【新建主题颜色】对话框，单击【已访问的超链接】下拉按钮，选择【青绿，个性色 3】选项，然后单击【保存】按钮，如图 10-68 所示。

图 10-68

step 10 按住 Ctrl 键并单击超链接，即可弹出雪山图片，如图 10-69 所示。

图 10-69

step 11 访问后超链接的颜色已更改为自定义的颜色，如图 10-70 所示。

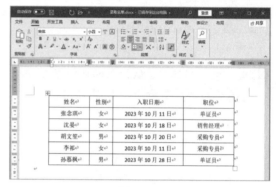

图 10-70

10.5.2 批量制作录取通知书

【例 10-11】使用 Word 2021 的邮件合并功能批量制作录取通知书。

🔵 视频+素材 (素材文件\第 10 章\例 10-11)

step 1 启动 Word 2021 应用程序，创建一个名为"录取名单"的文档，在文档中使用表格创建一个员工录取名单，如图 10-71 所示。

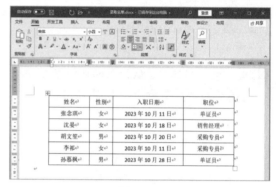

图 10-71

step 2 打开"录取通知书"文档，选择【邮件】选项卡，在【开始邮件合并】组中单击【选择收件人】下拉按钮，在弹出的下拉列表中选择【使用现有列表】选项，如图 10-72 所示。

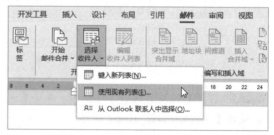

图 10-72

step 3 打开【选取数据源】对话框，选择"录取名单"文档，然后单击【打开】按钮，如图 10-73 所示，即可将现有文档转换为主文档。

step 4 选择文本"【姓名】"，在【编写和插入域】组中单击【插入合并域】下拉按钮，选择【姓名】命令，如图 10-74 所示。

图 10-73

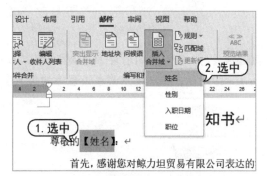

图 10-74

step 5 按照步骤 4 的方法，分别插入收件人的职位和入职日期相关的域，效果如图 10-75 所示。

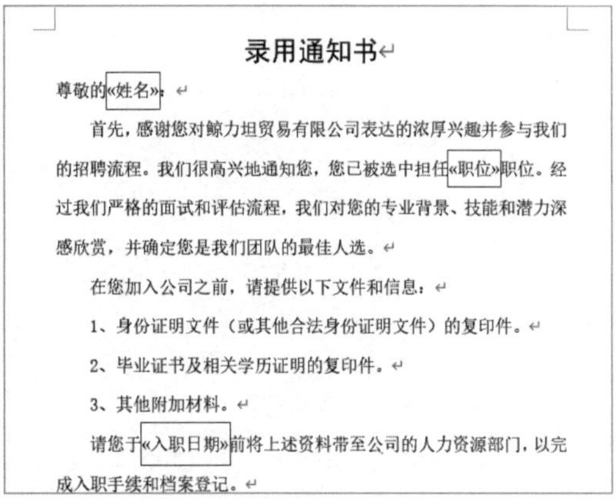

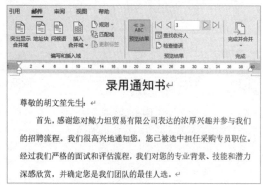

图 10-75

step 6 将光标放置到 "《姓名》" 文本后，在【编写和插入域】组中单击【规则】下拉按钮，选择【如果...那么...否则...】选项，如图 10-76 所示。

step 7 打开【插入 Word 域:如果】对话框，单击【域名】下拉按钮，选择【性别】选项，

单击【比较条件】下拉按钮，选择【等于】选项，在【比较对象】文本框中输入 "男"，在【则插入此文字】文本框中输入 "先生"，在【否则插入此文字】文本框中输入 "小姐"，然后单击【确定】按钮，如图 10-77 所示。

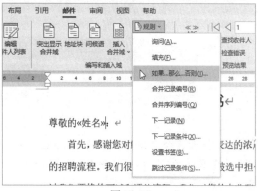

图 10-76

图 10-77

step 8 在【预览结果】组中单击【预览结果】按钮，即可显示收件人信息，单击【下一个记录】按钮，即可预览其他收件人信息，如图 10-78 所示。

图 10-78

step 9 选择【邮件】选项卡,在【完成】组中单击【完成并合并】下拉按钮,选择【编辑单个文档】命令,如图10-79所示。

图 10-79

step 10 打开【合并到新文档】对话框,选中【全部】单选按钮,然后单击【确定】按钮,如图10-80所示。

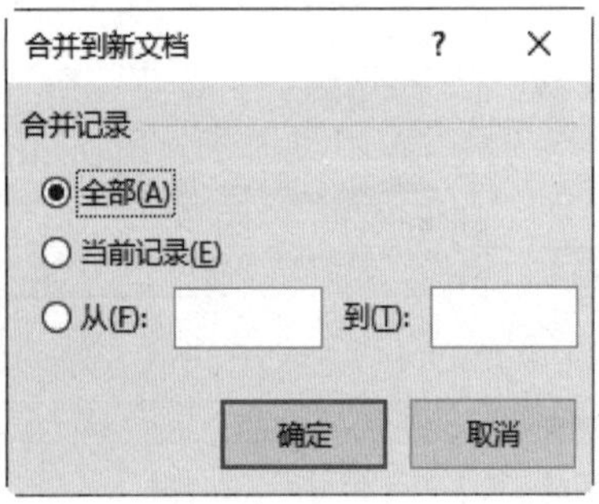

图 10-80

step 11 此时,各个文档的显示效果如图 10-81所示,用户可以对文档进行单独修改。

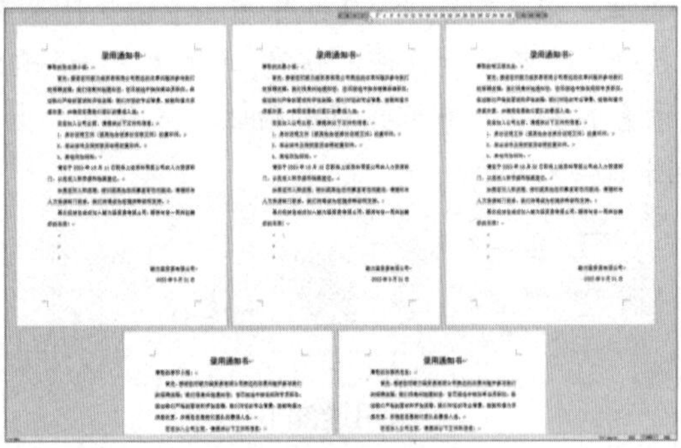

图 10-81

step 12 确认信件无误后,单击【完成并合并】下拉按钮,在弹出的下拉列表中选择【打印文档】命令,如图10-82所示。

图 10-82

step 13 打开【合并到打印机】对话框,如图10-83所示,用户按照需求设置参数即可。

图 10-83

第11章

文档的保护、转换和打印

在日常办公和学习中，常常需要确保文档的安全性、格式和内容的完整性，以及优质的打印结果。本章将主要介绍如何使用文档的保护功能，文档格式的转换以及打印设置等功能，确保工作成果得到妥善保护和处理。

本章对应视频

11.1 文档的保护

文档保护功能使用户能够控制和管理文档的访问权限，保护文档中的重要信息不被未经授权的人员读取、修改或分享。无论是对于个人使用者还是企业、机构组织来说，对文档进行保护都是必不可少的一环。

11.1.1 将文档标记为只读

为了避免文档的内容受到意外修改或者误操作，用户可以将文档设置为只读。当再次打开文档时会发出警告，提醒用户该文档是只读状态，并且需要创建副本才能进行编辑。下面将介绍四种将文档标记为只读的方式。

第一种，通过文件属性将文档设置为只读。在文件夹中右击"雪山"文档，从弹出的快捷菜单中选择【属性】命令，打开【雪山.docx 属性】对话框，在【属性】选项区域中选中【只读】复选框，然后单击【确定】按钮，如图 11-1 所示。

图 11-1

第二种，通过输入密码获得修改权限。打开"雪山"文档，单击【文件】按钮，从弹出的菜单中选择【另存为】命令，选择【浏览】选项，打开【另存为】对话框。单击【工具】按钮，从弹出的快捷菜单中选择【常规选项】命令，如图 11-2 所示。

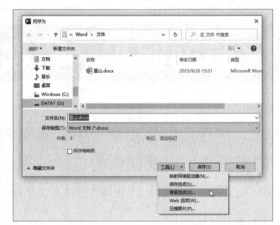

图 11-2

打开【常规选项】对话框，分别在【打开文件时的密码】和【修改文件时的密码】文本框中输入密码，单击【确定】按钮，如图 11-3 所示。当文档设置修改密码后，在打开文档后如果不输入正确的密码，只能以只读方式打开文档，而无法编辑文档。

图 11-3

第三种，通过 Word 选项将文档设置为只读。单击【文件】按钮，在打开的界面中选择【信息】命令，单击【保护文档】下拉按钮，从弹出的菜单中选择【始终以只读方式打开】命令，如图 11-4 所示。

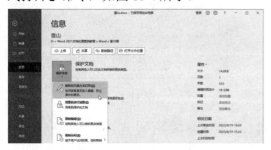

图 11-4

设置完成后，保存并关闭"雪山"文档，当再次打开该文档时，将弹出【Microsoft Word】对话框，如图 11-5 所示，单击【是】按钮即可进入只读状态，若想要再次对文档进行编辑，单击【否】按钮。

图 11-5

第四种，将文档标记为终稿。单击【文件】按钮，在打开的界面中选择【信息】命令，单击【保护文档】下拉按钮，从弹出的菜单中选择【标记为最终】命令，如图 11-6 所示。

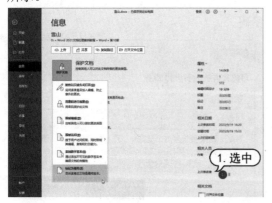

图 11-6

在弹出的【Microsoft Word】对话框中单击【确定】按钮，如图 11-7 所示。

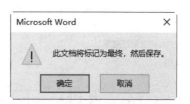

图 11-7

此时，会弹出一个对话框，提示用户文件已标记为最终状态，并禁止对文档进行编辑，单击【确定】按钮，如图 11-8 所示。

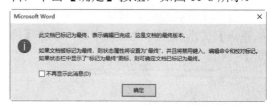

图 11-8

11.1.2 加密文档

通过对文档进行加密，可有效保护隐私信息及公司内的重要文档，防止信息泄露和篡改。

打开"雪山"文档，单击【文件】按钮，在打开的界面中选择【信息】命令，单击【保护文档】下拉按钮，从弹出的下拉菜单中选择【用密码进行加密】命令，如图 11-9 所示。

图 11-9

打开【加密文档】对话框，在【密码】文本框中输入密码，单击【确定】按钮，如图 11-10 所示。

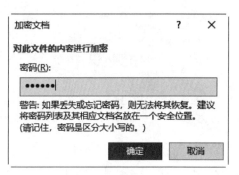

图 11-10

打开【确认密码】对话框，在【重新输入密码】文本框中再次输入密码，单击【确定】按钮，如图 11-11 所示。

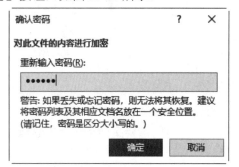

图 11-11

返回 Word 2021 窗口，显示如图 11-12 所示的权限信息。

图 11-12

文件加密并保存后，再次打开文档时会弹出【密码】对话框，如图 11-13 所示，输入正确密码后才能打开文档。

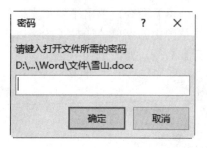

图 11-13

11.1.3　清除密码

打开"雪山"文档，单击【文件】按钮，在打开的界面中选择【信息】命令，单击【保护文档】下拉按钮，从弹出的下拉菜单中选择【用密码进行加密】命令，如图 11-14 所示。

图 11-14

打开【加密文档】对话框，删除【密码】文本框中的密码，如图 11-15 所示，单击【确定】按钮，再次打开文档时，将不再需要输入密码。

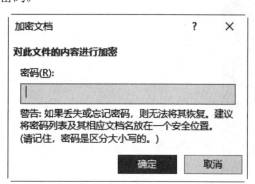

图 11-15

11.1.4 保护正文内容

如果用户对文档中的正文内容或者局部内容进行保护，其他用户则只能在指定的可编辑区域内进行修改。

打开"雪山"文档，选择【审阅】选项卡，在【保护】组中单击【限制编辑】按钮，如图 11-16 所示。

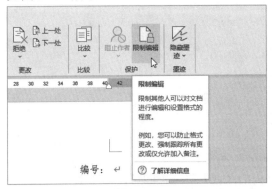

图 11-16

在文档右侧打开【限制编辑】窗格，选中【仅允许在文档中进行此类型的编辑】复选框，然后单击【是，启动强制保护】按钮，如图 11-17 所示。

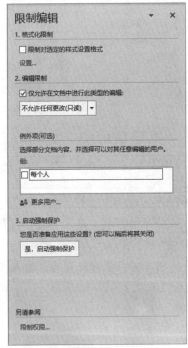

图 11-17

打开【启动强制保护】对话框，选中【密码】单选按钮，在【新密码(可选)】和【确认新密码】文本框中输入密码，如图 11-18 所示，然后单击【确定】按钮。

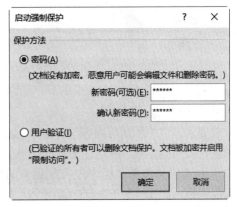

图 11-18

设置完成后，正文中所有内容将无法进行编辑。若要取消保护，在【限制编辑】窗格中单击【停止保护】按钮，如图 11-19 所示。

图 11-19

打开【取消保护文档】对话框，在【密码】文本框中输入启动强制保护时输入的密码，如

图 11-20 所示，然后单击【确定】按钮，即可取消对正文中所有内容的保护，继续对正文内容进行修改。

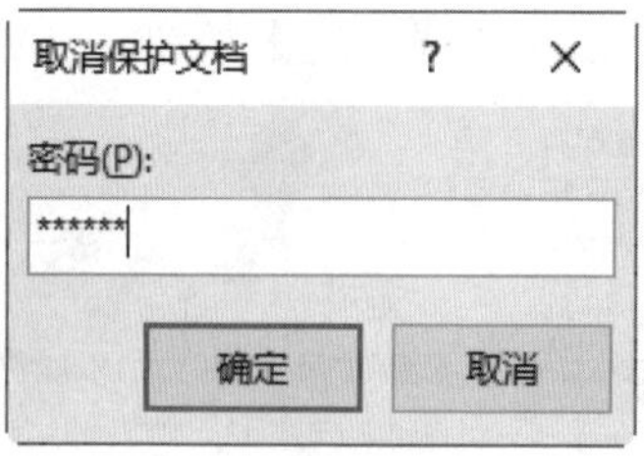

图 11-20

若要对正文中的局部内容进行保护，选择可以进行编辑的区域，然后在【限制编辑】窗格中选中【仅允许在文档中进行此类型的编辑】复选框，在【组】下方选中【每个人】复选框，如图 11-21 所示，然后单击【是，启动强制保护】按钮。

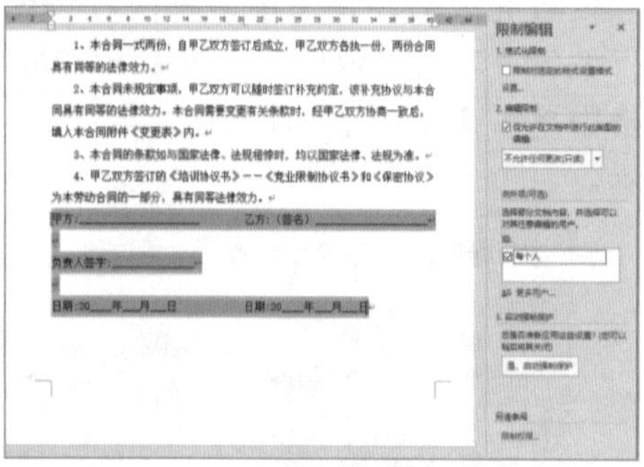

图 11-21

打开【启动强制保护】对话框，选中【密码】单选按钮，在【新密码(可选)】和【确认新密码】文本框中输入密码，如图 11-22 所示，然后单击【确定】按钮。

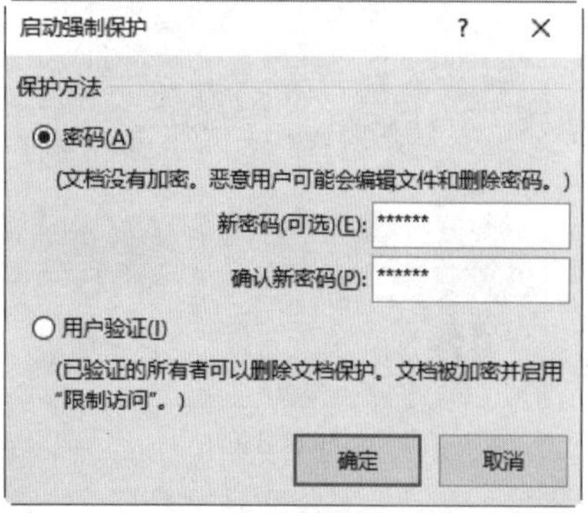

图 11-22

此时，被选择的文本内容显示为黄色底纹，如图 11-23 所示，此时只能对黄色底纹区域的文本进行编辑。

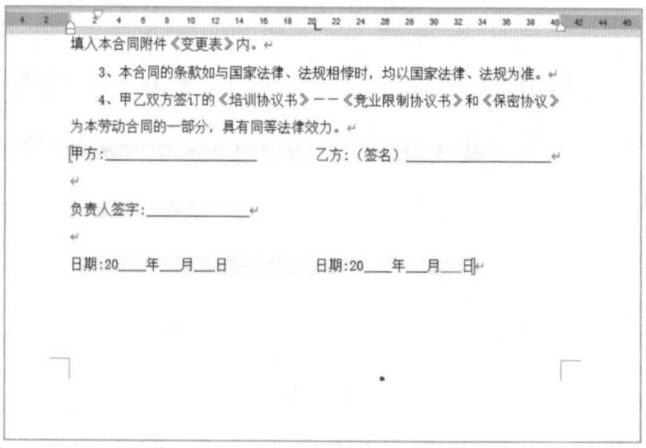

图 11-23

若用户不想在文档中显示黄色底纹，在【限制编辑】窗格中取消选中【突出显示可编辑的区域】复选框即可，如图 11-24 所示。

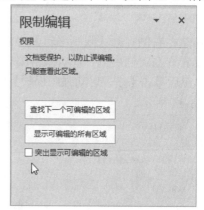

图 11-24

11.1.5 编辑被保护的文档

【例 11-1】删除"选修课成绩单"文档中的加密密码，并将其保存为只读状态。
视频+素材 (素材文件\第 11 章\例 11-1)

step 1 启动 Word 2021 应用程序，打开加密的"选修课成绩单"文档。

step 2 弹出【密码】对话框后，输入正确密码，单击【确定】按钮，如图 11-24 所示，打开文档。

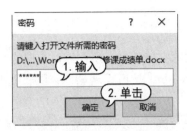

图 11-24

step 3 单击【文件】按钮，从弹出的菜单中选择【信息】命令，在右侧的窗格中单击【保护文档】下拉按钮，从弹出的下拉菜单中选择【用密码进行加密】命令，如图 11-25 所示。

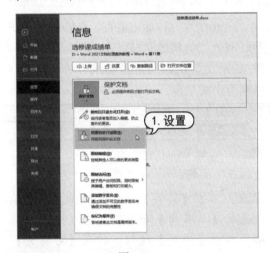

图 11-25

step 4 打开【加密文档】对话框，删除【密码】文本框中的密码，如图 11-26 所示，然后单击【确定】按钮，即可将文档的密码删除。

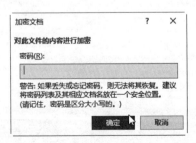

图 11-26

step 5 单击【保护文档】下拉按钮，从弹出的菜单中选择【始终以只读方式打开】命令，如图 11-27 所示。

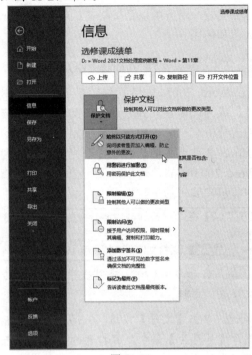

图 11-27

step 6 设置完成后，保存并关闭"选修课成绩单"文档，当再次打开该文档时，将弹出【Microsoft Word】对话框，单击【是】按钮，如图 11-28 所示，即可进入只读状态。

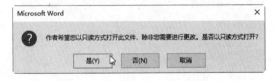

图 11-28

step 7 此时，显示"选修课成绩单"文档为只读状态，如图 11-29 所示。

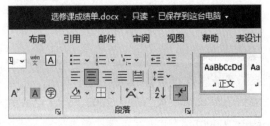

图 11-29

11.2 转换文档

在日常办公中，不同的操作系统和软件对文档格式的支持程度有所不同，有时会出现兼容性问题。用户可以直接将文档转换为 Word 2003 格式、html 或 PDF 等格式，以适应不同的阅读和使用场景。

11.2.1 转换为 Word 2003 格式

Word 2003 凭借其稳定性和广泛应用性，成为许多企业和个人工作的首选。当与他人分析文档时，对方可能使用不同版本的 Office 套件或其他兼容软件。将文档转换为 Word 2003 格式，可以确保文档在不同环境中显示和编辑的一致性。

【例 11-2】将"传统糕点"文档转换为 Word 2003 格式。

视频+素材 (素材文件\第 11 章\例 11-2)

step 1 启动 Word 2021 应用程序，打开"传统糕点"文档。

step 2 单击【文件】按钮，从弹出的菜单中选择【另存为】命令，在打开的界面中单击【浏览】按钮，打开【另存为】对话框，在【保存类型】下拉列表中选择【Word 97-2003 文档】选项，设置保存路径后，然后单击【保存】按钮，如图 11-30 所示。

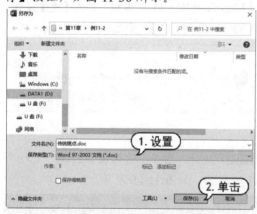

图 11-30

step 3 此时，在 Word 2021 窗口的标题栏中显示【兼容性模式】，如图 11-31 所示，说明文档已经被转换成 Word 2003 格式(文档扩展名为.doc)。

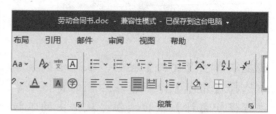

图 11-31

11.2.2 转换为 html 格式

html 作为一种标记语言，能够使文件在互联网上浏览和传递，具有广泛的应用领域。将 Word 文档保存为 html 格式并打开时，将以网页形式呈现。

【例 11-3】将 "传统糕点"文档转换为 html 格式。

视频+素材 (素材文件\第 11 章\例 11-3)

step 1 启动 Word 2021 应用程序，打开"传统糕点"文档。

step 2 单击【文件】按钮，从弹出的菜单中选择【另存为】命令，然后在中间的窗格中单击【浏览】按钮，打开【另存为】对话框，在【保存类型】下拉列表中选择【网页】选项，然后单击【保存】按钮，如图 11-32 所示。

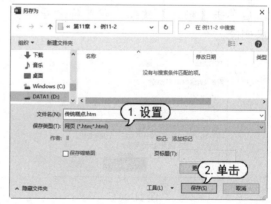

图 11-32

step 3 此时，会弹出【Microsoft Word 兼容性检查器】对话框，单击【继续】按钮，如图 11-33 所示。

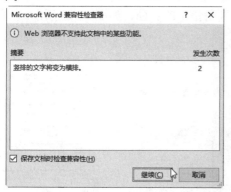

图 11-33

step 4 此时，即可将文档转换为网页形式，双击网页文件，自动启动浏览器打开转换后的文档，如图 11-34 所示。

图 11-34

11.2.3 转换为 PDF 格式

PDF 是一种跨平台、可靠性极高的文件格式。将文档转换为 PDF 格式后，文档将不受平台、操作系统或软件版本的限制，无须担心接收方是否能正确打开或查看文档。此外，PDF 格式还可以加密保护文档内容，防止未经授权的访问或修改。

11.3 打印设置

利用 Word 2021 中的打印功能，包括预览打印效果、设置打印效果和管理打印队列等操作，可以满足用户的打印需求。

【例 11-4】将"传统糕点"文档转换为 PDF 格式。
(素材文件\第 11 章\例 11-4)

step 1 启动 Word 2021 应用程序，打开"传统糕点"文档。

step 2 单击【文件】按钮，从弹出的菜单中选择【另存为】命令，然后在中间的窗格中单击【浏览】按钮，打开【另存为】对话框，在【保存类型】下拉列表中选择【PDF】选项，设置保存路径后，单击【保存】按钮，如图 11-35 所示。

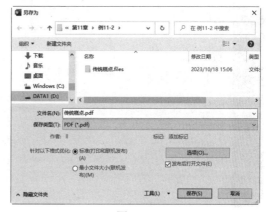

图 11-35

step 3 此时，即可将文档转换为 PDF 格式，系统将自动启动 PDF 阅读器打开创建好的 PDF 文档，如图 11-36 所示。

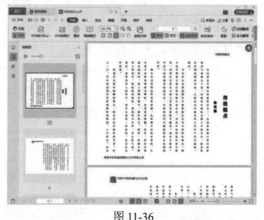

图 11-36

11.3.1 预览打印效果

使用预览打印效果功能，用户能够在打印前直观地查看文件的外观和布局。用户可以检查文档的页面边距、页眉/页脚、文字大小和行间距等，确保最终的打印输出效果符合需求和标准。

在 Word 2021 窗口中，单击【文件】按钮，从弹出的菜单中选择【打印】命令，在右侧的预览窗格中可以预览打印效果，如图 11-37 所示。

图 11-37

如果看不清楚预览的文档，可以多次单击预览窗格下方的缩放比例工具右侧的➕按钮，以达到合适的缩放比例进行查看。多次单击➖按钮，或者按住 Ctrl+鼠标滚轮，可以缩放文档大小，并以多页方式查看文档效果。单击【缩放到页面】按钮➕，如图 11-38 所示，可以将文档自动调整为当前窗格合适的大小以方便显示内容。另外，拖动滑块同样可以对文档的显示比例进行调整。

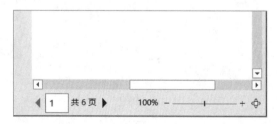

图 11-38

单击【下一页】按钮▶，切换至文档的下一页，查看该页的整体效果，在预览窗格

的右侧上下拖动垂直滚动条，可逐页查看文本内容。用户也可以在【当前页面】文本框中输入页码，如"3"，按 Enter 键，即可切换到所指定的页面，如图 11-39 所示。

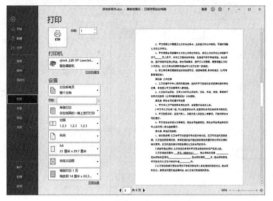

图 11-39

单击【显示比例】按钮 100%，打开【缩放】对话框，在该对话框中可以根据需求选择合适的缩放比例，还可以在【百分比】微调框中自定义显示比例，如图 11-40 所示。

图 11-40

或者在按住 Ctrl 键的同时滑动鼠标滚轮，调整页面的显示比例，效果如图 11-41 所示。

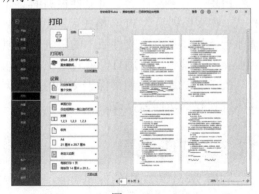

图 11-41

11.3.2　设置打印参数

使用 Word 2021 进行打印时，设置合理的打印参数十分重要，如文档的页边距、纸张类型、打印方向、单页、双页及其他与打印相关的设置，能够帮助用户更好地控制打印输出的质量和效果。

选择【文件】按钮，在弹出的菜单中选择【打印】命令，在打开的【打印】窗格中可以设置打印份数、打印机属性、打印页数和双页打印等内容。

默认情况下，Word 将打印整个文档，用户可以单击【打印所有页】下拉按钮，从弹出的下拉列表中选择【打印当前页面】选项，或者选择【自定义打印范围】选项，指定打印的页面范围，如图 11-42 所示。

图 11-42

通常每张纸上只会打印一页内容，单击【每版打印 1 页】下拉按钮，从弹出的菜单中选择每张纸上要打印的页面数量，不仅能满足遇到的特殊要求，还能节约纸张。

如需将 A3 的纸张用 A4 的纸张打印出来，用户可以选择【缩放至纸张大小】命令，从弹出的菜单中选择【A4】选项，如图 11-43 所示，即可在不改变原有文档页面设置的情况下进行缩放打印。

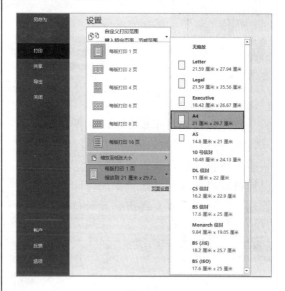

图 11-43

11.3.3　管理打印队列

在处理大量打印任务，可能无法掌控所有文件的打印进程时，可以单击【开始】按钮，从弹出的【Windows 设置】菜单中选择【设备】选项，如图 11-44 所示。

图 11-44

选择【打印机和扫描仪】选项卡，在右侧的【添加打印机和扫描仪】界面中，选择连接的打印机，单击【打开队列】按钮，如图 11-45 所示。

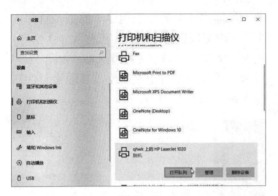

图 11-45

打开设备和打印机窗口，如图 11-46 所示，在该窗口中可以查看打印作业的文档名、状态、所有者、页数、提交时间等信息，且仍然可以对发送到打印机中的打印作业进行管理，以确保重要文件得到及时打印。

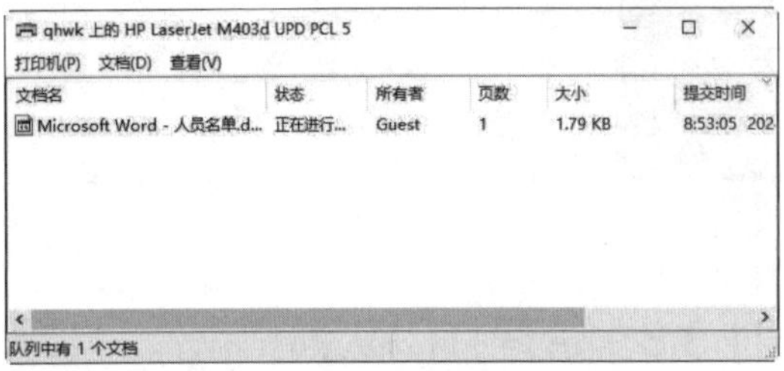

图 11-46

右击正在打印的任务，从弹出的快捷菜单中选择【暂停】命令，即可暂停某个打印作业的打印，并不影响打印队列中其他文档的打印；选择【继续】命令，可以重新启动暂停的打印作业；选择【取消】命令，可以取消该打印作业。

如果要同时将打印队列中的所有打印作业清除，可以选择【打印机】|【取消所有文档】命令，即可清除所有的打印文档。

11.3.4 设置文档打印效果

【例 11-5】预览"作文集"文档的打印效果，并设置打印参数。

🎬 视频+素材 (素材文件\第 11 章\例 11-5)

step 1 启动 Word 2021 应用程序，打开"作文集"文档。

step 2 选择【文件】按钮，从弹出的菜单中

选择【打印】命令，在右侧的预览窗格底部单击【下一页】按钮 ▶，如图 11-47 所示，切换至文档的下一页，查看该页的整体效果。

图 11-47

step 3 在【设置】选项区域的【打印所有页】下拉列表中选择【自定义打印范围】选项，在其下的文本框中输入文本"3-6"，如图 11-48 所示，表示打印范围为第 3~6 页的文档内容。

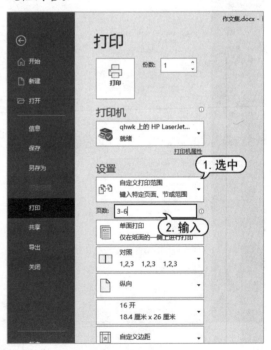

图 11-48

step 4 若打印机没有双面打印的功能，并且文档页数较多，用户可以单击【打印所有页】下拉按钮，从弹出的下拉列表中选择【仅奇

数页】选项，然后单击【打印】按钮，如
图 11-49 所示。

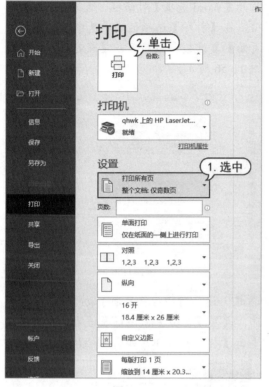

图 11-49

step 5　将全部纸张翻转重新放回打印机中。

step 6　单击【文件】按钮，从弹出的菜单中
选择【选项】命令，打开【Word 选项】对话
框，选择【高级】选项卡，在【打印】选项
组中选中【逆序打印页面】复选框，然后单
击【确定】按钮，如图 11-50 所示。

11.4　案例演练

　　本章的案例演练部分为保护并打印保密协议和加密并转换文档这两个综合实例操作，帮
助用户更好地应对实际工作中的文档处理需求。

11.4.1　保护并打印保密协议

【例 11-6】保护"商业合作保密协议"文档中的局部
正文内容，并逆序打印两份文档。

🎬视频+素材 (素材文件\第 11 章\例 11-6)

step 1　启动 Word 2021 应用程序，打开"商
业合作保密协议"文档。

图 11-50

step 7　按 Ctrl+P 快捷键打开打印界面，单击
【打印所有页】下拉按钮，选择【仅偶数页】
选项，设置【份数】微调框数值为"1"，然
后单击【打印】按钮，如图 11-51 所示，则
会从最后一页开始打印。

图 11-51

step 2　选择【审阅】选项卡，在【保护】组
中单击【限制编辑】按钮，如图 11-52 所示。

图 11-52

step 3 在文档中选择允许他人进行编辑的区域，在【限制编辑】窗格中选择【仅允许在文档中进行此类型的编辑】按钮，在【组】下方选中【每个人】复选框，然后单击【是，启动强制保护】按钮，如图 11-53 所示。

图 11-53

step 4 打开【启动强制保护】对话框，选中【密码】单选按钮，在【新密码(可选)】和【确认新密码】文本框中输入密码，然后单击【确定】按钮，如图 11-54 所示。

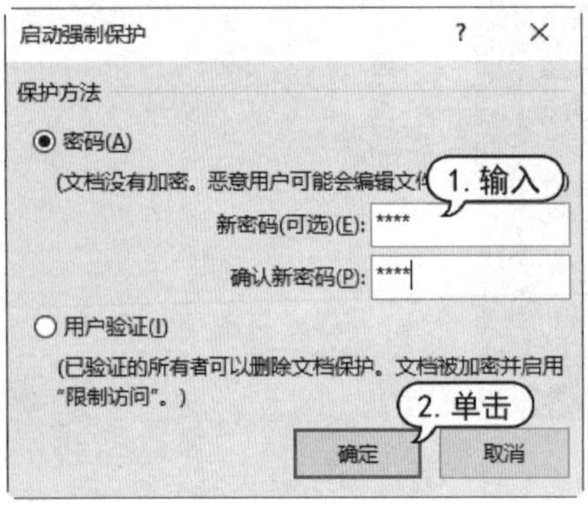

图 11-54

step 5 此时，被选择的文本内容显示为黄色底纹，如图 11-55 所示，此时只能对黄色底纹区域的文本进行编辑。

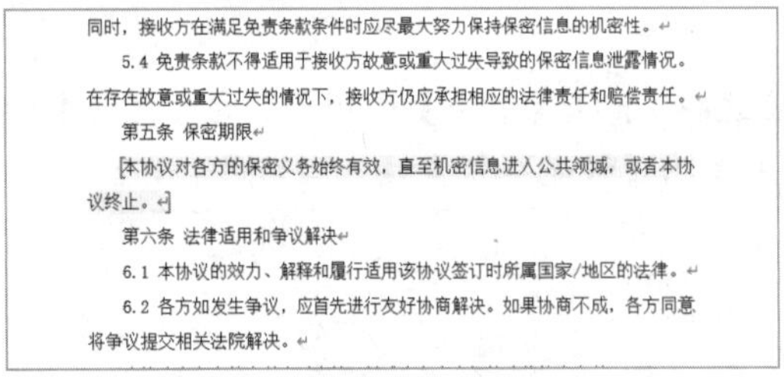

图 11-55

step 6 若文档页数过多，可以单击【文件】按钮，从弹出的界面中选择【选项】命令，打开【Word 选项】对话框，选择【高级】选项，在【打印】选项区域中选中【逆序打印页面】复选框，然后单击【确定】按钮，如图 11-56 所示。

图 11-56

step 7 逆序打印后将无须手动整理纸张的顺序，设置【份数】微调框数值为"2"，然后单击【打印】按钮，如图 11-57 所示。

图 11-57

11.4.2 加密并转换文档

【例 11-7】为"汽车市场调研报告"文档设置密码，并将其转换为 PDF 格式文件。

视频+素材 (素材文件\第 11 章\例 11-7)

step 1 启动 Word 2021 应用程序，打开"汽车市场调研报告"文档。

step 2 单击【文件】按钮，从弹出的菜单中选择【另存为】命令，然后在中间的窗格中单击【浏览】按钮，打开【另存为】对话框，单击【工具】按钮，从弹出的菜单中选择【常规选项】命令，如图 11-58 所示。

图 11-58

step 3 打开【常规选项】对话框，设置打开密码和修改密码，然后单击【确定】按钮，如图 11-59 所示。

图 11-59

step 4 打开【确认密码】对话框，在文本框中输入打开文件时的密码，然后单击【确定】按钮，如图 11-60 所示。

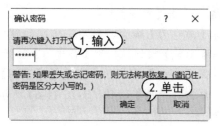

图 11-60

step 5 打开【确认密码】对话框，在文本框中输入修改文件时的密码，然后单击【确定】按钮，如图 11-61 所示。

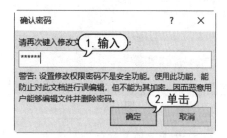

图 11-61

step 6 返回【另存为】对话框，单击【保存】按钮即可加密保存该文档。

step 7 当重新打开该文档时，将连续弹出两个【密码】对话框，如图 11-62 和图 11-63 所示，分别输入打开和修改文件的密码才能打开和修改该文档。

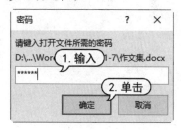

图 11-62

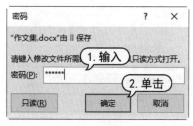

图 11-63

step ⑧ 单击【文件】按钮，从弹出的菜单中选择【另存为】命令，然后在中间的窗格中单击【浏览】按钮，打开【另存为】对话框，在【保存类型】下拉列表中选择【PDF】选项，单击【选项】按钮，如图 11-64 所示。

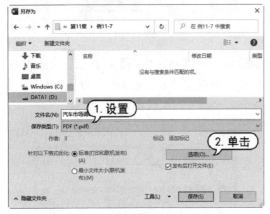

图 11-64

step ⑨ 打开【选项】对话框，选中【使用密码加密文档】复选框，单击【确定】按钮，如图 11-65 所示。

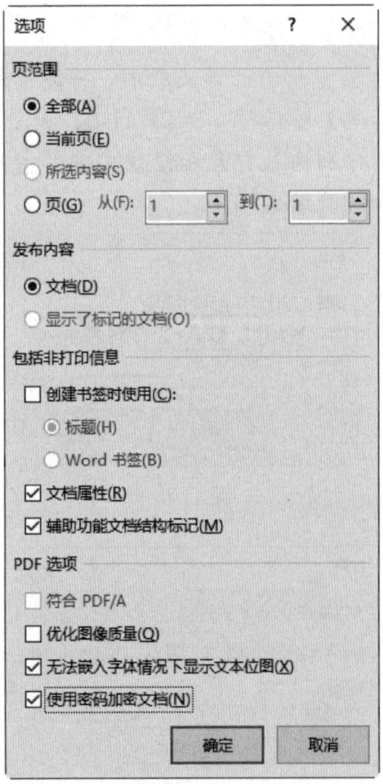

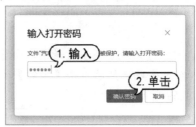

step ⑩ 打开【加密 PDF 文档】对话框，在文本框中输入密码"123456"，单击【确定】按钮，如图 11-66 所示。

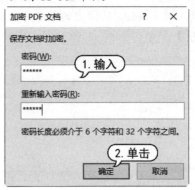

图 11-66

step ⑪ 返回【另存为】对话框，单击【保存】按钮即可生成 PDF 文档。双击生成的 PDF 文档，显示【输入打开密码】对话框，输入密码，单击【确认密码】按钮，如图 11-67 所示。

图 11-67

step ⑫ 打开 PDF 文档，将显示文档内容，如图 11-68 所示。

图 11-65

图 11-68

第 12 章

综合案例

本章将通过一系列的综合练习，帮助用户巩固前几章所学的各项技能。综合练习将涉及多个方面，以便用户在实际的办公中能够更加灵活地处理各类文档。

本章对应视频 -

12.1 制作企业员工手册

企业员工手册是企业中至关重要的文档之一，本案例将练习编辑正文内容、插入页眉和页脚、添加目录、插入脚注和尾注等操作技巧。

【例12-1】制作"企业员工手册"文档，并在其中设置文本和段落的格式。

视频+素材 (素材文件\第12章\例12-1)

step 1 启动 Word 2021 应用程序，打开名为"企业员工手册"的文档，然后选择第1页中如图 12-1 所示的正文内容。

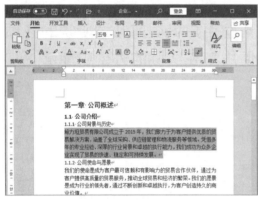

图 12-1

step 2 按 Alt+F11 快捷键，打开【宏】对话框，在【工程-Normal】对话框中选择【模块1】选项，右击并从弹出的快捷菜单中选择【导入文件】命令，如图 12-2 所示。

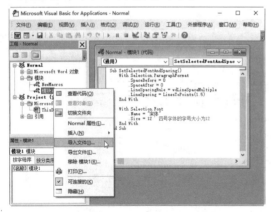

图 12-2

step 3 打开【导入文件】对话框，选择"首行缩进2字符"文件，然后单击【打开】按钮，如图 12-3 所示。

图 12-3

step 4 双击模块2，打开【Normal 模块-2(代码)】窗口，然后单击【运行子过程/用户窗体】按钮▶，如图 12-4 所示，运行代码。

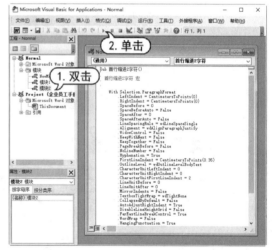

图 12-4

step 5 此时，被选择的文本内容首行缩进了2字符，如图 12-5 所示。

step 6 选择其他需要首行缩进的正文内容，按照步骤4的方法对其使用宏。

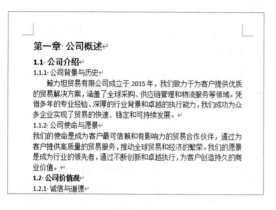

图 12-5

step 7 选择文本"第一章 公司概述",选择
【开始】选项卡,在【段落】组中单击【对
话框启动器】按钮🔛,如图 12-6 所示。

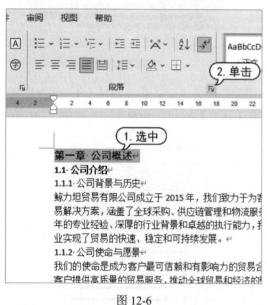

图 12-6

step 8 打开【段落】对话框,单击【对齐方
式】下拉按钮,选择【两端对齐】选项,单
击【大纲级别】下拉按钮,选择【1 级】选
项,设置【段前】和【段后】微调框数值均
为"1 行",单击【行距】下拉按钮,选择【固
定值】选项,设置【设置值】微调框数值为
"30 磅",然后单击【确定】按钮,如图 12-7
所示。

图 12-7

step 9 选择文本"第一章 公司概述",然后
选择【开始】选项卡,在【剪贴板】组中单
击【格式刷】按钮📝,如图 12-8 所示。

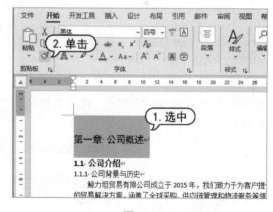

图 12-8

step 10 当鼠标指针变为 ⊿ 形状时,拖动鼠标
依次选择标题,将其设置为一级标题,如
图 12-9 所示。

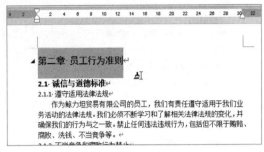

图 12-9

step 11 选择第 1 页的文本 "1.1 公司介绍"，作为二级标题，按照步骤 8 的方法设置二级标题的格式，具体参数如图 12-10 所示。

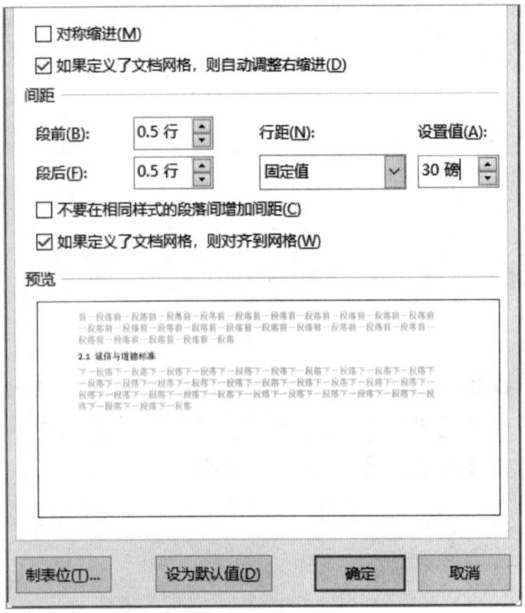

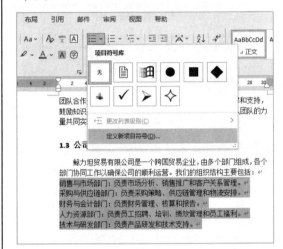

图 12-10

step 12 按照步骤 10 的方法，设置其他的二级标题，如图 12-11 所示。

图 12-11

step 13 选择第 2 页中需要设置编号的文本，然后选择【开始】选项卡，在【段落】组中单击【编号】下拉按钮 ，从弹出的列表框中选择【定义新项目符号】选项，如图 12-12 所示。

图 12-12

step 14 打开【定义新项目符号】对话框，单击【符号】按钮，如图 12-13 所示。

图 12-13

step 15 打开【符号】对话框，选择合适的符号作为项目符号，然后单击【确定】按钮，如图 12-14 所示。

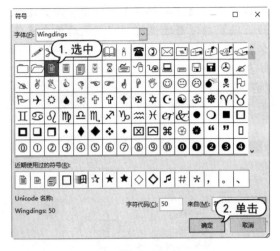

图 12-14

step 16 设置完成后，项目符号的显示结果如图 12-15 所示。

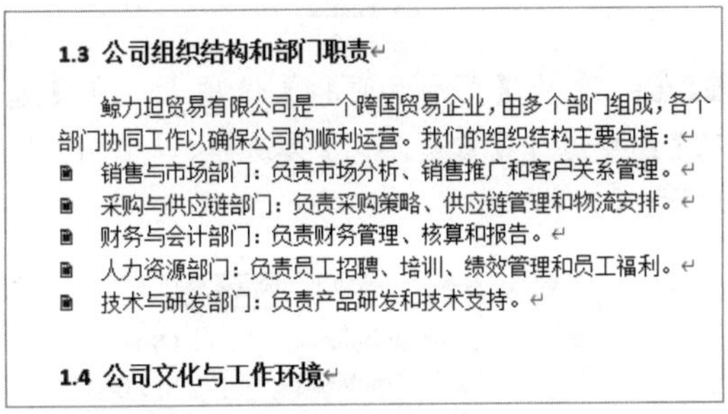

1.3 公司组织结构和部门职责

　　鲸力坦贸易有限公司是一个跨国贸易企业，由多个部门组成，各个部门协同工作以确保公司的顺利运营。我们的组织结构主要包括：
- 销售与市场部门：负责市场分析、销售推广和客户关系管理。
- 采购与供应链部门：负责采购策略、供应链管理和物流安排。
- 财务与会计部门：负责财务管理、核算和报告。
- 人力资源部门：负责员工招聘、培训、绩效管理和员工福利。
- 技术与研发部门：负责产品研发和技术支持。

1.4 公司文化与工作环境

图 12-15

step 17 在文档中双击页眉或页脚处，选择【页眉和页脚】选项卡，在【页眉和页脚】组中，单击【页码】下拉按钮，从弹出的菜单中选择【页面底端】命令，在【第 X 页】类别框中选择【强调线 2】选项，如图 12-16 所示。

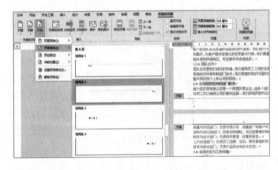

图 12-16

step 18 将光标放置到页码处，选择【开始】选项卡，在【样式】组中单击【其他】按钮，从弹出的下拉菜单中选择【清除格式】命令，如图 12-17 所示。

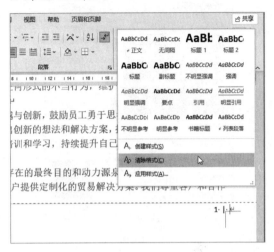

图 12-17

step 19 按照步骤 18 的方法，将鼠标插入点放置到页眉处，清除页眉的格式。

step 20 选择页码，然后选择【开始】选项卡，在【字体】组中设置字体为【宋体】，字号为【五号】，在【段落】组中单击【右对齐】按钮，然后在【字体】组中选择【字体颜色】下拉按钮，从弹出的下拉菜单中选择【其他颜色】选项，如图 12-18 所示。

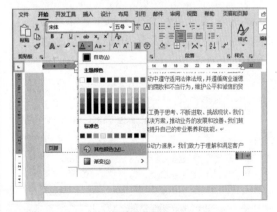

图 12-18

step 21 打开【颜色】对话框，选择【自定义】选项卡，设置自定义颜色，完成设置后单击

【确定】按钮,如图 12-19 所示,之后自定义的颜色即可应用于页码。

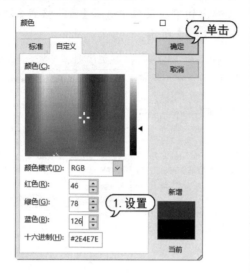

图 12-19

step 22 选择【页眉和页脚】选项卡,在【位置】组中设置【页眉顶端距离】数值为"0.8厘米",设置【页脚底端距离】数值为"0.7厘米",如图 12-20 所示。

图 12-20

step 23 在【页眉和页脚】组中单击【页码】下拉按钮,选择【设置页码格式】选项,如图 12-21 所示。

图 12-21

step 24 打开【页码格式】对话框,设置【起始页码】微调框数值为"0",然后单击【确定】按钮,如图 12-22 所示。

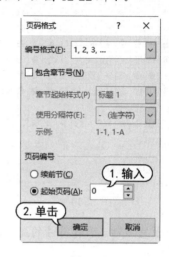

图 12-22

step 25 选择【页眉和页脚】选项卡,在【选项】组中选中【首页不同】复选框,如图 12-23 所示。

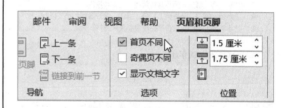

图 12-23

step 26 选择【视图】选项卡,在【显示】组中选中【导航窗格】复选框,如图 12-24 所示,在文档的左侧打开【导航】窗格,查看文档的结构层次。

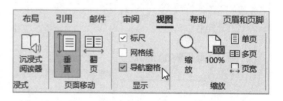

图 12-24

step 27 将鼠标插入点放置到正文最开始的位置,选择【布局】选项卡,在【页面设置】组中单击【分隔符】按钮,在弹出的【分页

符】选项区域中选择【分页符】命令，如
图 12-25 所示，或者按 Ctrl+Enter 快捷键。

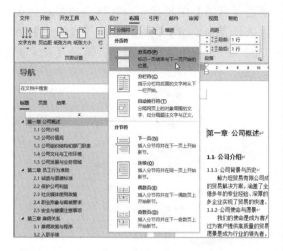

图 12-25

step 28 在插入的空白页中输入文本"目录"，
选择【开始】选项卡，在【字体】组中设置
字体为【微软雅黑】，字号为【小二】，在【段
落】组中单击【居中】按钮 ，然后右击并
从弹出的快捷菜单中选择【段落】命令，如
图 12-26 所示。

图 12-26

step 29 打开【段落】对话框，设置【段后】
微调框数值为"12 磅"，单击【行距】下拉

按钮，选择【多倍行距】选项，在【设置值】
微调框中输入"1.2"，然后单击【确定】按
钮，如图 12-27 所示。

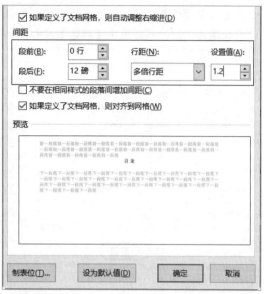

图 12-27

step 30 选择【引用】选项卡，在【目录】组
中单击【目录】下拉按钮，从弹出的菜单中
选择【自定义目录】命令，如图 12-28 所示。

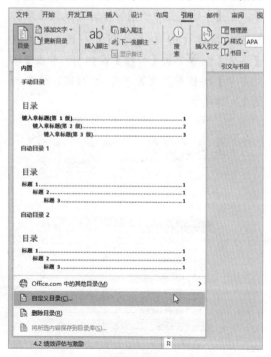

图 12-28

step31 打开【目录】对话框，在【制表符前导符】下拉列表中选择【制表符前导符】类型，在【常规】选项组中单击【格式】下拉按钮，选择【来自模板】选项，设置【显示级别】微调框数值为"2"，然后单击【确定】按钮，如图 12-29 所示。

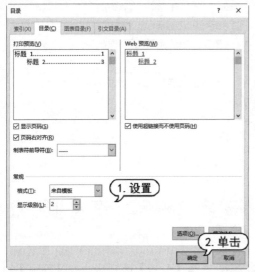

图 12-29

step32 选择目录内容，然后选择【开始】选项卡，在【字体】组中设置字体为【微软雅黑】。

step33 按住 Ctrl 键加选所有一级标题，在【字体】组中单击【加粗】按钮 B，单击【增大字号】按钮 A，设置字号为"11"，效果如图 12-30 所示。

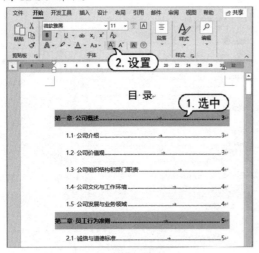

图 12-30

step34 按住 Ctrl 键加选所有二级标题，右击并选择【段落】命令，打开【段落】对话框，单击【行距】下拉按钮，从弹出的下拉列表中选择【固定值】选项，设置【设置值】为"20 磅"，如图 12-31 所示，单击【确定】按钮。

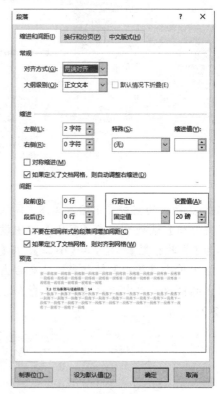

图 12-31

step35 在第 8 页中，将插入点定位在要插入脚注的文本"绩效奖励"后，然后选择【引用】选项卡，在【脚注】组中单击【插入脚注】按钮，如图 12-32 所示。

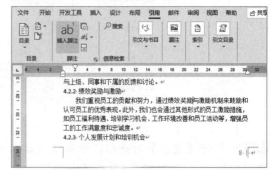

图 12-32

step 36 此时，在该页面出现脚注编辑区，直接输入文本，如图 12-33 所示。

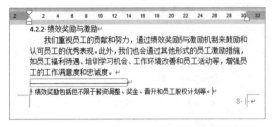

图 12-33

step 37 插入脚注后，文本"绩效奖励"后将出现脚注引用标记，将鼠标指针移至该标记，将显示脚注内容，如图 12-34 所示。

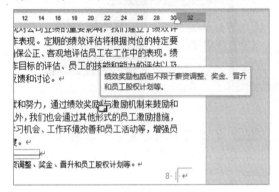

图 12-34

step 38 选择第 4 页中的文本，然后在【引用】选项卡的【脚注】组中单击【插入尾注】按钮，如图 12-35 所示。

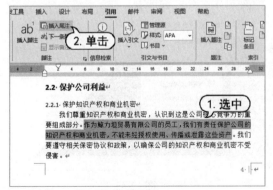

图 12-35

step 39 此时，在整篇文档的末尾处出现尾注编辑区，输入文本内容，如图 12-36 所示。

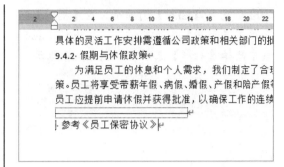

图 12-36

step 40 插入尾注后，在插入尾注的文本中将出现尾注引用标记，将鼠标指针移至该标记，将显示尾注内容，如图 12-37 所示。

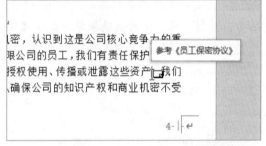

图 12-37

step 41 将鼠标插入点放置到正文最开始的位置，选择【布局】选项卡，在【页面设置】组中单击【分隔符】按钮，在弹出的【分页符】选项区域中选择【分页符】命令，如图 12-38 所示，或者按 Ctrl+Enter 快捷键。

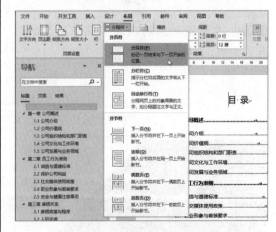

图 12-38

step 42 选择【插入】选项卡，在【插图】组中单击【形状】下拉按钮，从弹出的下拉列表中选择【矩形】选项，如图 12-39 所示。

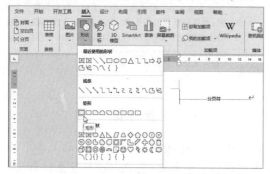

图 12-39

step 43 在文档中拖动鼠标绘制矩形图形，然后右击图形，从弹出的快捷菜单中选择【编辑顶点】命令，如图 12-40 所示。

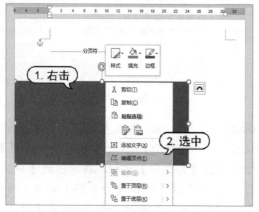

图 12-40

step 44 单击图形上的顶点，调整图形的形状，如图 12-41 所示。

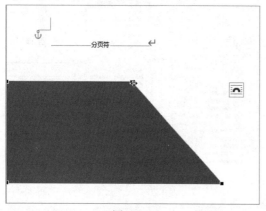

图 12-41

step 45 选择图形，然后选择【形状格式】选项卡，单击【形状轮廓】下拉按钮，从弹出的菜单中选择【无轮廓】选项，如图 12-42 所示。

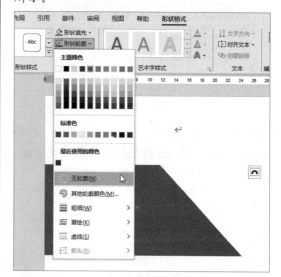

图 12-42

step 46 单击【形状填充】下拉按钮，从弹出的菜单中选择【图片】选项，如图 12-43 所示。

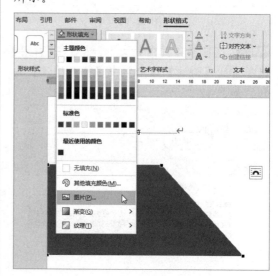

图 12-43

step 47 弹出【插入图片】对话框后，选择【来自文件】选项，如图 12-44 所示。

图 12-44

step 48 打开【插入图片】对话框，选择"封面图片"文件，然后单击【插入】按钮，如图 12-45 所示。

图 12-45

step 49 此时，插入的图片效果如图 12-46 所示。

图 12-46

step 50 按住 Ctrl+Shift 键水平复制出一个图形副本，然后选择【图片格式】选项卡，在【排列】组中单击【旋转】按钮，在弹出的

菜单中依次选择【水平翻转】选项和【垂直翻转】选项，如图 12-47 所示。

图 12-47

step 51 选择复制出的矩形图形副本，然后选择【形状格式】选项卡，在【形状样式】组中单击【形状填充】下拉按钮，从弹出的菜单中选择【深蓝】色块，如图 12-48 所示。

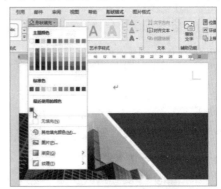

图 12-48

step 52 按住 Shift 键加选两个矩形图形，右击并从弹出的快捷菜单中选择【其他布局选项】命令，如图 12-49 所示。

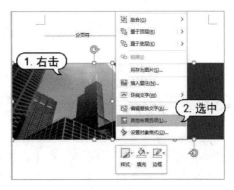

图 12-49

step 53 打开【布局】对话框，在【位置】选项卡的【选项】区域中取消【对象随文字移动】复选框的选中状态，然后单击【确定】按钮，如图 12-50 所示。

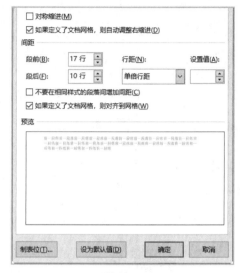

图 12-50

step 54 将鼠标插入点放置在首页第一行，按 Enter 键，然后输入文本"员工手册"，选择【开始】选项卡，在【字体】组中设置字体为【黑体】，字号为【小初】。

step 55 按 Enter 键继续输入文本"鲸力坦贸易有限公司"，设置字体为【黑体】，字号为【四号】，如图 12-51 所示。

图 12-51

step 56 选择文本"员工手册"，在【段落】组中单击【对话框启动器】按钮，打开【段落】对话框。

step 57 选择【缩进和间距】选项卡，在【段前】微调框中输入"17 行"，在【段后】微调框中输入"10 行"，然后单击【确定】按钮，如图 12-52 所示。

图 12-52

step 58 选择文本"鲸力坦贸易有限公司"，然后选择【开始】选项卡，在【段落】组中单击【居中】按钮，封面的显示效果如图 12-53 所示。

图 12-53

step 59 按照步骤 41 的方法，在页尾处添加一个分页符。

step 60 选择【插入】选项卡，在【插图】组中单击【图片】下拉按钮，从弹出的菜单中选择【此设备】选项，如图 12-54 所示。

图 12-54

step 61 打开【插入图片】对话框，选择图片，然后单击【插入】按钮，如图 12-55 所示。

图 12-55

step 62 单击图片右上角的【布局选项】按钮，从弹出的菜单中单击【浮于文字上方】按钮，如图 12-56 所示，然后调整图片的位置。

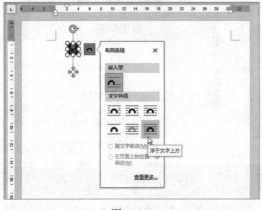

图 12-56

step 63 调整图片的位置后，按照步骤 48 到步骤 57 的方法，制作出封底内容，效果如图 12-57 所示。

图 12-57

step 64 选择【文件】按钮，从弹出的菜单中选择【打印】命令，单击【打印所有页】下拉按钮，从弹出的下拉列表中选择【仅奇数页】选项，然后单击【打印】按钮，如图 12-58 所示。

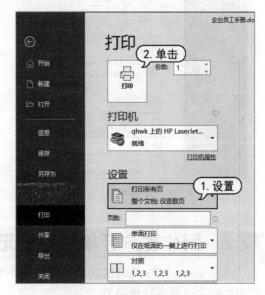

图 12-58

275

Word 2021 文档处理案例教程

step 65 将全部纸张翻转后重新放回打印机中。

step 66 单击【文件】按钮，从弹出的菜单中选择【选项】命令，打开【Word 选项】对话框，选择【高级】选项卡，在【打印】选项组中选中【逆序打印页面】复选框，然后单击【确定】按钮，如图 12-59 所示。

图 12-59

step 67 按 Ctrl+P 快捷键打开打印界面，单击【打印所有页】下拉按钮，选择【仅偶数页】选项，设置【份数】微调框数值为"1"，然后单击【打印】按钮，则会从最后一页开始打印，如图 12-60 所示。

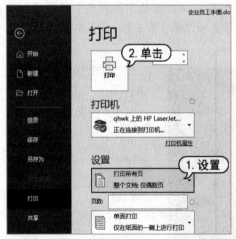

图 12-60

step 68 单击【文件】按钮，从弹出的菜单中选择【另存为】命令，然后在中间的窗格中单击【浏览】按钮，打开【另存为】对话框，输入文件名并在【保存类型】下拉列表中选择【PDF】选项，然后单击【保存】按钮，如图 12-61 所示。

图 12-61

step 69 此时，即可将文档转换为 PDF 格式，并自动启动 PDF 阅读器打开创建好的 PDF 文档，如图 12-62 所示。

图 12-62

12.2 制作客户订单管理登记表

通过 Word 2021 的表格功能，创建一个客户订单管理登记表，并计算表格中的数据，设置表格样式以及进行排序等。

【例 12-2】制作"客户订单管理登记表"文档，并在其中设置文本和段落的格式。

视频+素材 (素材文件\第 12 章\例 12-2)

step 1 启动 Word 2021 应用程序，创建一个名为"客户订单管理登记表"的文档，选择【布局】选项卡，在【页面设置】组中单击【纸张方向】下拉按钮，在弹出的下拉列表中选择【横向】选项，如图 12-63 所示。

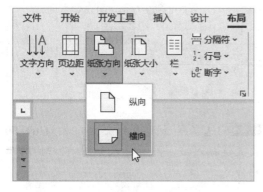

图 12-63

step 2 单击【页边距】下拉按钮，在弹出的下拉列表中选择【窄】选项，如图 12-64 所示。

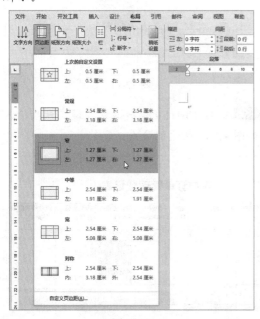

图 12-64

step 3 选择【插入】选项卡，在【表格】组中单击【表格】下拉按钮，选择【插入表格】命令，如图 12-65 所示。

图 12-65

step 4 打开【插入表格】对话框，设置【列数】和【行数】微调框数值均为"11"，然后单击【确定】按钮，如图 12-66 所示。

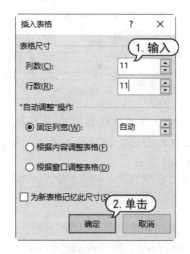

图 12-66

step 5 在第 1 行输入文本"客户订单管理登记表"，然后选择【开始】选项卡，在【字体】组中设置字体为【黑体】，字号为【二号】，单击【加粗】按钮 B ，在【段落】组中单击【居中】按钮 。

step 6 在表格中输入文本内容，效果如图 12-67 所示。

图 12-67

step 7 将插入点定位在 G2 单元格中，按 Ctrl+F9 快捷键插入空域，输入公式 "=E2*F2"，如图 12-68 所示。

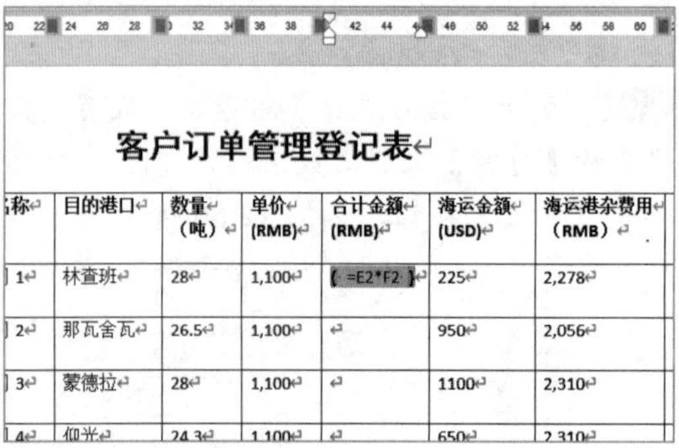

图 12-68

step 8 删除 "E2" 中的数字 2，然后按 Ctrl+F9 快捷键插入空域，继续输入公式 "seq b"，如图 12-69 所示。

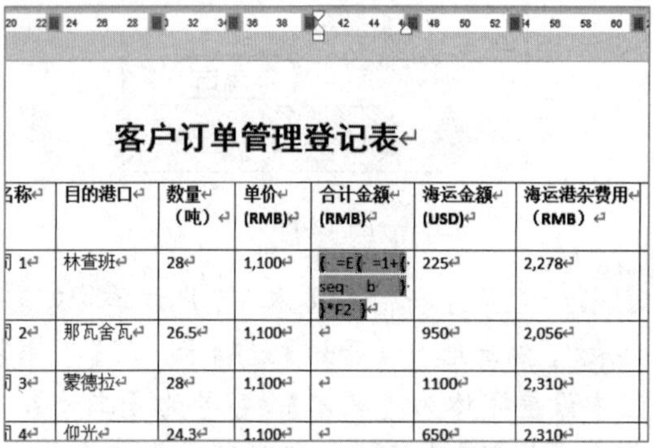

图 12-69

step 9 删除 "F2" 中的数字 2，然后按 Ctrl+F9 快捷键插入空域，继续输入公式 "=seq c"，如图 12-70 所示。

图 12-70

step 10 选择等号后方的公式，按 Ctrl+F9 快捷键插入域，然后输入如图 12-71 所示的公式。

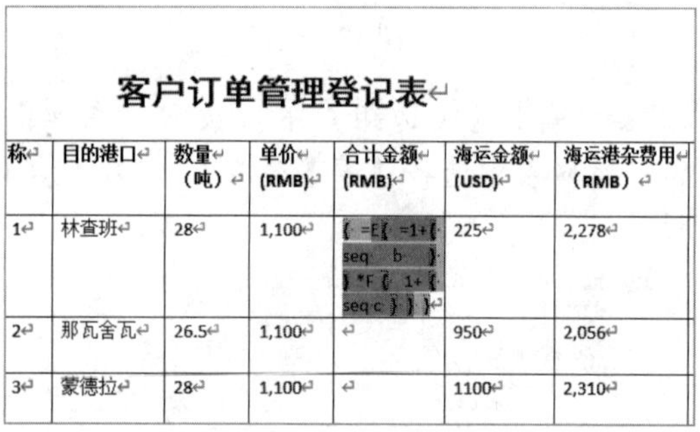

图 12-71

step 11 按 Ctrl+F9 快捷键插入域，然后输入如图 12-72 所示的公式。

图 12-72

step ⑫ 选择域中所有的内容，按 Ctrl+C 快捷键进行复制，然后选择其余需要进行每日合计的单元格，按 Ctrl+V 快捷键粘贴内容，如图 12-73 所示。

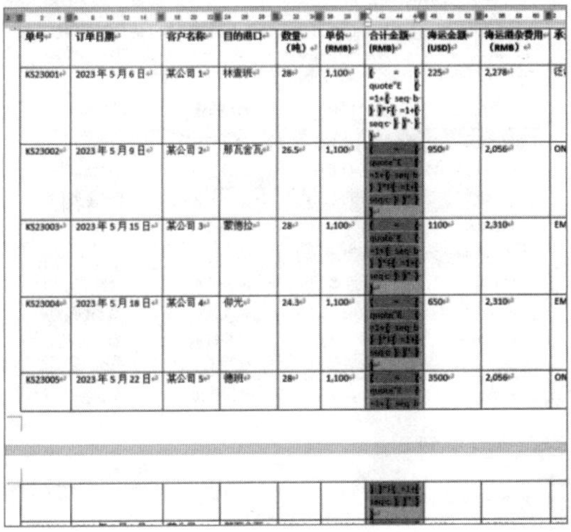

图 12-73

step ⑬ 按 Ctrl+A 快捷键全选表格中的数据，然后按 F9 键进行更新，即可快速计算出其余合计金额的数据，如图 12-74 所示。

客户订单管理登记表

名称	目的港口	数量（吨）	单价（RMB）	合计金额（RMB）	海运金额（USD）	海运港（RMB
1	林查班	28	1,100	30,800	225	2,278
2	那瓦舍瓦	26.5	1,100	29,150	950	2,056
3	蒙德拉	28	1,100	30,800	1100	2,310
4	仰光	24.3	1,100	26,730	650	2,310
5	德班	28	1,100	30,800	3500	2,056
6	那瓦舍瓦	26.5	1,100	29,150	1000	2,056
7	德班	28	1,100	30,800	3500	2,056
8	蒙德拉	28	1,100	30,800	1100	2,310
9	穆卡拉	28	1,100	30,800	1350	2,310
10	蒙德拉	28	1,100	30,800	1100	2,310

图 12-74

step ⑭ 选择【表设计】选项卡，在【表格样式】组中单击【其他】按钮，从弹出的下拉列表中选择需要的外观样式，如图 12-75 所示，即可为表格套用样式。

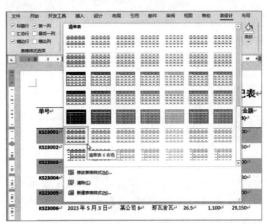

图 12-75

step ⑮ 移动鼠标光标到表格内，单击表格左上角的十字形小方框，选择【布局】选项卡，在【对齐方式】组中单击【水平居中】按钮，如图 12-76 所示。

图 12-76

step ⑯ 将鼠标插入点放置在表格的单元格中，选择【布局】选项卡，在【数据】组中单击【排序】按钮，如图 12-77 所示。

图 12-77

step ⑰ 打开【排序】对话框，单击【主要关键字】下拉按钮，选择【订单日期】选项，选中【升序】单选按钮，然后单击【确定】按钮，如图 12-78 所示。

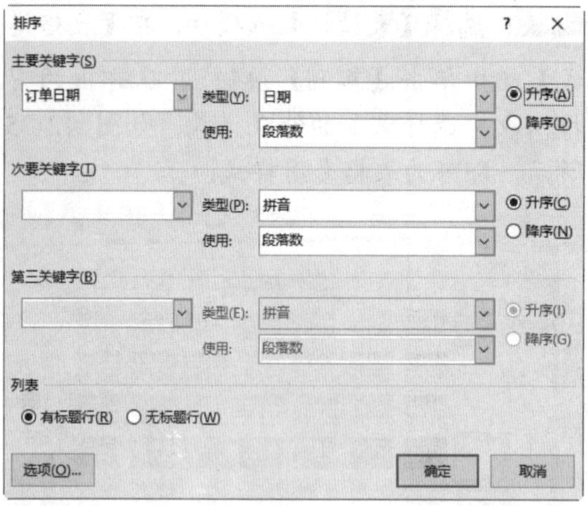

图 12-78

step 18 选择表格，然后选择【布局】选项卡，在【对齐方式】组中单击【水平居中】按钮，结果如图 12-79 所示。

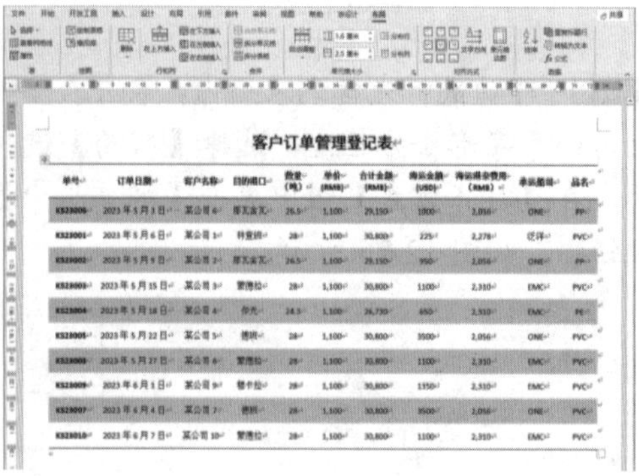

图 12-79

step 19 选择第 1 列至第 4 列的表格内容，按 Ctrl+C 键进行复制，如图 12-80 所示。

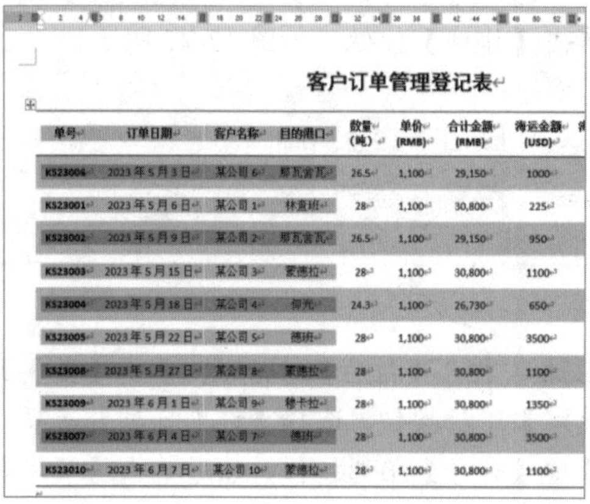

图 12-80

step 20 打开"客户反馈分析报告"文档，将鼠标光标放置在需要插入表格的位置，按 Ctrl+V 键进行粘贴，效果如图 12-81 所示。

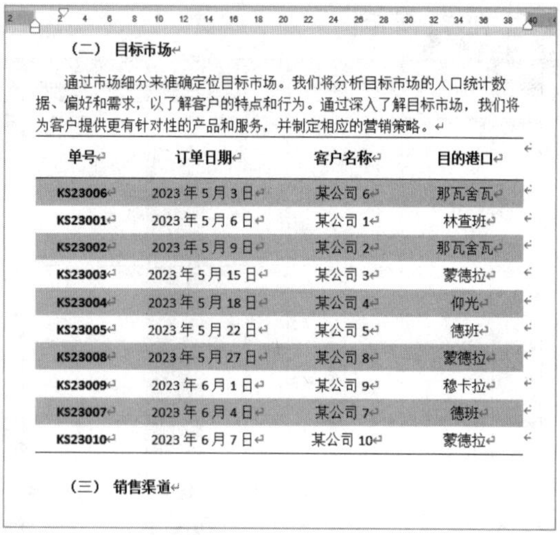

（二）目标市场

通过市场细分来准确定位目标市场。我们将分析目标市场的人口统计数据、偏好和需求，以了解客户的特点和行为。通过深入了解目标市场，我们将为客户提供更有针对性的产品和服务，并制定相应的营销策略。

单号	订单日期	客户名称	目的港口
KS23006	2023 年 5 月 3 日	某公司 6	那瓦舍瓦
KS23001	2023 年 5 月 6 日	某公司 1	林查班
KS23002	2023 年 5 月 9 日	某公司 2	那瓦舍瓦
KS23003	2023 年 5 月 15 日	某公司 3	蒙德拉
KS23004	2023 年 5 月 18 日	某公司 4	仰光
KS23005	2023 年 5 月 22 日	某公司 5	德班
KS23008	2023 年 5 月 27 日	某公司 8	蒙德拉
KS23009	2023 年 6 月 1 日	某公司 9	穆卡拉
KS23007	2023 年 6 月 4 日	某公司 7	德班
KS23010	2023 年 6 月 7 日	某公司 10	蒙德拉

（三）销售渠道

图 12-81

step 21 将鼠标光标放置在表格中，选择【布局】选项卡，在【单元格大小】组中单击【对话框启动器】按钮，打开【表格属性】对话框，选择【表格】选项卡，选择【居中】选项，然后单击【确定】按钮，如图 12-82 所示。

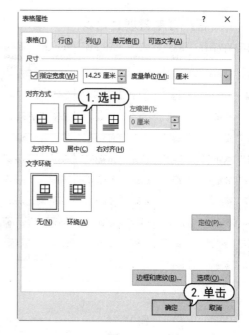

图 12-82

12.3 编排商业计划书

本案例将讲解编排长文档时常用的操作技巧，包括创建图表、插入超链接、添加索引、插入题注、插入并隐藏书签以及加密文档等。

【例 12-3】制作"商业计划书"文档，并在其中设置文本和段落的格式。

视频+素材 (素材文件\第 12 章\例 12-3)

step 1 将鼠标插入点放置到需要添加图表的位置，然后选择【插入】选项卡，在【插图】组中单击【图表】按钮，如图 12-83 所示。

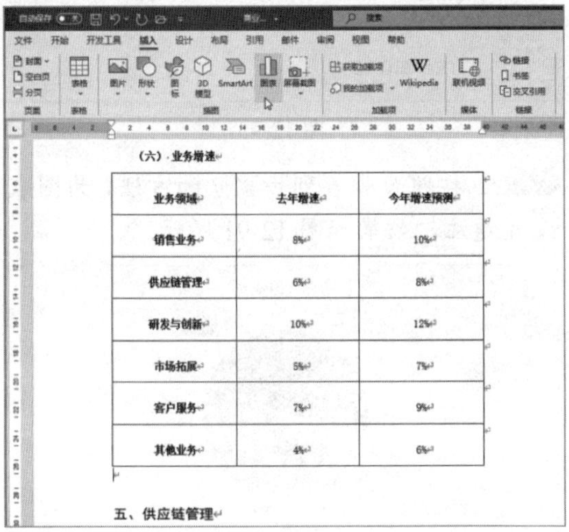

图 12-83

step 2 打开【插入图表】对话框，选择【饼图】选项卡，选择【饼图】选项，然后单击【确定】按钮，如图 12-84 所示。

图 12-84

step 3 打开【Microsoft Word 中的图表】窗口，将数据粘贴至单元格中，如图 12-85 所示。

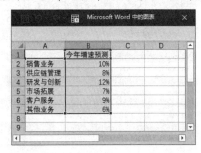

图 12-85

step 4 选择图表，右击并从弹出的快捷菜单中选择【添加数据标签】|【添加数据标注】命令，如图 12-86 所示。

图 12-86

step 5 此时，即可在饼图四周显示出数据标签，如图 12-87 所示。

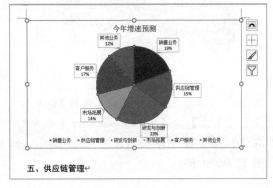

图 12-87

step 6 选择文档中的第一个表格，选择【引用】选项卡，在【题注】组中单击【插入题注】按钮，如图 12-88 所示。

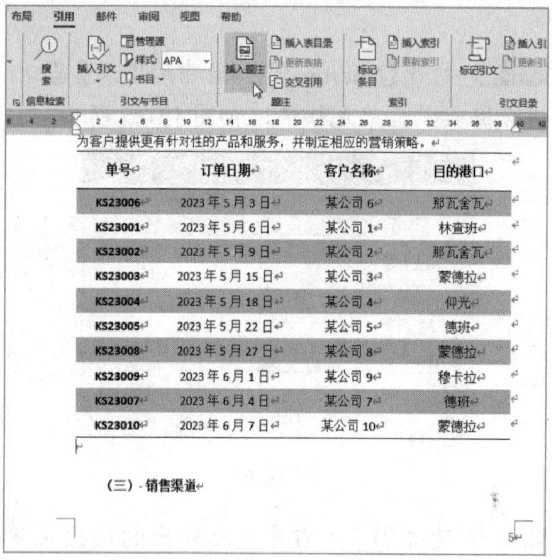

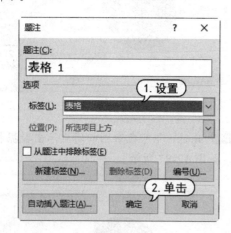

图 12-88

step 7 打开【题注】对话框，单击【标签】下拉按钮，从弹出的下拉列表中选择【表格】选项，然后单击【确定】按钮，如图 12-89 所示。

图 12-89

step 8 选择题注，然后选择【开始】选项卡，设置【字体】为【宋体】，字号为【五号】，在【段落】组中单击【居中】按钮 ，如图 12-90 所示。

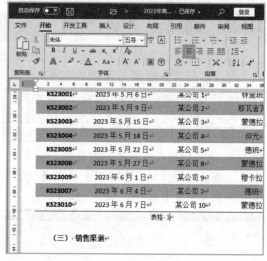

图 12-90

step 9 按照步骤 6 到步骤 7 的方法，为图表设置题注，效果如图 12-91 所示。

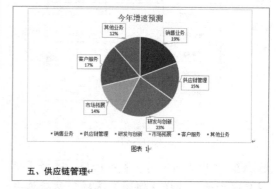

图 12-91

step 10 在第 8 页中选择文本"库存管理措施"，选择【插入】选项卡，在【链接】组中单击【链接】按钮，如图 12-92 所示。

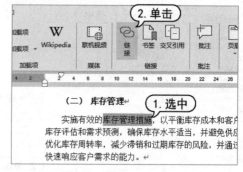

图 12-92

step 11 打开【插入超链接】对话框，在【链接到】列表框中选择【现有文件或网页】选项，然后在右侧的列表框中选择"库存管理措施"文档，然后单击【确定】按钮，如图 12-93 所示。

图 12-93

step 12 选择【设计】选项卡，在【文档格式】组中选择【颜色】下拉按钮，从弹出的菜单中选择【自定义颜色】命令，如图 12-94 所示。

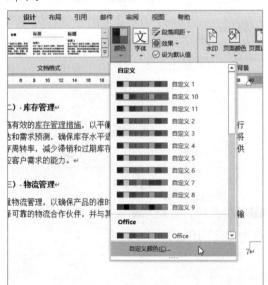

图 12-94

step 13 打开【编辑主题颜色】对话框，单击【超链接】下拉按钮，选择【绿色，个性色 6，深色 25%】选项，然后单击【保存】按钮，如图 12-95 所示。

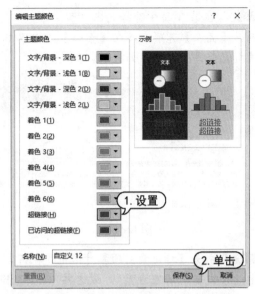

图 12-95

step 14 设置完成后，此时，超链接的颜色发生了改变，如图 12-96 所示。

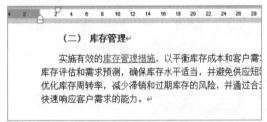

图 12-96

step 15 按住 Ctrl 键并单击超链接，即可打开"库存管理措施"文档，如图 12-97 所示。

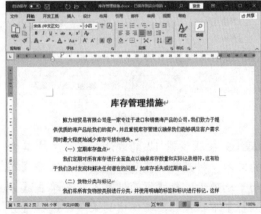

图 12-97

Word 2021 文档处理案例教程

step 16 在第 3 页中选择文本"解决方案"，选择【插入】选项卡，在【索引】组中单击【标记条目】按钮，如图 12-98 所示。

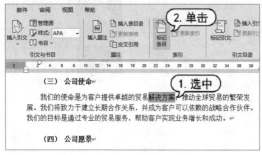

图 12-98

step 17 打开【标记索引项】对话框，在正文中选择文本"解决方案"，或者按 Ctrl+Tab 快捷键，被选择的文字即可出现在【主索引项】文本框中，然后单击【标记全部】按钮，如图 12-99 所示。

图 12-99

step 18 按照步骤 17 的方法标记正文中其余的文本，将光标放置到正文最后，选择【布局】选项卡，在【页面设置】组中单击【分隔符】下拉按钮，从弹出的菜单中选择【分页符】选项，然后输入文本"名称索引"，效果如图 12-100 所示。

图 12-100

step 19 按 Enter 键进行换行，选择【引用】选项卡，在【索引】组中单击【插入索引】按钮。

step 20 打开【索引】对话框，单击【格式】下拉按钮，选择【来自模板】选项，然后单击【确定】按钮，如图 12-101 所示。

图 12-101

step 21 此时，自动在插入点处插入索引，效果如图 12-102 所示。

图 12-102

step 22 将光标移到所阅读到的位置，选择【插入】选项卡，在【链接】组中单击【书签】按钮，如图 12-103 所示。

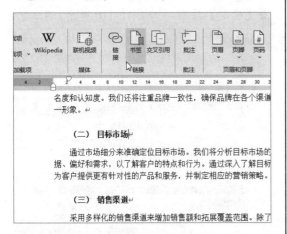

图 12-103

step 23 打开【书签】对话框，在【书签名】文本框中输入书签的名称"目标市场"，单击【添加】按钮，如图 12-104 所示，将该书签添加到书签列表框中。

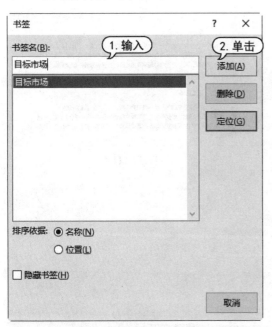

图 12-104

step 24 此时书签标记 I 将显示在标题之后，如图 12-105 所示。

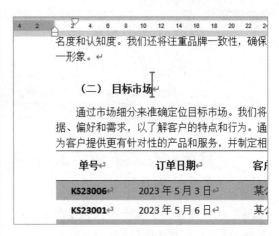

图 12-105

step 25 单击【文件】按钮，在弹出的菜单中选择【选项】命令，打开【Word 选项】对话框，在左侧的列表框中选择【高级】选项，在打开的【显示文档内容】选项区域中，取消【显示书签】复选框的选中状态，然后单击【确定】按钮，如图 12-106 所示。

图 12-106

step 26 此时，在文档中将不显示标题"（二）目标市场"之后的书签标记，如图 12-107 所示。

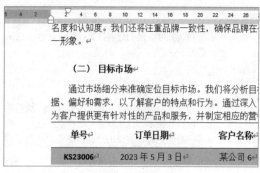

图 12-107

step 27 选择【审阅】选项卡，在【保护】组中单击【限制编辑】按钮，如图 12-108 所示。

图 12-108

step 28 在文档中选择允许他人进行编辑的区域，在【限制编辑】窗格中选中【仅允许在文档中进行此类型的编辑】复选框，在【组】下方选中【每个人】复选框，然后单击【是，启动强制保护】按钮，如图 12-109 所示。

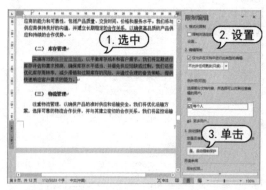

图 12-109

step 29 打开【启动强制保护】对话框，选择【密码】单选按钮，在【新密码(可选)】和【确认新密码】文本框中输入密码，然后单击【确定】按钮，如图 12-110 所示。

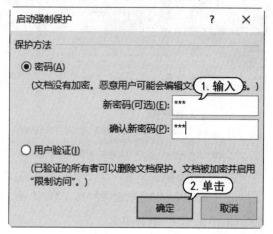

图 12-110

step 30 此时，被选择的文本内容显示为黄色底纹，此时只能对黄色底纹区域的文本进行编辑，如图 12-111 所示。

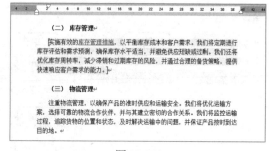

图 12-111

12.4 制作聚会邀请函

本案例将讲解如何使用模板，创建艺术字，导入数据源，插入合并域，邮件合并等操作，并制作出一份聚会邀请函。

【例 12-4】制作"聚会邀请函"文档，并在其中设置文本和段落格式。

🎬 视频+素材 (素材文件\第 12 章\例 12-4)

step 1 启动 Word 2021 应用程序，单击【文件】按钮，在打开的菜单中选择【新建】命令，在【搜索联机模板】文本框中输入文本"邀请函"并按 Enter 键，在打开的界面中选择【聚会请柬】模板，如图 12-112 所示。

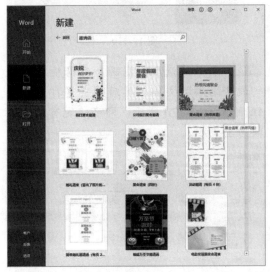

图 12-112

step 2 弹出对话框后，单击其中的【创建】按钮，如图 12-113 所示，将会联网下载该模板。

图 12-113

step 3 根据需求修改模板中的内容，效果如图 12-114 所示。

图 12-114

step 4 选择文本"热带风情聚会"，然后选择【插入】选项卡，在【文本】组中单击【艺术字】下拉按钮，从弹出的菜单中选择一种艺术字，如图 12-115 所示。

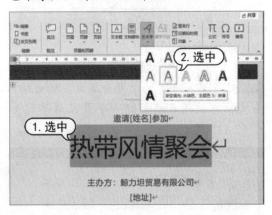

图 12-115

step 5 选择【开始】选项卡，在【字体】组中设置艺术字的字体为【幼圆】，字号为【50】，单击【加粗】按钮 B。

step 6 在【段落】组中单击【中文版式】下拉按钮，从弹出的下拉列表中选择【调整宽度】命令，如图 12-116 所示。

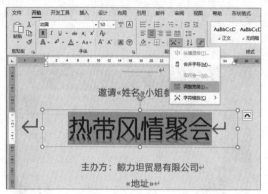

图 12-116

step 7 打开【调整宽度】对话框，在【新文字宽度】微调框中输入"6.5 字符"，然后单击【确定】按钮，如图 12-117 所示。

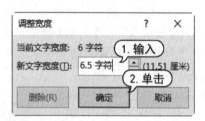

图 12-117

step 8 创建一个名为"聚会名单"的文档，在文档中使用表格创建一个员工名单，如图 12-118 所示。

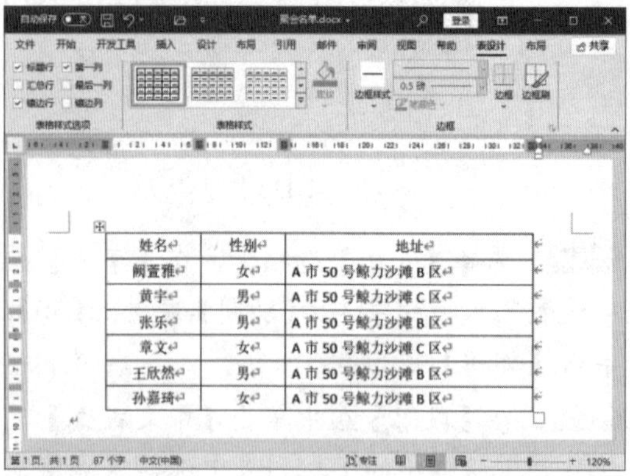

图 12-118

step 9 打开"聚会名单"文档，选择【邮件】选项卡，在【开始邮件合并】组中单击【选择收件人】下拉按钮，在弹出的下拉列

表中选择【使用现有列表】选项，如图 12-119 所示。

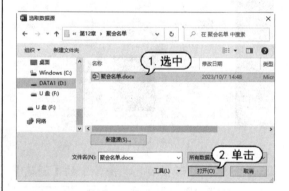

图 12-119

step 10 打开【选取数据源】对话框，选择"聚会名单"文档，然后单击【打开】按钮，如图 12-120 所示，即可将现有文档转换为主文档。

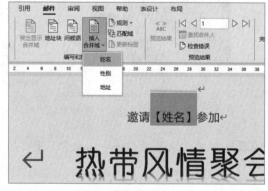

图 12-120

step 11 选择文本"【姓名】"，在【编写和插入域】组中单击【插入合并域】下拉按钮，选择【姓名】命令，如图 12-121 所示。

图 12-121

step 12 按照步骤11的方法分别插入收件人的职位和入职日期相关的域，如图 12-122 所示。

图 12-122

step 13 将光标放置到"《姓名》"文本后，在【编写和插入域】组中单击【规则】下拉按钮，选择【如果...那么...否则...】选项，如图 12-123 所示。

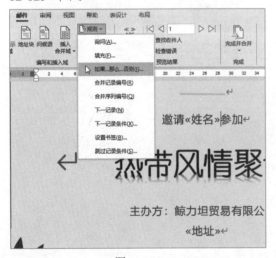

图 12-123

step 14 打开【插入 Word 域:如果】对话框，单击【域名】下拉按钮，选择【性别】选项，单击【比较条件】下拉按钮，选择【等于】选项，在【比较对象】文本框中输入"男"，在【则插入此文字】文本框中输入"先生"，在【否则插入此文字】文本框中输入"小姐"，然后单击【确定】按钮，如图 12-124 所示。

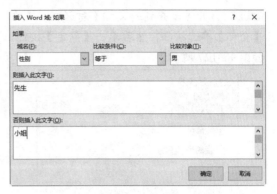

图 12-124

step 15 在【预览结果】组中单击【预览结果】按钮，即可显示出收件人信息,单击【下一个记录】按钮▷，如图 12-125 所示，预览其他收件人信息。

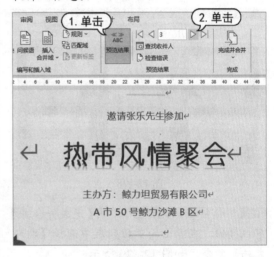

图 12-125

step 16 选择【邮件】选项卡，在【完成】组中单击【完成并合并】下拉按钮，选择【编辑单个文档】命令，如图 12-126 所示。

图 12-126

step 17 打开【合并到新文档】对话框，选中【全部】单选按钮，然后单击【确定】按钮，如图 12-127 所示。

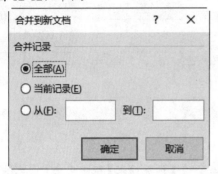

图 12-127

step 18 此时，各个文档的显示效果如图 12-128 所示，用户可以对文档进行单独修改。

图 12-128

step 19 信件确认无误后，单击【完成并合并】下拉按钮，在弹出的下拉列表中选择【打印文档】命令，如图 12-129 所示。

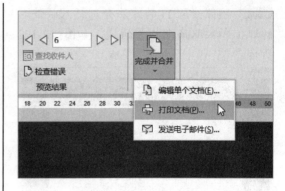

图 12-129

step 20 打开【合并到打印机】对话框，按照需求设置参数后单击【确定】按钮，如图 12-130 所示。

图 12-130